APPLICATIONS

DE GÉOMÉTRIE

ET

DE MÉCHANIQUE;

A LA MARINE, AUX PONTS ET CHAUSSÉES, ETC.,

POUR FAIRE SUITE

AUX DÉVELOPPEMENTS DE GÉOMÉTRIE,

PAR CHARLES DUPIN,

Membre de l'Institut de France, Académie des Sciences; ancien Secrétaire de l'Académie Ionnienne, Associé étranger de l'Institut de Naples, Associé honoraire de l'Académie royale d'Irlande, et de la Société des Ingénieurs civils de la Grande-Bretagne, Membre des Académies royales des Sciences de Stockholm, de Turin, de Montpellier, etc., de la Société des Arts de Genève, de la Société d'Encouragement pour l'industrie française, Membre du Comité consultatif des Arts et Manufactures de France, Professeur de Méchanique au Conservatoire, Officier supérieur au corps du Génie Maritime, et Membre de la Légion-d'Honneur.

PARIS,

BACHELIER, SUCCESSEUR DE Mme. V^e. COURCIER, LIBRAIRE,
QUAI DES AUGUSTINS.

1822.

OUVRAGES PUBLIÉS PAR L'AUTEUR,

Qui se trouvent chez Bachelier.

Essai historique sur les services et les travaux scientifiques de Gaspard Monge, in-8°. et in-4°. Paris, 1819.

Développements de Géométrie, pour faire suite à la géométrie descriptive et à la géométrie analytique de G. Monge, in-4°. 1813.

Applications de Géométrie et de Méchanique, à la stabilité des corps flottants et à la structure des vaisseaux, au tracé des routes isolées, aux routes à suivre dans les déblais et dans les remblais, aux routes suivies par la lumière et par le son dans les phénomènes de la réflexion et de la réfraction, 1 vol. in-4°. 1822.

Essai sur la description des lignes et des surfaces du second degré (imprimé dans le Journal de l'École Polytechnique, tome VII, 14°. cahier).

Expériences sur la flexibilité, la force et l'élasticité des bois, avec des applications aux constructions, en général, et spécialement à la construction des vaisseaux ; faites dans l'arsenal de la marine française, à Corcyre, en 1811 (imprimé dans le Journal de l'École Polytechnique, tome X, 17°. cahier).

De la structure des vaisseaux anglais considérée dans ses derniers perfectionnements (publié dans les Transactions philosophiques de la Société royale de Londres, 1re. partie, 1817 ; et réimprimé, avec de nouveaux développements, dans les *Applications de Géométrie*).

Analyse du Tableau de l'architecture navale militaire, aux XVIII°. et XIX°. siècles, in-4°. 1815.

Du rétablissement de l'Académie de marine, in-8°. 1815.

Mémoires sur la Marine et les Ponts et chaussées de France et d'Angleterre, contenant deux relations de voyages faits par l'auteur dans les ports d'Angleterre, d'Ecosse et d'Irlande, durant les années 1816, 1817 et 1818 ; la description de la jetée de Plymouth et du canal Calédonien, etc., in-8°. 1818 ; l'édition française est totalement épuisée. La traduction anglaise de cet ouvrage a eu deux éditions.

APPLICATIONS

DE GÉOMÉTRIE

ET

DE MÉCHANIQUE,

A LA MARINE, AUX PONTS ET CHAUSSÉES, ETC.,

POUR FAIRE SUITE

AUX DÉVELOPPEMENTS DE GÉOMÉTRIE.

IMPRIMERIE DE FAIN, PLACE DE L'ODÉON.

VOYAGES DANS LA GRANDE-BRETAGNE :

1re. Partie. *Force militaire de la Grande-Bretagne*, 2 vol. in-4°. avec atlas, 1820. Prix : 25 fr. Un officier de l'armée britannique a publié la traduction de cette partie, en anglais.

2e. Partie. *Force navale*, 2 vol. in-4°. avec atlas. 1821. Prix : 25 fr.

3e. Partie. *Force commerciale intérieure. Travaux civils des Ponts et chaussées*, 2 vol. in-4°., avec atlas. Prix : 25 fr. (Doit paraître en 1823.)

4e. Partie. *Force commerciale maritime*, 2 vol. in-4°. avec atlas. Prix : 25 fr.

1er. Discours académique. *Inauguration de l'Académie Ionienne.*

2e. Discours académique. *Sur l'instruction publique des Grecs modernes. Programme des prix olympiadiques, fondés par les Français dans les Sept-Isles.*

3e. Discours académique. *Influence des sciences sur l'humanité des peuples*, in-8°. 1819.

4e. Discours académique. *Progrès des sciences et des arts de la Marine française, depuis la paix*, in-8°. 1820.

5e. Discours académique. *Considérations sur les avantages de l'industrie et des machines, en France et en Angleterre*, in-8°. 1821.

6e. Discours académique. *Influence du commerce sur le savoir et la civilisation des peuples anciens*, in-8°. 1822.

7e. Discours. *Introduction au cours de méchanique appliquée aux arts*, in-8°. 1820.

8e. Discours. *Inauguration de l'amphithéâtre du Conservatoire des arts et métiers*, in-8°, 1821.

Examen des travaux de César au siége d'Alexia, œuvre posthume de Léopold Vaccà Berlinghierri, avec la vie de cet auteur ; par Charles Dupin, in-8°. 1812.

Réponse au discours de mylord Stanhope, sur l'occupation de la France par l'armée étrangère ; imprimée à Londres et à Paris ; in-8°. 1818.

Lettre à milady Morgan, sur Racine et Shakespeare, in-8°. 1818.

Essais sur Démosthènes et sur son éloquence, contenant la traduction des olynthiaques, avec le texte en regard, et des considérations sur l'éloquence de l'orateur athénien, in-8°. 1814.

CONSIDÉRATIONS PRÉLIMINAIRES

LES APPLICATIONS
DE LA GÉOMÉTRIE.

Les personnes qui commencent à cultiver la haute géométrie, ne sauraient soupçonner le charme qu'elles éprouveront, un jour, à ce travail. Elles ne voient, dans les premiers rudiments de la science, qu'un enchaînement inextricable, de propositions abstraites, de démonstrations épineuses, de descriptions qui fatiguent et rebutent l'intelligence.

C'est, en effet, une étude fort pénible que celle des premières conceptions de la géométrie à trois dimensions. Il faut apprendre à se représenter, en idée, des surfaces et des courbes dont les formes, d'une complication plus ou moins grande, sont variées à l'infini. Il faut les voir par les yeux de l'esprit, se couper, se toucher, s'envelopper, suivant des conditions données. Mais, quand ce travail intellectuel nous a rendus familiers avec les propriétés qui caractérisent les principales espèces de courbes et de surfaces, il semble qu'un nouvel ordre de conceptions vienne d'être créé dans notre entendement. Nous découvrons des rapports

généraux, immuables, qui sont les lois éternelles de l'étendue figurée. Ces vérités mathématiques, loin d'être abstraites, se présentent à notre intelligence, sous des aspects
visibles et pour ainsi dire palpables.

Voilà comment l'imagination, qui semblait étrangère à des
conceptions purement rationnelles, crée en quelque sorte un
monde nouveau dont les objets, soumis dans leur position, dans
leur figure et dans leurs mouvements, à des règles invariables,
présentent de toutes parts, des idées d'ordre, de constance
et d'harmonie.

Lorsqu'ensuite nous passons de ce monde géométrique à la
réalité du monde physique, nous retrouvons, dans les espaces
que la matière occupe et dans les espaces qu'elle parcourt, les
formes abstraites que la science avait imaginées. Les lois générales auxquelles sont assujetties ces abstractions mathématiques,
reçoivent tour à tour leur application. L'esprit humain découvre, avec une surprise où le plaisir est égal à l'admiration,
que l'univers et ses phénomènes portent dans leur existence, le
type ineffaçable de ces formes idéales et de ces lois théoriques.

Voulons-nous comprendre l'immense différence qui se trouve
entre cette nouvelle manière d'envisager la nature, et la manière dont l'envisage un vulgaire ignorant ? Prenons pour
exemple le spectacle du ciel.

Aux yeux du vulgaire, une concavité (*) solide, et pour

(*) Les Latins, qui ont tiré une foule de mots de la langue grecque, ont appelé le ciel,
cœlum ; d'après l'adjectif κοῖλον, creux, concave.

cette raison même appelée le *ciel*, le *firmament*, est parse-
mée de points lumineux, qui semblent tous à la même distance
du spectateur, et comme des flambeaux dispersés sur le fond
d'une voûte azurée. Lorsqu'on les regarde long-temps, on voit
bien qu'ils changent de position par rapport à la terre; quelques-uns même s'approchent ou s'éloignent les uns des autres;
mais ils errent (*) dans l'espace, en suivant des voies dont rien
n'annonce et dont rien ne conserve la trace. C'est ainsi qu'aux
yeux de l'ignorance, tout paraît insignifiant et borné, dans
l'immensité de l'univers, et dans l'harmonie du mouvement
des mondes.

Le géomètre qui contemple les cieux, y reconnaît un tout
autre spectacle! Il interrompt, par la pensée, la continuité de la
voûte céleste, et l'égalité supposée de ses distances à la terre. Il
se forme une idée, une mesure de ces éloignements, dont l'é-
tendue, découverte par son génie, paraît incommensurable
avec la grandeur des objets qui tombent sous nos sens. Lorsqu'il étudie la marche des corps célestes, il ne les regarde plus
comme errant au hasard dans le vague de l'espace. Il se figure
avec précision leurs routes invisibles. Il se représente la ligne
droite, dans la voie que suit la lumière, pour arriver des
astres jusqu'à notre globe. Il se représente le cercle, dans la
courbe que décrit chaque point des planètes et de leurs satel-

---

(*) Errer, se dit en grec πλάνω. Πλανήτης (*planètes*), est à la fois la désignation d'une
planète, et d'un homme dont l'esprit errant à l'aventure est sujet à s'égarer. Le nom
latin des étoiles, *stellæ*, vient du grec ϛέλλομαι, *je voyage*; et les Romains appelaient
les planètes, *stellæ erraticæ*, *étoiles errantes*.

lites, en tournant autour de leurs axes respectifs. Pour lui l'ellipse est tracée dans les cieux; c'est l'orbe où circule chaque planète, autour du soleil. Le foyer de cette ellipse est un point qui, dans sa pensée, coïncide avec un autre point immatériel : c'est le centre même de l'astre qui nous donne la lumière, les jours et les années. Il fait passer par ce centre un axe mathématique, autour duquel il voit circuler tous les corps de notre système planétaire. Il conçoit un plan, invariable dans sa direction, d'une position constante par rapport à ce système, et qui sans dépendre, ni des ans, ni des siècles, se transporte avec l'ensemble des planètes et de leurs satellites, à travers l'immensité des espaces célestes.

Mais par quels moyens reconnaîtra-t-il la réalité d'un mouvement circulaire, que nous ne pouvons ni voir ni sentir; parce qu'il entraîne à chaque instant tout notre globe; et semble, par cela-même, entraîner dans un sens opposé l'Univers autour de nous? C'est en étudiant la figure de la terre; de la terre dont la mesure a donné son nom propre à la géométrie (*). La rotation des corps célestes est écrite en caractères ineffaçables, dans les formes sphéroïdales qu'elle imprime à leur surface. Elle est écrite dans les rapports que la science découvre, entre le volume et la moyenne densité; entre le diamètre et l'aplatissement de toutes les planètes et de leurs satellites.

Des surfaces de révolution sont produites, ainsi, par la perpétuité des grands mouvements de la nature.

_____

(1) De γαῖα, terre, et μέτρον, mesure, on a fait le mot *Géométrie*, mesure de la terre.

Des surfaces développables sont pareillement tracées dans
l'étendue des cieux : elles forment la limite qui sépare l'espace
éclairé par des rayons solaires, et l'espace privé de ces rayons
par l'opacité des planètes et de leurs satellites.

Grâce à la connaissance de ces formes géométriques, des phénomènes qui remplissaient de terreur les nations encore dans
l'enfance, des phénomènes qui leur semblaient un renversement
des lois de la nature, et le signal de catastrophes plus grandes
encore, les éclipses ne sont plus que la rencontre prévue d'une
surface développable, limite des ombres portées par un corps
céleste, sur la surface sphéroïdale de quelqu'autre corps céleste. Et la prédiction des éclipses, de leur localité, de leur
durée, de leur intensité, regardée long-temps comme une
révélation que la seule divinité pouvait faire aux mortels,
n'est plus que la solution d'un simple problème de géométrie.

Par ces hautes conceptions, l'Univers a cessé d'apparaître
aux yeux des hommes, sous l'aspect incohérent des éléments de la matière, dispersés ou réunis, découverts ou
cachés, par les caprices du hasard. L'intelligence humaine
a connu par degrés, qu'une géométrie sublime préside aux
mouvements, aux formes, aux rapports de grandeur et de
position de tous les corps célestes. Notre savoir s'est élevé,
dans les applications d'une admirable théorie, jusqu'à connaître l'ensemble des parties figurées de l'espace qui furent,
qui sont ou qui seront le lieu, le centre, ou l'axe, ou l'orbite,
des mouvements perpétuels que suivent les grandes masses de
notre système planétaire et leurs moindres éléments. Ainsi,

dans l'espace et dans la durée, depuis l'infiniment petit jusqu'à l'infini, tout est soumis à des lois mathématiques.

En méditant sur ces lois immuables et savantes, par lesquelles une Suprême Intelligence régit le temps et l'Univers, les sages n'ont pu trouver, pour l'appeler d'après ses œuvres, aucun titre plus juste et plus sublime, que celui de l'ÉTERNEL GÉOMÈTRE.

Si nous revenons sur la terre, pour examiner les phénomènes qui s'y montrent de plus près à nos regards, nous retrouvons encore, dans tous les lieux, et dans tous les instants, les traces mathématiques des lois générales de la matière et de l'étendue. De semblables découvertes, attrayantes par leur objet, le sont encore plus par leurs conséquences. Elles nous offrent une application de la géométrie, pleine à la fois d'intérêt et d'utilité. Ébauchée par les philosophes des temps antiques, cette application n'a pris que dans les siècles modernes, un grand caractère de généralité, de profondeur et d'importance. La physique lui doit d'avoir passé, du rang des sciences conjecturales, au rang des sciences exactes : c'est-à-dire, des sciences dont la vérité rigoureuse est établie, par des moyens mathématiques, sur les données de l'observation et de l'expérience.

Les arts d'utilité, comme ceux d'agrément, les arts mêmes qui semblent n'emprunter qu'à l'imagination, les œuvres de leur génie, toutes ces créations de l'industrie sociale, doivent à la science dont nous voulons apprécier les services, la convenance et l'harmonie des proportions, la fidélité des formes imitées, et la perfection des formes idéales. Dans le simple méchanisme des beaux-arts, la même science a produit la certitude et la précision des procédés et des résultats.

Ainsi l'architecture emprunte ses tracés à la géométrie, pour composer les plans de ses édifices et leur donner la régularité, pour figurer le galbe de ses voûtes, pour modeler et contourner les colonnes qui supportent ses dômes et ses portiques; enfin, pour donner à la coupe de ses pierres, à l'assemblage de ses bois, les formes savantes dont l'économie ingénieuse, fidèle à toutes les convenances du présent et de l'avenir, procure aux matériaux mis en œuvre, et l'élégance qui n'ôte rien à la force, et la légèreté qui n'ôte rien à la durée.

La sculpture ne saurait reproduire avec une entière fidélité, les objets qu'elle a pour but d'imiter, à moins d'emprunter le compas du géomètre(*), et d'acquérir la connaissance des positions qui, seules, conviennent à l'équilibre, ou bien à des mouvements opérés suivant des lignes et sur des plans déterminés. La sculpture des bas-reliefs est plus qu'une simple projection des objets à représenter; elle est moins que le relief même des objets naturels. C'est encore à la géométrie qu'il appartient de

___

(*) Lorsqu'une statue est modelée, et qu'il s'agit de l'exécuter en pierre ou en marbre, on marque sur la surface du modèle, un nombre de points assez grand pour déterminer la forme et la position des principales parties. Ensuite on emploie des méthodes géométriques de projection, pour reporter ces points sur la copie. Tantôt on se sert de coordonnées horizontales et verticales, respectivement parallèles à trois plans perpendiculaires entr'eux. Tantôt on prend trois points principaux pour origine de coordonnées polaires. Alors la position de chaque point secondaire, est donnée par sa distance aux trois foyers, ou à d'autres points déjà déterminés de position par le moyen de ces foyers.

régler les dégradations de forme, de grandeur et de position, qui servent à distinguer les objets rejetés sur des plans plus ou moins éloignés, ou placés au premier plan de ces tableaux à trois dimensions, dans lesquels le ciseau, par ses prestiges, doit égaler la magie des chefs-d'œuvre de la palette et du pinceau.

La peinture, elle-même, a besoin de connaître les principes géométriques, par lesquels on détermine le décroissement apparent, et la déformation des objets considérés à diverses distances. La lumière qui les éclaire, les reflets qu'elle fait naître, les ombres qu'elle projette, ont des directions et des contours, des dégradations et des nuances dont la géométrie reproduit et mesure la position, la figure et l'intensité.

Enfin, la musique n'est pas sans rapports avec la science de l'étendue. Les instruments qui servent aux artistes pour exécuter leurs concerts, ont des formes, des proportions, des épaisseurs dont cette science féconde donne les éléments et fixe les dimensions (*). Les temps égaux qui constituent la

---

(*) Nous pouvons citer pour exemple l'art de fabriquer les violons. Aussi long-temps qu'on abandonna cet art aux tâtonnements d'une pratique ignorante, les instruments, lorsqu'ils sortaient de la main du luthier, n'annonçaient en rien ce qu'ils pourraient devenir avec l'aide du temps. Un élève distingué de l'École Polytechnique, M. Chanot, officier du génie maritime, a fait l'examen des déformations que le temps apporte aux instruments à cordes, ainsi que des rapports qui se trouvent entre le lieu, le sens, l'étendue des vibrations, et la forme, l'épaisseur, la disposition des bois employés dans la fabrique des violons. En s'appuyant sur de telles recherches, il en a déduit des règles géométriques pour exécuter ces instruments avec une parfaite exactitude. Le succès a pleinement justifié sa théorie. Il a trouvé le moyen de construire des violons qui, dès l'instant où le musicien commence à s'en servir, ont toutes les qualités que le temps seul peut donner aux instruments fabriqués par la routine.

Mesure, ces temps dont la vitesse règle ce qu'on appelle le Mouvement de la musique, et procure à l'exécution le caractère précis qu'elle doit avoir, pour rendre les effets imaginés par le compositeur; ces temps ne peuvent être reproduits avec exactitude, dans tous les lieux ainsi qu'à toutes les époques, si l'on n'emploie l'indication régulière d'un compteur ou d'un pendule dont la géométrie détermine la grandeur et la figure.

Voilà quelques-uns des services que la science de l'étendue peut rendre aux beaux-arts. Parlons, maintenant, des services qu'elle doit rendre aux arts des travaux publics. Ces derniers ayant pour objet d'exécuter avec une grande précision, les formes conçues par les ingénieurs, pour des édifices importants et pour des opérations d'utilité générale, ils éprouvent plus que les autres branches de l'industrie humaine, le besoin des secours de la géométrie. Aussi les créateurs de la célèbre École des Travaux Publics (*), ont-ils fait, de cette science fondamentale, la base d'un enseignement admirable par son ensemble primitif.

Les élèves qu'a produits cette école, rivalisant bientôt avec leurs illustres maîtres, ont tenté dans les diverses carrières où

_____

(*) C'est le nom sous lequel fut instituée l'École Polytechnique. On a préféré cette dernière dénomination, parce qu'elle indique le but spécial que devait avoir l'enseignement : celui de former des élèves dans la théorie générale des arts. Il est fâcheux qu'on s'éloigne de plus en plus d'un tel but. J'ose dire que la marche nouvelle est non-seulement étrangère, mais nuisible à l'esprit d'application qui doit caractériser les études et les travaux de l'ingénieur : quelque soit le corps auquel il se destine. Et, ce qui doit frapper les esprits observateurs, c'est que l'École Polytechnique a cessé de produire des géomètres, depuis qu'elle a quitté la méthode qu'on aurait pu ne croire propre qu'à produire de grands ingénieurs.

les a jetés leur destinée, d'appliquer la même science à la conception, à l'exécution des travaux confiés à leurs soins. Les arts les plus essentiels à la force, au bien-être, à l'ornement de la société, sont devenus tour à tour l'objet de leurs perfectionnements et de leurs inventions.

Dans l'essai que j'ai publié sur les services et les travaux scientifiques de G. Monge, qui fut le principal fondateur de l'École Polytechnique, j'ai tâché de donner une idée des progrès dont les professions les plus utiles sont redevables aux savantes conceptions, aux applications ingénieuses de ce grand géomètre. Pour montrer tous ses bienfaits en faveur des mêmes branches de notre industrie, il fallait aussi rappeler jusqu'à quel degré ses successeurs ont avancé dans la carrière qu'il leur a si largement ouverte. Ce travail avait pour moi non moins de charmes, que l'exposition des travaux mêmes qui sont la gloire de Monge. Aussi n'ai-je point séparé du récit des bienfaits répandus par le maître, l'histoire des services rendus à la science et à la patrie, par les élèves qu'il a chéris comme l'élite d'une illustre famille.

En m'essayant sur les routes parcourues avec tant d'éclat par mes anciens et par mes nouveaux condisciples, j'ai tâché de cultiver et d'appliquer aussi la géométrie. Depuis l'instant où j'ai pris rang parmi les officiers du corps auquel j'ai l'honneur d'appartenir, je me suis efforcé, suivant mes faibles moyens, de concourir à leurs tentatives pour améliorer les conceptions et les travaux de nos arts.

Je réunis maintenant, en un volume, les applications que

j'ai faites, de la géométrie, à diverses questions relatives aux travaux publics (*).

Dans un premier Mémoire, je présente une théorie nouvelle de la stabilité des corps flottants, fondée sur les principes de la courbure des surfaces. Il serait superflu d'insister sur le besoin de traiter un semblable sujet, pour les arts relatifs à la navigation sur les mers, sur les fleuves, et même sur les canaux.

Dans un second Mémoire, je traite des routes isolées. Les ingénieurs de la marine ont souvent à diriger l'exploitation des forêts, et le transport des bois propres à la charpente ainsi qu'à la mâture des vaisseaux; souvent, alors, ils sont chargés de tracer et d'ouvrir des routes, afin d'effectuer cette exploitation et ce transport. Lorsque les mêmes ingénieurs sont appelés dans les armées de terre, avec leurs ouvriers (comme ils l'ont été durant les guerres passées), ils peuvent être chargés de tracer et d'ouvrir des voies militaires, à travers les forêts et les montagnes. J'ai recherché d'après quels principes ils doivent exécuter ces travaux qui sont l'œuvre habituelle

---

(*) Qu'il nous soit permis de citer l'opinion que s'est formée de ces applications, une commission nommée par la première Classe de l'Institut (en 1812), pour examiner les premiers Mémoires de mes *Développements de Géométrie*. La commission choisie par l'Institut comptait pour membres MM. Carnot, Monge, et Poisson rapporteur.

« Les recherches que nous venons d'exposer prouvent qu'au milieu des travaux dont il a été chargé, M. Dupin n'a pas perdu de vue les objets de ses premières études. Elles font désirer qu'un ingénieur qui réunit des connaissances si étendues en Géométrie et en Analyse, publie bientôt l'ouvrage dans lequel il se propose de les *appliquer* à des questions de pratique et d'utilité publique. Nous pensons que ses trois Mémoires sont très-dignes de l'approbation de la Classe, et nous proposerions de les insérer dans le *Recueil des Savants Étrangers*, si l'auteur ne les avait destinés lui-même à un autre usage. »

du corps des Ponts et chaussées. Puissent les ingénieurs de ce corps célèbre par ses talents et par ses lumières, consulter avec quelqu'intérêt et quelque fruit, cet essai sur des questions auxquelles ils attachent, à juste titre, une haute importance.

Dans le troisième Mémoire, je considère les routes qu'il faut suivre, pour opérer les transports connus sous le nom de *déblais* et de *remblais*. Ces transports n'appartiennent pas seulement aux travaux des Ponts et chaussées, et de l'Architecture civile. Ils sont également opérés dans la plupart des autres services publics ; dans le Génie maritime, le Génie militaire, l'Artillerie, les Mines, etc.

Par exemple, lorsqu'il faut transporter des bois de construction, d'un parc dans un autre, ou d'un parc sur les chantiers, ou des calles de débarquement dans un dépôt; lorsqu'il s'agit d'opérer un semblable déplacement pour des bouches à feu, des projectiles, etc., lors même qu'il s'agit de faire passer des corps de troupes, d'une position donnée dans une autre position pareillement donnée ; enfin, lorsqu'il s'agit d'exécuter les terrassements que les ingénieurs militaires et les officiers d'artillerie ont à diriger, pour construire des fortifications, des retranchements et des batteries : dans tous ces cas, il faut résoudre des problèmes de déblais et de remblais, si l'on veut effectuer les transports avec le plus d'ordre, d'économie et de rapidité qu'il soit possible de mettre à de semblables opérations. Ce sujet, comme celui du tracé des routes isolées, intéresse donc à la fois tous les services publics.

Le même sujet nous offre un exemple des abstractions de la

géométrie, réalisées dans les phénomènes de la nature, et recevant en quelque sorte, avec une existence nouvelle, un nouveau degré d'intérêt et d'utilité. Les routes suivies par la lumière et par les rayons sonores, dans les phénomènes de la
réflexion et de la réfraction, sont soumises à des lois qui repro-
duisent avec une entière fidélité, les règles géométriques des
transports les plus avantageux, sur des routes mathématiques,
et pour des prix donnés. Le développement de ces propriétés
est l'objet du quatrième Mémoire.

Dans le cinquième et dernier Mémoire (*), je reviens aux
applications qui concernent la Marine. Je cherche à montrer
comment on peut combiner les connaissances données par la
pratique, sur la structure des bâtiments de guerre, avec les lois
scientifiques qui régissent la forme, la stabilité, la force et
la durée de ces grands corps flottants. Ce travail n'a pas été
stérile. Déjà notre marine en a tiré quelque avantage (**).
Peut-être, avec le temps, serai-je assez heureux pour voir
adopter toutes les conséquences qui doivent en découler.

C'est dans le même Mémoire que je détermine la position

(*) La Société royale de Londres nous a fait l'honneur de l'insérer dans ses *Transactions Philosophiques*, pour l'année 1817 (première Partie). Nous le publions
maintenant plus correct et plus complet.

(**) On a fait l'essai du système dont j'ai proposé l'adoption, sur une frégate française, et conformément au devis d'exécution dont j'ai fourni les données. Cette expérience a si bien réussi, qu'au rapport de M. Tupinier, directeur des constructions
navales, la déformation éprouvée par la nouvelle frégate n'a pas été le *cinquième* de
celle qu'éprouvent ordinairement les frégates de même rang, lors de leur mise à
l'eau : ces déformations étant mesurées, suivant la règle reçue, d'après la flèche de
l'arc que prend la quille des bâtiments. (Voyez *Annales Maritimes*, 1822.)

des plans suivant lesquels les vaisseaux tendent à se déformer avec un effort *maximum* ou *minimum*, par l'action répulsive du fluide, opposée à l'action verticale de la pesanteur. La solution de ce problème de méchanique, en apparence assez difficile, se trouve ramenée à la solution d'un problème facile de géométrie ordinaire. Le théorème fort simple sur lequel est fondé ce nouveau moyen, semble mériter d'être introduit dans les traités élémentaires de méchanique ; par sa simplicité même, et pour l'utilité dont il peut être dans les arts de la marine. De tels services pratiques, dérivés des résultats abstraits de la science, ont toujours été l'objet final de mes vues ; même dans les travaux où, d'abord, j'ai paru ne songer qu'aux seules recherches d'une théorie spéculative et générale.

Ainsi, lorsque j'ai publié mes *Développements de géométrie*, on a pu regarder les théories qu'ils renferment, et les propriétés de la courbure des surfaces qui s'y trouvent présentées, comme des vérités abstraites et sans utilité pratique. Il me semble que les applications maintenant offertes au public, ne permettront plus d'en porter le même jugement.

On verra, par exemple, que la théorie de la courbure des surfaces, sert à démontrer beaucoup de propriétés nouvelles, qui sont des lois générales de la stabilité des corps flottants. La théorie des *tangentes conjuguées* et des *indicatrices*, fait aussi connaître, par rapport à l'équilibre des corps flottants, plusieurs propriétés nouvelles des *stabilités conjuguées*.

Si des rayons de lumière, émanés d'un foyer primitif, rencontrent un miroir dont la surface est d'une forme quelconque, alors, des *courbes conjuguées* sont décrites à la fois sur ce miroir, et par les rayons incidents et par les rayons réfléchis, appartenant à des surfaces développables. Il y a plus : les propriétés des *tangentes conjuguées* font voir avec facilité, d'une part, que les deux séries conjuguées de surfaces développables formées par des rayons incidents, de l'autre part, que les deux séries conjuguées de surfaces développables formées par des rayons réfléchis, se croisent partout sous un angle constant, égal à l'angle droit.

Les courbes du second degré n'ont pas seulement un ou deux foyers situés dans le plan de ces courbes. J'ai prouvé qu'elles en ont une infinité d'autres : l'ensemble des foyers appartenant à chacune de ces lignes, forme une courbe du même ordre.

Cette propriété trouve pareillement son application dans l'optique et dans l'acoustique. En considérant tour à tour les courbes du second degré, comme *indicatrices* de la courbure des surfaces qui réfléchissent la lumière ou les sons, et comme *indicatrices* de surfaces auxiliaires de révolution tangentes aux premières, on voit qu'elles présentent certains foyers communs. Or, ces foyers sont le lieu de la rencontre des rayons lumineux ou des rayons sonores, après la réflexion.

Ainsi la position des échos et celle des ombilics catoptriques, nous sont données (d'après la forme des surfaces réfléchissantes), par les théories des *tangentes conjuguées*, *des indicatrices*, et des *foyers* de ces indicatrices.

Enfin, ce qu'il y a de remarquable, ces théories géométriques permettent de résoudre graphiquement, avec simplicité, avec rapidité, des problèmes d'optique et d'acoustique, lesquels, traités par le calcul, se présentent sous des formes algébriques extrêmement compliquées. La complication est si grande, en effet, qu'elle a rendu possible une grave erreur de calcul, commise par un très-habile analyste, en cherchant à trouver les propriétés corrélatives des faisceaux de rayons incidents, et de rayons réfléchis ou réfractés par des surfaces de forme quelconque.

Ainsi les nouveaux éléments de la courbure des surfaces, dont la définition, les caractères et les rapports se trouvent exposés dans les *Développements de géométrie*, ne sont pas des éléments abstraits et sans application. Nous les retrouvons dans les recherches qu'exige la théorie de plusieurs arts utiles. Nous les retrouvons dans les phénomènes de la nature. Les propriétés inhérentes à ces éléments géométriques, se présentent à nous comme des lois qui régissent ces phénomènes ; et la solution de plusieurs problèmes généraux d'hydrostatique, de catoptrique et d'acoustique, est donnée d'une manière prompte et facile, par l'enchaînement de ces mêmes propriétés.

C'est à des géomètres plus habiles et plus profonds dans leurs recherches, qu'il appartient d'offrir des résultats plus importants, et d'agrandir davantage le domaine de la science. Si quelques juges reconnaissent que nous avons ajouté quelque chose aux connaissances de la pure géométrie, et quelque chose à ses moyens d'application, nous aurons obtenu tout ce qu'a pu nous promettre notre espérance.

DE LA STABILITÉ

DES

CORPS FLOTTANTS,

PREMIER MÉMOIRE

D'APPLICATIONS DE GÉOMÉTRIE;

RAPPORT SUR CE MÉMOIRE, FAIT A LA PREMIÈRE CLASSE DE L'INSTITUT DE FRANCE.

M. Sané, M. Poinsot et moi, avons été chargés par la Classe de lui rendre compte d'un Mémoire sur la stabilité des corps flottants, qui fut présenté, le 10 janvier dernier (1814), par M. Charles Dupin, capitaine en premier au corps du Génie maritime, et aux travaux duquel la Classe a déjà plusieurs fois applaudi. Ce Mémoire même a été composé par un jeune officier qui s'attendait, à chaque moment, à recevoir des ordres pour se rendre aux armées.

Le Mémoire de M. Dupin est la première application des méthodes exposées par le même auteur dans cinq autres Mémoires de géométrie, approuvés par la Classe, et publiés ensuite sous le titre de *Développements de Géométrie*, pour faire suite à la Géométrie descriptive et à la Géométrie analytique de M. Monge.

En voyant ces premières recherches, notre illustre La-
grange, dont les suffrages peuvent être regardés comme les
plus beaux titres d'un jeune géomètre, a fait d'elles cet éloge,
confirmé par le jugement de la Classe. « L'auteur a trouvé le
» secret de dire des choses neuves et intéressantes, sur un
» sujet que nous croyions épuisé. »

Le nouveau sujet que M. Dupin s'est proposé de traiter,
dans le Mémoire dont nous avons à rendre compte, est plus
difficile encore que celui des Mémoires précédents, et semblait pareillement épuisé. La théorie de l'équilibre des corps
flottants sur un fluide, a fait l'objet des recherches des plus
grands géomètres. Archimède est le premier qui s'en soit occupé ; et le livre où il traite cette matière, si peu abordable de
son temps, est, avec raison, regardé comme un des écrits
qui font le plus d'honneur à son génie. En n'employant que
la méthode synthétique, Archimède recherche les conditions
de l'équilibre des corps sphériques, cylindriques et paraboli-
ques. Il détermine dans quel cas l'équilibre doit être stable et
dans quel cas il ne doit pas l'être. En admirant la force d'esprit qu'exigeaient ces premiers résultats d'une science alors
dans l'enfance, on ne peut s'empêcher d'avouer qu'une méthode qui doit, à chaque corps nouveau dont on s'occupe,
recourir à de nouveaux moyens de solution, ne soit d'une
étude et d'une application extrêmement pénibles.

M. Dupin annonce que, dans un second Mémoire, il re-
prendra toutes les questions traitées par Archimède, pour les
faire dériver, comme autant de corollaires, d'un seul et

même principe : si cette partie est bien traitée, ce ne sera pas la moins intéressante de son travail.

Dix-neuf siècles se passèrent avant qu'on revînt aux questions traitées par Archimède, pour reculer de ce côté les bornes de la science. Deux géomètres l'entreprirent, pour ainsi dire, en même temps.

Bouguer, dans le voyage où il fut, avec La Condamine, mesurer sous l'équateur un arc du méridien, employait ses loisirs à composer le *Traité du navire*; tandis qu'Euler, à Pétersbourg, écrivait son livre intitulé : *Scientia Navalis*. Dans ces deux ouvrages, on voit la question de l'équilibre des corps flottants traitée sous un point de vue beaucoup plus général que ne l'avait fait Archimède. La seule restriction qu'on s'y permette encore, est de regarder les corps comme symétriques par rapport à un plan. Telle est, en effet, la forme de nos vaisseaux de guerre ou de commerce : ces grands corps flottants dont l'équilibre et la stabilité sont d'une considération si importante.

Bouguer se rapprocha de la méthode des anciens; il présenta ses idées sous une forme géométrique; il les rendit par-là plus sensibles; et les ingénieurs maritimes de toutes les nations adoptèrent sa manière de déterminer la stabilité des corps flottants. Euler n'abandonna pas sa méthode accoutumée, et parvint au même but par une analyse simple, élégante et facile.

M. Dupin suit une marche différente de celle qu'avaient adoptée ces deux illustres géomètres; il emploie une géométrie

d

qui n'était pas connue de leur temps, et ce nouvel instrument
le conduit à de nouveaux résultats.

Au lieu de se tenir toujours infiniment près de chaque position d'équilibre, pour voir ainsi ce qui se passe autour d'elle,
il considère à la fois toutes les positions qu'un corps peut
prendre, en flottant sur un même fluide, lorsque ce corps est
d'un poids constant et d'une forme extérieure invariable.

Pour que le corps flottant soit en équilibre, il faut, comme
on sait, que son centre de gravité soit sur la même verticale que
le centre de volume de sa carène; cette carène étant terminée au
niveau du fluide par un plan horizontal qu'on appelle le *plan
de flottaison*.

Mais, le poids du corps étant supposé constant, le volume
de la carène l'est aussi. Si donc, par des transpositions dans
l'intérieur, on fait prendre au centre de gravité du corps flottant toutes les positions possibles, sans que la figure extérieure
de ce corps change, on va trouver, pour ces différents états
d'un même corps, une infinité de plans de flottaison différents
et une infinité de carènes différentes. Chacune de ces carènes a
son centre de volume en un point particulier. Voilà, par conséquent, une infinité de centres de carène. Ils forment une surface : c'est la *surface des centres de carène*. Tous les plans de
flottaison sont tangents à une autre surface qui, par rapport à
ces plans, est du genre de celles que M. Monge a nommées
enveloppes : c'est la *surface enveloppe des flottaisons*.

On n'avait pas encore eu l'idée d'envisager ces deux surfaces,
et c'est leur considération qui conduit M. Dupin, d'abord à

des théorèmes qui renferment tous ceux que l'on connaît déjà sur la stabilité des corps flottants, ensuite à beaucoup d'autres théorèmes nouveaux.

L'auteur observe premièrement, que la définition de la surface des centres de carène et celle de l'enveloppe des flottaisons, étant puremement géométriques, la recherche des propriétés générales de ces surfaces doit appartenir uniquement à la science de l'étendue. Il s'occupe d'abord des propriétés de la première de ces surfaces, et la traite d'après les principes qu'il a exposés dans ses *Développements de Géométrie.* Voici les résultats auxquels il parvient.

La surface des centres de carène est nécessairement d'une étendue finie; elle est fermée de toutes parts. Quelle que soit la forme irrégulière du corps flottant, la surface des centres de carène est toujours continue (en ce sens que ses plans tangents se succèdent constamment, par une dégradation insensible dans leurs directions, de manière à ne former ni angles, ni arêtes sur la surface).

Si l'on place le corps flottant dans une position d'équilibre, le centre de sa carène sera en un certain point de la surface lieu des centres de carène; et le plan tangent à la surface, en ce point, sera nécessairement parallèle au plan de flottaison, c'est-à-dire, horizontal.

De là résulte immédiatement cette autre propriété générale. « Dans une position d'équilibre quelconque, la droite menée » par le centre de gravité du corps flottant et par le centre

» de carène, est normale, en ce dernier point, à la surface
» des centres de carène. »

Ainsi, dès le principe, l'auteur ramène la recherche des
positions d'équilibre d'un corps flottant, à la détermination
des droites normales à la surface des centres de carène : en ne
prenant, parmi ces normales que celles qui passent par le
centre de gravité du corps.

Il ne suffit pas de déterminer une position d'équilibre; il
faut s'assurer, de plus, que cette position est stable.

On voit des corps flottants que l'on cherche vainement à déranger de leur position primitive. De quelque côté qu'on les
incline, ils tendent toujours à se redresser. On en voit, au
contraire qui, dès qu'on les dérange un peu de leur première
position, de quelque côté qu'on les incline, s'inclinent encore
davantage, et ne reviennent plus à leur première assiette. Enfin
on en voit d'autres qui, penchés d'un certain côté, tendent à se
redresser, tandis qu'en les penchant dans une autre direction,
ils s'écartent de plus en plus de la position primitive. Dans le
premier cas, on dit que l'équilibre est *stable ;* dans le second,
qu'il est absolument *instable ;* et, dans le troisième, que cet
équilibre est *mixte.*

Or, rien n'est plus facile que d'assigner les caractères de ces
différents genres d'équilibre, en considérant la surface des
centres de carène. Lorsqu'on incline très-peu le corps flottant,
on peut concevoir qu'il tourne autour d'un axe horizontal.
Maintenant, par le centre de la carène qui correspond à la
position d'équilibre, concevons un plan perpendiculaire à cet

axe; ce plan sera vertical et coupera normalement, en ce point, la surface des centres de carène. Déterminons pour le même point, le centre de courbure de cette section ; il sera sur la même verticale que le centre de gravité du corps flottant. Cela posé, 1°. s'il est au-dessus, l'équilibre est absolument *stable* ; 2°. s'il est au-dessous, l'équilibre est absolument *instable* ; 3°. s'ils se confondent, l'équilibre est *mixte*. Ainsi, ce centre de courbure joue, dans la théorie de M. Dupin, le même rôle que le *métacentre* dans la théorie de Bouguer.

De ces principes résulte ce théorème nouveau et remarquable : *suivant que la position d'un corps flottant est stable ou non-stable, la distance du centre de gravité de ce corps au centre de sa carène est un* minimum *ou un* maximum *par rapport à toutes les positions voisines que peut prendre le corps flottant.*

En appliquant à la stabilité les propriétés de la courbure des surfaces, l'auteur conclut d'abord que, si l'on incline successivement autour de tous les axes possibles, un corps en équilibre sur un fluide, 1°. la direction de la plus grande stabilité est celle où l'axe est parallèle à la direction de la plus grande courbure de la surface des centres de carène ; 2°. la direction de la moindre stabilité est celle où l'axe est parallèle à la direction de la moindre courbure de la même surface.

De là il suit immédiatement que les directions de plus grande et de moindre stabilité d'un corps flottant quelconque, se croisent toujours à angle droit.

Pour examiner les stabilités comprises entre ces deux extrêmes, M. Dupin se sert encore de la surface des centres de carène ; il a recours à la *courbe indicatrice* et aux *tangentes conjuguées* de cette surface. On peut voir, dans le rapport de M. Poisson (*), sur les trois premiers Mémoires de M. Dupin, la définition de cette courbe et de ces tangentes, ainsi que l'exposition de leurs principales propriétés, faites avec autant de clarté que de précision.

Il nous suffit de dire que, si l'on coupe une surface par un plan infiniment voisin de son plan tangent et parallèle à ce plan, la section est une courbe du second degré, que M. Dupin appelle *indicatrice*, parce qu'elle indique en effet la forme de la surface, à partir du point où elle est touchée par le plan tangent que l'on considère. Les diamètres conjugués de cette indicatrice représentent autant de systèmes *de tangentes conjuguées* de cette surface.

Revenons à la surface des centres de carène. Elle a partout ses deux courbures dirigées dans le même sens : son indicatrice est donc constamment une *ellipse*. Les axes de cette ellipse sont parallèles aux directions de plus grande et de moindre stabilité du corps flottant.

Les degrés de stabilité du corps flottant, sont proportionnels aux quarrés des diamètres de l'indicatrice, ces diamètres étant dirigés dans le sens de l'inclinaison du corps flottant.

Or, les diamètres d'une ellipse sont disposés symétrique-

(*) Ce Rapport précède les Mémoires dont se composent les *Développements de géométrie*. Nous venons d'en citer les conclusions dans une note de nos considérations préliminaires, p. xvij.

ment de côté et d'autre des deux axes ; donc les stabilités intermédiaires sont aussi disposées symétriquement de côté et
d'autre des deux directions de plus grande et de moindre
stabilité.

Si l'on appelle, avec M. Dupin, *stabilités conjuguées*, celles
qui appartiennent à des inclinaisons correspondant à deux diamètres conjugués de l'indicatrice, on verra qu'elles jouissent
de cette propriété générale : *pour une même position d'é-
quilibre, la somme de deux stabilités conjuguées est nécessairement constante et égale à la somme de la plus grande
et de la moindre stabilité du corps flottant.*

Enfin M. Dupin, par le secours de la courbe indicatrice,
détermine, dans les cas d'équilibre mixte, les limites qui séparent les directions où l'équilibre est stable, d'avec celles où
il ne l'est pas.

Jusqu'ici, l'auteur supposait que la forme extérieure du
corps flottant dût rester constamment la même ; il suppose
ensuite que cette forme varie d'une manière très-générale ; il
s'assujettit seulement à laisser constantes les hauteurs des centres de gravité du corps et de sa carène, ainsi que la figure de
la flottaison. Alors il examine les transformations infinies que
peut éprouver la surface des centres de carène ; il ramène ces
transformations à celles dont il a fait l'examen dans ses *Développements de géométrie.* Il en conclut que les nouvelles surfaces des centres de carène auront toutes un contact, au moins
de second ordre, avec la surface primitive ; et par conséquent,
que tous les nouveaux corps flottants auxquels ces nouvelles

surfaces appartiennent, ont la même stabilité que le premier corps flottant. C'est ainsi que M. Dupin cherche à utiliser les principes qu'il a présentés dans ses premiers mémoires.

Telles sont les principales propriétés de la surface des centres de carène. Après les avoir développées, l'auteur considère spécialement la surface enveloppe des flottaisons et l'aire de chaque flottaison.

Cette seconde surface est, comme la première, fermée de toutes parts; elle présente aussi partout ses deux courbures dirigées dans le même sens. Elles ont ensemble cette corrélation singulière, qu'elles ne peuvent jamais se couper; tantôt la première embrasse complétement la seconde, tantôt la seconde embrasse complétement la première.

D'après sa définition, l'enveloppe des flottaisons a pour plans tangents tous les plans de flottaison. Or, le point de contact de l'enveloppe et de ces plans, est le centre de gravité de l'aire de chaque flottaison (cette aire étant déterminée par le périmètre du corps flottant). Ce théorème revient, quant au fond, à celui qu'on doit à de Lacroix, membre de l'ancienne Académie des sciences; Euler en parle dans la préface de son traité, *Scientia navalis*.

M. Dupin fait voir généralement que le plus grand et le plus petit rayon de courbure de la surface des centres, sont respectivement égaux aux plus grands et aux plus petits moments d'inertie de l'aire de la flottaison, divisés par le volume de la carène.

De là, il conclut immédiatement que la direction de la plus

grande ou de la moindre stabilité du corps flottant est parallèle à l'axe du plus grand ou du plus petit moment d'inertie
de l'aire de la flottaison : théorème connu.

Par une correspondance bien singulière, la courbure de la
surface des centres de carène dépend donc spécialement de la
figure de la flottaison ; mais la courbure de la surface enveloppe des flottaisons dépend de quantités plus compliquées.
Cependant, il est intéressant de connaître les éléments de cette
courbure ; ils indiquent dans quelles directions les stabilités
primitives croissent ou décroissent par les degrés les plus lents
ou les plus rapides, et peuvent montrer les états prochains
de stabilité d'un corps flottant dérangé de sa position d'équilibre. Cette recherche ne peut être que d'un grand intérêt pour
la théorie de la construction des vaisseaux.

Voici, à ce sujet, les résultats auxquels l'auteur parvient ;
ils s'offrent sous une forme singulière.

*Si l'on charge le contour de la flottaison par des poids
proportionnels à la tangente de l'angle formé par la verticale
et la paroi du corps flottant, les axes principaux du plus
grand et du plus petit moment d'inertie de cette ligne pesante,
seront respectivement parallèles aux directions de plus grande
et de moindre courbure de l'enveloppe des flottaisons.*

*Et si l'on divise par la superficie de la flottaison, deux
fois ce plus grand ou ce plus petit moment d'inertie, le quotient sera le rayon de moindre ou de plus grande courbure
de la surface des flottaisons.*

Après s'être occupé de tout ce qui peut caractériser une

e

position d'équilibre, considérée isolément, M. Dupin considère
à la fois toutes les positions d'équilibre que peut prendre un
corps flottant dont la forme est invariable, ainsi que son poids
et la position de son centre de gravité.

Cette partie de son travail, quoiqu'elle ne paraisse pas devoir être aussi féconde que la première en conséquences utiles,
semble peut-être plus originale, et par la généralité des résultats, et par la simplicité des moyens de solution.

D'après la théorie précédemment exposée, la recherche de
toutes les positions d'équilibre du corps flottant, est ramenée à
celle de toutes les droites que l'on peut, du centre de gravité
de ce corps, mener normalement à la surface des centres de
carène.

L'auteur prouve d'abord que tout corps solide, flottant sur
un fluide, présente au moins deux positions d'équilibre, l'une
dont la stabilité est absolue, l'autre dont l'instabilité est pareillement absolue : principe qui n'avait pas encore été démontré
directement.

Ensuite ce géomètre fait voir que le nombre des positions
d'équilibre d'un corps flottant est généralement pair ; et il
prouve que le nombre des positions d'équilibre du premier
genre, est toujours égal au nombre des positions du second
genre.

Et si l'on fait tourner la surface des centres de carène autour
d'un axe quelconque mené par le centre de gravité du corps
flottant ; puis, qu'on détermine la surface de révolution enveloppe de l'espace parcouru par cette surface ; en se dirigeant

ensuite sur la courbe de contact de l'enveloppe et de l'enveloppée, on rencontrera successivement tous les centres de carène qui appartiennent aux positions d'équilibre. Or ces centres appartiendront alternativement à une position stable, instable ; stable, instable, etc.

S'il y a des positions d'équilibre mixtes, il faudra regarder chacune d'elles comme la réunion de deux positions d'équilibre, l'une stable et l'autre instable ; et l'on trouvera toujours, en marchant sur la courbe de contact dont nous venons de parler, que les centres de carène qui correspondent à des positions d'équilibre, appartiennent alternativement à des positions d'équilibre stable et instable.

Ce nouvel ouvrage de M. Dupin confirme les espérances que ce jeune savant a données par ses premiers travaux, et l'on ne peut qu'applaudir à ses efforts constants pour en diriger les résultats vers la pratique du grand art auquel il s'est voué. Nous pensons que le Mémoire de M. Dupin mérite l'approbation de la Classe, et nous lui proposons de le faire comprendre dans la collection des savants étrangers.

Signé SANÉ, POINSOT, et CARNOT, *rapporteur.*

Le secrétaire perpétuel pour les Sciences mathématiques certifie que ce rapport est extrait du procès verbal de la séance du 30 août 1814.

Signé DELAMBRE,
Chevalier de la Légion-d'Honneur.

APPLICATIONS
DE GÉOMÉTRIE, ETC.

PREMIER MÉMOIRE.

DE LA STABILITÉ DES CORPS FLOTTANTS.

§ Ier.

INTRODUCTION.

En exposant la première partie de nos recherches mathématiques, dans l'ouvrage intitulé *Développements de géométrie*, nous nous sommes occupés spécialement de la théorie que nous voulions faire connaître. Les applications que, par fois, nous avons présentées étaient de simples aperçus, jetés en avant, soit pour répandre plus de jour sur des vérités abstraites, soit pour rendre moins aride l'exposition de ces mêmes vérités, en offrant d'espace en espace des exemples faits pour parler à l'imagination. Sans négliger les résultats particuliers qui pouvaient être de quelque utilité, nous avons cherché surtout à poser des principes qui, simples et généraux, pussent à la fois être faciles

Des applications de la théorie donnée dans les *Développements de géométrie*.

1

dans leur exposition, et féconds dans leurs conséquences. Essayons, maintenant, d'appliquer ces principes à des questions d'un très-fréquent usage. Par-là, nous rendrons de plus en plus sensible l'esprit de notre théorie; si jamais elle peut être de quelque intérêt, ce sera surtout lorsqu'on la verra s'étendre à des sujets dont on a, depuis long-temps, apprécié l'importance.

Première application : de la stabilité des corps flottants sur un fluide.

Parmi les questions résolues d'après les principes de la méchanique, l'une des plus intéressantes est, sans contredit, celle dont l'objet est de déterminer les conditions de l'équilibre et de la stabilité des corps solides qui flottent sur un fluide. De sa solution dépend d'abord la sûreté; puis, à beaucoup d'égards, le perfectionnement de la navigation. D'ailleurs une foule de recherches physiques, et les travaux des arts, dans mille circonstances, réclament la solution de ce problème remarquable.

Cette question de méchanique est du nombre de celles qu'on peut ramener à la pure géométrie.

Il est facile de voir que la question dont nous parlons peut être ramenée aux considérations de la pure géométrie. Comme ces considérations peuvent elles-mêmes être fournies par la théorie de la courbure des surfaces, nous allons nous en occuper; pour offrir ainsi la première application étendue de cette même théorie.

En traitant un sujet illustré déjà par les travaux des savants les plus habiles, si tout n'est pas épuisé, si nous sommes assez heureux pour parvenir à quelque vérité nouvelle, nous en attribuerons la découverte à la marche que nous avons suivie. Moins nous aurons eu de mérite à nous laisser conduire où notre méthode nous appelait, plus l'utilité de cette méthode sera prouvée par cela même, aux yeux des vrais géomètres.

Ce que nous venons d'avancer au sujet de la solution, par la géométrie, des problèmes relatifs à la stabilité des corps flottants, n'est point particulier à ce genre de recherches. Toutes les questions sur l'équilibre ou sur le mouvement des parties

figurées de l'espace, considérées comme des corps, se réduisent en dernière analyse, à des relations entre la forme et
la position de ces mêmes parties. La nature de ces relations
une fois définie, le complément de toutes les solutions rentre
dans le ressort de la simple géométrie. C'est ce qu'ont parfaitement observé plusieurs mathématiciens, et surtout M. Carnot,
dans l'ouvrage original qui porte pour titre, *Essai sur les machines en général.*

Cherchons donc, avant tout, ces relations qu'il faut obtenir
par des considérations tirées de la méchanique. Nous entrerons
naturellement, ensuite, dans nos applications à la théorie de la
courbure des surfaces.

Nous voyons tous les corps, lorsqu'aucun obstacle ne les
arrête, se précipiter vers le centre de la terre, et nous appelons
pesanteur la force qui leur fait prendre ce mouvement. Lorsque les corps sont contraints au repos, cette force ne cesse pas
pour cela d'animer chacune de leurs parties. L'action qu'alors
elle exerce sur eux, et qui les sollicite à descendre suivant la verticale, est précisément ce que nous appelons le poids des corps.

Les effets de la pesanteur, considérée comme dirigée constamment vers le centre de la terre, sont d'un très-grand secours à la géométrie, dans ses applications aux arts.

Pour définir la forme des corps et leurs mouvements, il faut
rapporter la position de ces corps à des parties de l'espace,
sinon absolument fixes, du moins immuables par rapport au
système matériel dont nous faisons partie.

Placés sur la surface de la terre, le premier point auquel
nous rapporterons tous les autres, sera le centre même du globe,
c'est-à-dire le point d'où nous concevons que partent les forces
dues à la pesanteur.

Nous sommes éloignés de ce centre, d'une distance extrê-

(marginal notes:)
Données ou princi-
pes méchaniques
fournis par l'ob-
servation.

Première donnée :
de la pesanteur.

La constance de sa
direction est d'un
usage infini dans
les applications de
la géométrie aux
arts.

mement considérable; soit par rapport à la grandeur des édifices, ainsi qu'à l'étendue des travaux que nous pouvons exécuter
dans un endroit donné; soit par rapport aux espaces que nos machines et nos instruments y occupent, ainsi qu'aux profondeurs,
aux élévations où nous pouvons parvenir, en quittant le sol que
nous habitons. C'est pourquoi nous regardons le rayon de la terre
comme ayant une longueur hors de toute comparaison avec
ces petites distances. Une telle hypothèse apporte, dans les
opérations géométriques, la simplicité la plus heureuse.

Jusqu'à présent, nous n'avions de fixe qu'un point, c'était
le centre de la terre. Nous connaissons maintenant un axe fixe;
c'est *la verticale*. Nous connaissons aussi, par conséquent, la
position d'un plan invariable dans sa direction; c'est *le plan
horizontal*, en chaque lieu, perpendiculaire à la verticale.

De la projection ho-
rizontale et des pro-
jections verticales.

L'usage de ces données est infini. Le géomètre, l'ingénieur,
l'artiste, pour fixer leurs idées, rapportent ordinairement les
objets à deux plans de projection, dont le premier est vertical,
et le second horizontal. La direction du plan vertical est seule
arbitraire dans un lieu déterminé. C'est à la choisir de la manière la plus avantageuse, que consiste, dans chaque cas, l'art
de celui qui connaît bien les ressources et l'esprit de la géométrie descriptive.

Par l'effet de l'habitude, notre intelligence opérant pour
ainsi dire à notre insçu, nous rapportons à la direction de la
verticale, sans avoir besoin de réfléchir et presque sans y faire
attention, la position des corps qui s'offrent à nos regards, et
la trace de leurs mouvemens, si ces corps se déplacent.

Du sentiment de la
verticale.

Il est des hommes qui, par des travaux continuels ou des observations assidues, sont forcés à faire ce rapprochement d'une manière plus fréquente et plus rigoureuse. Ils apprennent à connaître cette direction, par le simple usage de leur sens, avec

une précision surprenante : ils acquièrent ce qu'on appelle *le*
sentiment de la verticale. C'est ainsi que nos sens bien exercés, c'est-à-dire accoutumés à rapprocher, à comparer géométriquement leurs perceptions, deviennent des instruments ac-
complis, dont la nature avait fourni l'ébauche.

Poursuivons l'énumération des éléments qui nous sont né-   Réflexions sur le but
cessaires, et rappelons-nous toujours quel est le but que nous   spécial de ces ap-
voulons atteindre. Nous avons à montrer comment il faut ap-   plications, et sur
pliquer la géométrie aux arts : il faut donc que nos considéra-   préliminaires que
tions deviennent de moins en moins abstraites, et descendent   nous allons expo-
enfin jusqu'aux objets de nos travaux. Nous avons cru néces-   ser.
saire de rappeler encore cette idée, que nous avons déjà présentée plusieurs fois ; afin qu'on ne nous reprochât pas, comme
des digressions et des longueurs, ce que nous regardons au
contraire comme le principe de nos développements ultérieurs.

En réduisant divers corps au même volume, on a remar-   Propriétés des mas-
qué qu'ils avaient des poids différents ; tandis que certains   ses ou volumes
corps, inégaux en volume, avaient néanmoins le même poids.   La pesanteur con-
On a vu d'ailleurs que le même corps pouvait augmenter de   duit à distinguer
volume, ou bien occuper un moindre espace, sans que pour   corps, de leur vo-
cela son poids fût changé. Ces rapprochements ont fait ad-   lume apparent.
mettre aux physiciens la propriété des corps qu'ils nomment
porosité : elle est démontrée à leurs yeux par une infinité d'expériences.

Dans chaque corps, ont-ils dit, le nombre des éléments matériels ne remplit qu'une partie de l'espace qu'ils paraissent occuper : les intervalles souvent invisibles qui séparent ces éléments, sont ce qu'on appelle des pores.

En conséquence, on regarde toutes les molécules de la matière
comme étant attirées avec une même force vers le centre de la
terre. Dès lors la quantité de matière, la masse d'un corps,

Iᵉʳ. MÉMOIRE.

devient proportionnelle au poids même du corps, et ce poids en est la mesure.

La rapport de ces deux volumes représente la densité des corps.

Pour suivre le physicien dans ces nouvelles considérations, il faut que le géomètre étende aussi la sphère de ses idées. Il ne lui suffit plus de regarder les corps comme représentés et définis par la portion apparente de l'espace qu'ils occupent. Il faut, si je puis parler ainsi, qu'il ajoute à l'étendue occupée par la matière, une quatrième dimension : *la densité*. Cette dimension représentera le rapport de la portion de l'espace occupée réellement par les dernières molécules d'un corps, avec le volume apparent, en partie vide, en partie rempli par la masse de ce corps.

En prenant pour unité l'un quelconque de ces rapports, les autres rapports du même genre seront pareillement numériques; les nombres qui les exprimeront seront tels que, multipliés par le volume apparent du corps auquel chaque rapport appartient, ils donneront le *volume réel* de la matière de ce corps : volume proportionnel à la *masse*.

Rapports comparés des volumes apparents, quand le volume réel est constant ou réciproquement. Des pesanteurs spécifiques.

On a choisi pour terme de comparaison, l'eau liquide, réduite au dernier degré de condensation. Si donc on prend une quantité d'eau égale en poids au poids d'un corps quelconque, le rapport des volumes apparents de ces deux masses, sera la *pesanteur spécifique* du corps, rapportée à celle de l'eau : c'est aussi ce qu'on pourrait appeler la *masse* ou le *volume spécifique* du même corps.

Il nous semble que ces idées n'ont rien qui n'appartienne à la géométrie ; elles en étendent le domaine, en ajoutant à la considération des masses, la considération des volumes apparents. Il ne nous serait pas difficile de faire voir que la géométrie descriptive peut s'élever à la solution des questions compliquées par ce nouvel élément, sans pour cela changer sa marche, et sans recourir à de nouveaux principes. (*Voyez la note première à la fin du mémoire.*)

Contentons-nous, dans cet instant, d'exposer diverses propriétés géométriques des masses ou volumes réels des corps : toutes ces propriétés appartiennent également aux volumes apparents. Car ces derniers seraient les volumes réels de corps absolument pleins ou sans pores ; or la théorie peut toujours en admettre de tels, quoique la nature ne nous en offre pas d'exemple.

Lorsque deux masses pesantes ou deux poids (*) m', m'' sont suspendus respectivement à chaque extrémité d'un levier rectiligne inflexible A B C, et supposés en équilibre autour du point fixe B, on démontre, dans la statique, le théorême suivant, que nous établissons ici comme un simple fait d'expérience, 1°. l'effet des deux poids m', m'' sur le point fixe B, équivaut à celui d'un poids unique m''', égal à leur somme ; 2°. les distances BA et BC sont réciproquement proportionnelles à ces poids.

Puisque l'inclinaison de la droite ABC n'entre pas dans les conditions d'équilibre, on voit d'abord que les deux corps m', m'', liés par la verge inflexible ABC, resteront en équilibre autour du même point B, et qu'elles produiront toujours l'effet du poids unique $m''' = m' + m''$, quelle que soit l'inclinaison de la droite ABC.

Le point B est ce qu'on appelle le *centre de gravité* des masses m' et m''.

Donc, premièrement, quand deux points matériels sont liés entr'eux d'une manière invariable, si l'on veut représenter

(*) Afin de ne pas faire de pétition de principe, nous supposons les poids infiniment petits ; alors on peut les concevoir comme agissant en un seul point.

l'effet de leur pesanteur, on peut leur substituer un poids unique égal à la somme de leurs poids respectifs, et placé à leur centre de gravité.

Considérons actuellement un nombre quelconque de points matériels m', m'', m'''... $m^{(n)}$, doués respectivement d'un certain poids. Je substitue aux deux poids m', m'', le poids $m''' = m' + m''$ qui leur fait équilibre. Sa position devra rester la même, quelle que soit l'inclinaison de la droite qui joint les points où sont placés m' et m''. Par conséquent, quelle que soit la position du système primitif m', m'', m''', m'', etc., la force avec laquelle il serait en équilibre, serait pareillement en équilibre avec le système m'', m''', m'', etc.

Remplaçons, dans ce système, m'' et m''' par $m'',''',''' = m'',''' + m''' = m' + m'' + m'''$, et placée au centre des masses m'' et m'''. Alors m'', m''' et $m'',''',''' $ conserveront leur situation respective, quelle que soit l'inclinaison de la droite menée par m'' et m''. Par conséquent, pour toute position des deux premiers systèmes, la force qui leur fait respectivement équilibre, fait équilibre pareillement au système $m'',''',''' $, m''.....$m^{(n)}$,

En suivant cette marche, nous parviendrons à n'avoir plus qu'un poids $m'',''',''',......(n)$, égal à la somme de tous les poids m', m'', m'''..... $m^{(n)}$. Le point d'application de ce poids unique ne dépendra que de la position respective des points matériels du système. Enfin, ce poids sera en équilibre avec la force qui faisait équilibre au système primitif m', m'', m'''... $m^{(n)}$.

Ce point infiniment remarquable, et dont la considération est d'un usage si étendu, dans la méchanique, est ce qu'on appelle *le centre de gravité du système* m', m'', m'''.., $m^{(n)}$.

Remarquons bien que ce centre est rigoureusement défini par des éléments géométriques, tout-à-fait étrangers aux forces de la matière; puisqu'il est déterminé par la seule connaissance

du volume réel des corps, et de leur *distance* à des plans donnés.
C'est pour cela que M. Carnot a désigné ce point remarquable
par le nom très-expressif de *centre des moyennes distances*.

D'après la marche que nous venons de suivre, on pourrait,
comme on voit, par des opérations successives, déterminer
le centre de gravité d'un système quelconque de particules
matérielles. Si chacune d'elles formait un corps, on réduirait
cette recherche à celle du centre unique d'autant de points
matériels ayant, respectivement, le poids de ces corps. Mais,
malgré cette simplification, l'opération pourrait encore être
d'une longueur effrayante. Heureusement, la géométrie nous
offre des moyens, à la fois plus faciles et plus rapides, pour
parvenir au même but (*).

Reprenons encore le cas très-simple de deux masses en équilibre, autour de leur centre de gravité g. Nous avons vu
que ces masses, m' et m'', sont réciproquement comme leurs
distances ga', ga'', au centre g. Menons, par ce centre, l'axe
quelconque gx. Les perpendiculaires $a'b'$, $a''b''$ seront proportionnelles aux distances ga', ga''. Elles seront donc pareillement
en raison inverse des masses m' et m'' : c'est-à-dire, qu'on aura
$m' \times a'b' = m'' \times a''b''$.

Si, à la masse m'', j'en substituais une autre M'' plus éloignée,
il faudrait d'abord que celle-ci fût plus petite, pour que l'équilibre
ne fût pas troublé. Ensuite, si je menais la droite $A''B''$ perpendiculaire à gx, je devrais avoir encore $m' \times a'b' = M'' \times A''B''$.
Donc l'effet réel de la masse, m'' ou M'', qui doit rester en équilibre avec le même corps m', a pour mesure le produit de
m'' ou de M'', par sa distance à l'axe gx sur lequel se trouve le

---

(*) Ces moyens sont donnés dans tous les traités élémentaires de méchanique.

centre g des deux corps en équilibre, m' et m'', ou m' et M''. Ces produits sont ce qu'on est convenu d'appeler *les moments* des masses.

Regardons comme positifs les moments des masses qui, supposées pesantes, feraient tourner de droite à gauche la partie gb'' de l'axe; regardons comme négatifs les moments des masses qui, d'après la même hypothèse, feraient tourner l'axe en sens contraire. Il est évident qu'alors $m'' \times a'' b''$ deviendra négatif, et qu'au lieu de $m' \times a' b' = m'' \times a'' b''$, on aura simplement.......
$m' \times a' b' + m'' \times a'' b'' = 0$. D'où résulte ce théorème:

Premier théorème. *La somme des moments de deux masses, estimés par rapport à l'axe qui passe par le centre de gravité de ces masses, est égale à zéro.*

Maintenant, transportons l'axe gx parallèlement à sa direction primitive, jusqu'à la distance quelconque $\pm D$, du centre g; par-là nous augmenterons à la fois de $\pm D$, les deux parties $-a'b'$, et $+ a'' b''$. Donc la somme des produits de m' et de m'' par leur distance à l'axe, sera augmentée de $\pm D (m' + m'')$. Mais cette somme était nulle avant une telle augmentation. Donc le nouveau total des produits, c'est-à-dire, la somme des mo-

Second théorème. ments de m' et m'' par rapport au nouvel axe, sera nécessairement *égale au moment du poids total* $m'{,}'' = m' + m''$, *placé au centre g de ces deux poids.*

Rien n'est plus facile, ensuite, que d'obtenir le moment d'un système quelconque de poids m', m'', m'''... $m^{(n)}$, par rapport à un axe donné. En effet, le moment de m' plus celui de m'', égale celui de leur résultante $m'{,}''$; le moment de $m'{,}''$ plus celui de m''', égale celui de leur résultante $m'{,}'',''' $; et ainsi de suite. Donc, enfin, le moment total de tous les poids est égal au moment unique de leur résultante $m'{,}'',''',....(n)$.

Mais cette résultante est placée au centre de gravité du système ; elle est, de plus, égale à la somme de toutes les masses de ce système. De là résulte le théorème suivant :

La distance de l'axe des moments, au centre de gravité g d'un système quelconque de masses m', m", m'''... m$^{(n)}$, est égale à la somme des moments des diverses masses, divisée par la somme des masses elles-mêmes.

En déterminant ainsi la distance du centre g, d'abord à un premier axe; ensuite à un second, différemment dirigé, la position de ce centre sera complétement déterminée..

Nous pourrions, en suivant cette marche, après avoir parlé des moments simples, exposer les propriétés relatives aux moments d'inertie; et parvenir aux résultats connus, en n'employant toujours que des considérations géométriques. Mais comme ces résultats ne nous sont pas nécessaires, nous nous dispenserons de les démontrer ici. Nous nous contenterons de renvoyer à la *Géométrie de position* où ces théorèmes et plusieurs autres, inconnus avant la publication de ce bel ouvrage, sont présentés avec une élégance remarquable. Nous renvoyons également le lecteur aux savantes recherches de M. Poinsot sur la méchanique; recherches dans lesquelles ce géomètre a déduit de la manière la plus simple et la plus heureuse, toutes les propriétés des moments, et d'autres beaucoup plus relevées : en se servant, pour cela, des principes de la projection des surfaces et des forces sur des plans.

Jusqu'ici nous avons regardé les particules des corps comme restant toujours dans les mêmes positions respectives, et formant des agrégés d'une figure invariable : tel est, en effet, le caractère des corps solides et parfaitement durs.

Considérons, maintenant, l'action de la pesanteur sur les corps fluides. Ce qui caractérise les fluides, c'est que leurs moindres particules sont douées d'une extrême mobilité qui fait céder chacune d'elles au moindre effort, et lui permet de se déplacer indépendamment de toutes les autres. En vertu de cette mobilité, les fluides (attirés comme tous les autres corps, vers le centre de la terre, suivant la direction verticale) ne peuvent se trouver dans un état d'équilibre, à moins que leurs molécules les plus élevées ne soient toutes à la même hauteur, par rapport à cette même verticale ; c'est-à-dire, ne soient *de niveau*. En effet, si quelque molécule se trouvait plus élevée que les autres, elle pourrait, en glissant sur celles-ci, descendre par l'action de la pesanteur, sans que rien s'opposât à son mouvement. Or, par la définition même des fluides, le moindre effort suffit pour déterminer ce mouvement ; la molécule plus élevée que les autres descendrait, par conséquent, d'elle-même. *Il ne pourra donc pas y avoir équilibre, à moins que la surface du fluide ne soit parfaitement horizontale, ou de niveau.*

Le niveau des fluides offre à la géométrie des arts, la direction d'un plan invariable.

Ainsi l'équilibre des fluides nous donne le moyen de déterminer, en chaque lieu, la direction d'un plan invariable ; comme l'équilibre des corps solides nous a donné le moyen de déterminer un axe pareillement invariable. Malheureusement, l'une de ces deux déterminations n'est que la conséquence de l'autre ; elle ne peut nous apprendre rien de plus, puisque la donnée du plan horizontal fait toujours connaître la droite verticale, et réciproquement.

Mais une telle surabondance de moyens n'en est pas moins infiniment précieuse pour la science et pour les arts.

Par exemple, dans les opérations où l'on mesure de grands espaces, au lieu d'employer une perpendiculaire à la verticale donnée par le fil à plomb, il est infiniment plus exact de se servir du niveau donné par l'équilibre d'un fluide : c'est ordinairement l'eau qu'on emploie à cet effet. L'instrument à l'aide duquel on détermine ainsi les directions horizontales, est appelé *niveau d'eau* (*). Dans les petites opérations, au contraire, il est beau- coup plus commode, et pour l'ordinaire suffisamment exact, d'employer *l'équerre et le fil à plomb.*

Poursuivons l'examen des propriétés fondamentales de l'équi- libre des fluides. Chaque molécule d'un fluide en repos, pesant sur toutes les molécules inférieures, avec une force égale à son poids, on voit que la pression éprouvée par chaque molécule est proportionnelle à la hauteur de la colonne d'eau qu'elle supporte et à la base de cette colonne. Mais, à cause de l'excessive mobilité de ces particules fluides, si l'une d'elles était pressée dans le sens vertical, sans l'être également dans tous les autres sens, elle échapperait à cette pression, pour se diriger du côté qui lui ferait éprouver la moindre résistance. Concluons donc, pour *second principe de l'équilibre des fluides, que leurs molécules, également pressées en tout sens, éprouvent une pression proportionnelle à leur surface, et à la hauteur de la colonne d'eau qu'elles suppportent* (**).

Après avoir considéré séparément les conditions d'équilibre des solides et des fluides, voyons quelles nouvelles conditions doivent être remplies pour qu'un solide, plongé dans un fluide, y soit en équilibre.

Afin qu'un corps solide flotte sur un fluide, il faut néces- sairement qu'il déplace une portion du fluide. Mais cette partie

---

(*) Ce n'est pas ici le lieu d'exposer les divers perfectionnemens par lesquels on a, soit étendu, soit amélioré l'usage de cet instrument.

(**) D'ordinaire, on s'occupe plus particulièrement de la pression verticale éprouvée par les diverses parties d'un fluide. Si l'on conçoit un cylindre vertical partout tangent à la portion que l'on considère, et s'élevant jusqu'au niveau supérieur du fluide, la pression verticale éprouvée par cette portion du fluide, est égale au poids de la section du fluide comprise dans le cylindre géométrique ainsi tracé par la pensée, depuis la partie que l'on considère jusqu'au niveau supérieur.

était douée d'un certain poids, tout entier supporté par le reste du fluide. *Il faut donc, avant tout, pour que l'équilibre ne cesse pas d'avoir lieu, que le poids du corps solide soit égal à celui du fluide déplacé.* Cela ne suffit point.

L'ensemble des pressions de tout le fluide extérieur sur le fluide déplacé, puisqu'il tenait ce fluide en équilibre, devait nécessairement, produire de bas en haut, une force directement opposée à la résultante du poids de ce fluide déplacé, afin de pouvoir en détruire l'effet. (*Voyez la note* II *à la fin du mémoire.*)

Or, les pressions s'exercent encore sur le solide, comme elles s'exerçaient auparavant sur le fluide déplacé : donc *il faut aussi, pour que l'équilibre ait lieu, lors de l'immersion du solide, que la résultante du poids de ce corps soit dirigée suivant la même verticale que la résultante du poids du fluide déplacé.* Donc, enfin,.....

Pour qu'un solide plongé dans un fluide y soit en équilibre, non-seulement il faut que le volume du fluide déplacé représente un poids égal au poids du corps ; il faut, de plus, que le centre de gravité de ce volume et le centre de gravité du corps, soient situés sur la même verticale.

Lorsque le corps solide est plus pesant qu'un volume de fluide égal au sien, comme il ne saurait (dans aucune position) déplacer un volume de ce fluide dont le poids soit équivalent à son poids propre, ce corps ne peut se trouver dans aucune position d'équilibre, tant qu'il nage librement dans le fluide.

Donc un corps spécifiquement plus pesant qu'un fluide, c'est-à-dire, un corps dont le volume apparent est dans un moindre rapport avec sa masse ou son volume réel, ce corps, dis-je, ne peut jamais être en équilibre, tant qu'il nagera librement au milieu du fluide. Comme il pèse de haut en bas, tandis que la pression du fluide résiste de bas en haut, mais avec trop peu d'énergie, il doit nécessairement descendre jusqu'à ce qu'il arrive au fond du fluide. Ce cas n'est pas celui que nous voulons considérer, il ne nous conduirait à rien.

Le corps solide s'enfonce ainsi jusqu'au point le plus bas, si le fluide est incompressible, comme l'eau (*), le principal des fluides répandus sur la surface de la terre; puisqu'en vertu de son incompressibilité, ce fluide conserve dans toutes ses parties la même densité. Mais, quand le fluide est compressible, la densité des couches inférieures est plus grande, attendu qu'elles ont un plus grand poids à supporter. Par conséquent, le corps solide qu'on plonge dans un semblable milieu, peut être d'une pesanteur spécifique plus grande que celle des couches supérieures, et néanmoins plus petite que celle des couches inférieures. Il y a donc, alors, une hauteur intermédiaire où le corps doit trouver sa position d'équilibre.

De l'immersion des solides dans les fluides incompressibles ou compressibles.

Il suit de ces divers principes, que si, par un artifice quelconque, on peut augmenter ou diminuer à volonté, dans le corps solide, le rapport du volume réel au volume apparent, ce corps devra descendre ou monter alternativement : en se plaçant à différentes hauteurs que la théorie peut calculer avec facilité. Tel est le méchanisme que les poissons emploient pour rester entre deux eaux, s'élever jusqu'à la surface, ou descendre à leur gré jusqu'au fond du fluide dans lequel ils vivent.

Tel est aussi le méchanisme des bateaux plongeurs et des aérostats. Quand nous aurons fait connaître les conditions né-

Équilibre des aérostats.

(*) On a reconnu par des expériences soignées, qu'en faisant épouver à l'eau des pressions très-considérables, elle pouvait se comprimer, mais d'une quantité trop faible pour être prise en considération dans les recherches relatives à la stabilité des corps flottants.

cessaires à la stabilité des corps qui flottent sur un fluide in-compressible, nous pourrons donner pareillement celles qui conviennent à la stabilité des aérostats, ou des solides qui flot-tent dans un fluide compressible.

§ II.

De la stabilité des corps flottants, en général.

Définitions prélimi-naires.

Avant d'exposer la théorie qui va nous occuper dans ce pa-ragraphe, il est nécessaire de donner plusieurs définitions, pour attacher un sens précis aux expressions abrégées que nous de-vrons employer : expressions qui, sans cela, pourraient présen-ter des idées peu rigoureuses.

Centre d'un corps flottant.

Quand nous aurons à parler d'un corps flottant, de forme quelconque, et par conséquent auquel on ne peut pas supposer de centre de figure, nous appellerons simplement *centre de ce corps*, le centre de gravité de la masse, ou du volume réel de la matière qu'il contient.

Plan de flottaison.

En considérant le corps flottant dans ses rapports de situa-tion avec le fluide qui le supporte, nous nommerons *plan de flottaison* (*) la section horizontale qui serait faite dans le corps flottant, par un plan coupant identique avec le niveau du fluide supposé parfaitement tranquille.

Carène et centre de carène.

La partie du corps solide qui se trouve plongée dans le fluide, en dessous du plan de flottaison, forme un volume que l'on appelle *carène*. Nous appellerons simplement *centre de carène*, le centre de gravité de ce volume, c'est-à-dire, de la

---

(*) Dans la marine, où l'on fait un continuel usage de la considération du plan de flottaison, on se contente ordinairement, pour plus de brièveté, d'appeler ce plan, *la flottaison.*

partie immergée du corps. Une telle dénomination sera d'autant plus naturelle que la détermination de ce centre (laquelle n'a rien de commun avec la pesanteur du corps flottant, ni des fluides), ne dépend que de la figure géométrique de la carène.

Nous supposons, en effet, que le solide est plongé dans un fluide incompressible et d'une densité partout constante. Par conséquent le centre de carène est le même, lorsqu'on le considère comme le centre de gravité, soit *du volume réel* du fluide déplacé, soit du volume apparent de la partie immergée du flotteur (*). Ces détails sont minutieux, sans doute. Mais on ne saurait définir avec trop de soin les expressions dont il faut faire usage, et qui désignent les grandeurs dont on cherche les rapports mathématiques. Telle est la règle qu'impose une science où tout doit être exact et lumineux; afin de porter la conviction jusqu'à la certitude, dans les esprits rigoureux.

Nous venons de voir, au paragraphe précédent, quelles conditions doivent être remplies pour qu'un corps solide d'une forme invariable, et flottant sur un fluide, soit dans une position d'équilibre. Comparons, maintenant, les diverses positions qu'un même corps peut prendre, en restant toujours sur le même fluide.

Supposons que le corps solide conserve un poids inaltérable; mais qu'on dérange quelques-unes de ses parties intérieures, de manière à déplacer son centre de gravité.

Des diverses positions qu'un corps d'un poids donné peut prendre en flottant sur un fluide, par un déplacement quelconque du centre de gravité de ce corps.

Dans une telle hypothèse, si ce centre était, soit abaissé, soit élevé, suivant la verticale qui passe par sa position primitive, il est facile de voir que rien ne serait changé dans l'état d'équi-

Iᵉʳ. cas où le centre du flotteur se meut verticalement.

_____

(*) *Flotteur*. Souvent pour abréger nous appellerons ainsi le corps flottant.

3

libre. En effet, supposant que le poids total du solide n'ait pas varié, le volume du fluide déplacé n'a pas changé non plus. Donc l'ancienne carène convient encore à l'une des positions du nouveau corps flottant. Mais le centre de cette carène était primitivement sur la verticale menée par le centre du corps. Il ne cesse pas d'y rester, lorsqu'on élève ou qu'on abaisse le centre de ce corps, en suivant la même verticale. Ainsi, toutes les conditions nécessaires à l'équilibre sont remplies encore; et cet équilibre ne cesse pas d'avoir lieu.

Alors rien n'est changé dans la position primitive d'équilibre.

Posons donc en principe, ce premier théorème : *On peut arbitrairement abaisser ou élever le centre d'un flotteur quelconque, suivant une même verticale, sans que l'équilibre cesse d'avoir lieu, s'il existait dans la position primitive; et par conséquent aussi, sans que l'équilibre ait jamais lieu, s'il n'existait pas dans la position primitive.*

Réciproquement, pour chaque plan de flottaison, d'une direction donnée par rapport à la figure du flotteur, il n'y a jamais qu'une position d'équilibre, quelque soit le déplacement du flotteur.

Maintenant, nous ferons remarquer un autre principe extrêmement simple, mais dont nous tirerons par la suite plusieurs conséquences importantes. Si l'on permet au flotteur de monter ou de descendre verticalement et sans s'incliner (de manière à ce que la flottaison soit toujours parallèle à un même plan fixe dans le corps), le flotteur ne pourra trouver dans ces translations diverses, qu'une seule position d'équilibre : à quelque hauteur qu'on suppose le centre de gravité du flotteur.

Fig. 3.

En effet, le poids total du flotteur étant constant, le volume de la carène fcf doit l'être pareillement. Si l'on admet en outre que la figure du flotteur soit invariable, il est visible que tous les plans $f'f'$, $f''f''$,... parallèles à ff et au-dessus de ce plan, détermineront une carène $f'cf'$, ou $f''cf''$... plus grande que fcf. Au contraire, tous les plans $f_{,}f_{,}$; $f_{,,}f_{,,}$; etc... parallèles à ff et au-dessous de ce plan, détermineront une carène moindre que celle dont ff est la flottaison. Donc aucune autre carène, supposée remplie du fluide déplacé, ne serait égale au poids du corps, et ne pourrait faire équilibre à ce poids.

On voit par ce raisonnement, que si le corps (F), plongé dans un fluide, ne s'immerge pas en entier (ce qui aura lieu s'il est en masse spécifiquement plus léger que le fluide); on voit, dis-je, qu'en plaçant convenablement le centre de gravité de ce corps, à chaque direction d'un plan AB donné de position dans le flotteur, doit correspondre une position d'équilibre pour laquelle le plan de flottaison *ff* est parallèle à ce plan.

Fig. 4.

Si, d'ailleurs, on retourne le corps, en plaçant le haut en bas, on va trouver encore une position d'équilibre pour laquelle un plan de flottaison *ʄf* sera parallèle à chaque plan AB fixe dans le corps.

Mais, en renversant le flotteur, on trouve une seconde position d'équilibre, pour laquelle le plan de flottaison est encore parallèle au même plan supposé fixe dans le flotteur.

Par conséquent, en supposant que le centre du flotteur, au lieu de rester constamment sur la même verticale, soit placé sur une autre droite qu'on regarde alors comme verticale; on trouvera d'abord une première position d'équilibre pour la situation directe du flotteur, puis une seconde position pour sa situation renversée. De plus, les nouveaux plans de flottaison, au lieu d'être parallèles au plan mené (dans le flotteur) perpendiculairement à la première verticale, seront parallèles au plan mené perpendiculairement à la seconde verticale.

2ᵉ. cas où le centre de gravité du flotteur ne reste plus sur la même verticale.

Concevons qu'on ait déterminé les divers plans de flottaison *ff*, *f'f'*, *f''f''*,... respectivement parallèles à tous les plans AB, AB', AB'',... qu'on peut mener par un point A du flotteur. A chaque nouvelle flottaison, ainsi déterminée, correspond un certain centre de carène γ, ou γ', ou γ''... Tous ces centres de carène vont former une surface particulière (Γ), que nous appellerons la *surface des centres de carène*. Tous les plans

Des deux surfaces que forment alors les plans de flottaison et les centres de carène.

(Γ) surface lieu des centres de carène.

Iᵉʳ. MÉMOIRE.

(Φ) surface enveloppe des flottaisons.

de flottaison vont envelopper une autre surface (Φ), pareïlle-ment déterminée, nous la nommerons surface enveloppe des flottaisons, ou plus simplement *surface des flottaisons*. Ces deux surfaces (Γ) et (Φ) jouissent de propriétés remarquables, par rapport à l'équilibre et à la stabilité des corps flottants.

Leur figure et leur position ne dépendent que de la forme géométrique du corps flottant.

Ainsi que nous l'avons vu, chaque plan de flottaison qui doit être parallèle à un plan fixe dans le flotteur, est rigoureusement déterminé par la seule condition de séparer, du corps flottant (F), un segment dont le volume soit constant et donné. Toutes les carènes possibles, d'après cette dernière condition, sont complétement déterminées. De plus, chaque centre de carène n'étant que *le centre des moyennes distances* du volume géométrique d'un segment du corps flottant, la surface (Γ) des centres de carène et la surface (Φ) des flottaisons, ont une définition purement géométrique et tout-à-fait indépendante de la gravité du flotteur.

Telle est la propriété qui va ramener, immédiatement, à des considérations géométriques, l'examen de toutes les positions que peut prendre un corps solide en équilibre sur un fluide, ou dérangé d'une quantité donnée de cette position d'équilibre. La même propriété nous servira de base, dans tout ce que nous aurons à dire sur ce sujet.

En exposant les propriétés géométriques des centres de gravité, nous avons fait voir que le centre de deux masses quelconques avait toujours sa position entre ces masses. Mais le centre d'un système de masses ou *de volumes réels*, peut se déterminer en prenant d'abord le centre de deux de ces masses, puis le centre de ces deux premières et d'une troisième, puis le centre de ces trois premières et d'une quatrième, et ainsi de suite. Par conséquent, le centre de gravité d'un volume

Iᵉʳ. MÉMOIRE.

Propriétés générales
de la surface des
centres de carène.

continu quelconque, doit toujours être placé dans l'intérieur de
ce volume (*).

Il suit de là que la surface (Γ), lieu de tous les centres de
carène, a nécessairement tous ses points dans l'intérieur du
corps flottant. Donc, ce corps flottant étant un corps fini d'une
forme quelconque (**), et tel est toujours le cas de la nature,
*la surface des centres de carène doit être elle-même d'une
étendue finie.* Il est visible d'ailleurs qu'elle est fermée de toutes
parts. Mais cette propriété sera montrée sous un nouveau jour,
par les considérations qui vont suivre.

Fig. 5.

Soient $a\mathrm{F}c$, $a'\mathrm{F}c'$ deux plans de flottaison infiniment voisins.
Pour que les deux carènes correspondantes abc, $a'bc'$ conser-
vent le même volume, il faut nécessairement que les deux
segments $a\mathrm{F}a'$, $c\mathrm{F}c'$ par lesquels ces carènes pourraient différer,
soient égaux entr'eux; puisque la partie $a'bc\mathrm{F}$ est commune
aux deux carènes.

Actuellement, m et n étant les centres de volume des
segments égaux $a\mathrm{F}a'$, $c\mathrm{F}c'$, menons par le centre γ de la carène
abc, la droite $p\gamma q$ parallèle à mn. La distance du centre de la
carène $a'bc'$, à la droite $p\gamma q$, sera évidemment proportionnelle
à la différence des moments de m et de n (***), pris par rapport à cette droite. Or, cette différence est nulle; puisque par
hypothèse les deux segments sont égaux en volume, et que
mp, nq qui représentent la distance des parallèles mn et pq, sont

---

(*) S'il s'agissait d'un système de masses isolées, son centre de gravité serait nécessairement dans l'intérieur du polyèdre dont les arêtes et les diagonales seraient les
diverses droites joignant deux à deux les centres des masses isolées.

(**) *Voyez* la note IVᵉ. à la fin du mémoire.

(***) C'est-à-dire, pour parler sans abréviation, la différence des moments du volume des segments $a\mathrm{F}a'$, $c\mathrm{F}c'$, supposés concentrés respectivement dans leur centre
des moyennes distances, m pour le premier, et n pour le second.

Ier. MÉMOIRE. égales entr'elles. Donc le centre γ' de la carène $a'bc'$, est placé sur la droite $p\gamma q$ parallèle à mn. Supposons, maintenant, que l'angle $aFa' = cFc'$ soit infiniment petit. La direction de la droite mn étant nécessairement comprise dans cet angle, il s'en suivra que sa parallèle $p\gamma\gamma'q$ ne pourra différer qu'infiniment peu d'être parallèle au plan de flottaison dont la direction est ici représentée par aFc. Donc, enfin, toutes les tangentes en γ, à la surface (Γ) des centres de carène, sont parallèles au plan correspondant de flottaison aFc.

Fig. 4. Ainsi, la surface des centres de carène (Γ), jouit de cette propriété générale : *Si par un de ses points* γ, *considéré comme centre d'une carène individuelle, on mène un plan parallèle au plan de flottaison qui termine cette carène, ce sera le plan tangent en* γ *à la surface* (Γ) *des centres de carène.*

Donc aussi, dans chaque position d'équilibre, le plan tangent de (Γ), mené par le centre de carène correspondant à cette position, est un plan *horizontal :* cela est évident, puisqu'il doit être parallèle au plan de flottaison, et que ce plan est celui de la surface supérieure du fluide.

Fig. 6. La surface (Γ) jouit en outre de la propriété d'*avoir pour normales, les droites menées par chaque centre* γ *dont elle se compose, et par la position* G *du centre de gravité du flotteur qui, dans la position d'équilibre, correspondrait au centre de carène* γ. En effet, cet état d'équilibre exige que les deux centres G et γ soient sur la même verticale. Or, quand le plan tangent d'une surface est horizontal, la normale qui correspond à ce plan, est nécessairement verticale.

Des surfaces développables formées par les normales de la surface (Γ) des centres de carène.

Puisque les lignes droites qui joignent les centres correspondants de la carène et du corps flottant, sont les normales de la surface (Γ), toutes les propriétés générales qui conviennent aux normales des surfaces, appartiennent également à ces lignes droites. Ainsi l'ensemble de ces normales présente deux systèmes distincts de surfaces développables; les surfaces développables d'un système sont coupées à angle droit par toutes les développables de l'autre système; chacune de ces développables coupe la surface (Γ) des centres de carène, suivant une de ses lignes de courbure; etc. (*).

Ces surfaces développables, les lignes et les centres de courbure qui leur correspondent, sont les éléments géométriques qui vont nous faire connaître les propriétés générales de la stabilité des corps flottants.

De ce qui se passe lorsqu'on dérange infiniment peu la position d'équilibre d'un corps flottant.

Supposons qu'un corps flottant, placé d'abord dans une de ses positions d'équilibre, en soit tout à coup infiniment peu dérangé; sans, pour cela, que le centre de gravité du flotteur ait changé de position dans ce flotteur. Supposons encore, pour plus de facilité, que le poids du flotteur, et par conséquent le volume de la carène, n'aient pas varié dans ce léger dérangement. (Cela revient à supposer que le dérangement est causé par des forces pertubatrices égales et opposées, mais sans résultante unique.) Voyons alors si l'équilibre peut encore subsister, ou bien s'il tend à se rétablir; ou, enfin, s'il tend à se troubler de plus en plus.

Fig. 6.

Soit γ le centre de carène qui correspond à la position d'équilibre pour laquelle la verticale est γG; le centre de gravité du flotteur étant en G. Par le dérangement infiniment petit que nous faisons naître, le centre de la nouvelle carène se trouvera, par exemple, au point γ' immédiatement consécutif à γ sur la surface (Γ) lieu de ces centres; et la nouvelle verticale $\gamma' c$ sera comme la première, normale à la surface (Γ).

(*) *Voyez* DÉVELOPPEMENTS DE GÉOMÉTRIE; *premier et second mémoires*; les démonstrations par la géométrie et par l'analyse, de ces diverses propriétés des normales aux surfaces, et des développables que forment ces normales.

Supposons, pour plus de facilité, que le plan de projection de la figure (6), soit parallèle aux deux normales consécutives γc, $\gamma' c$. Alors la plus courte distance de ces deux normales aura pour projection verticale, le point unique c, intersection des deux projections. Il est évident qu'on a $c\gamma = c\gamma'$, puisque le point c est, sur la normale γc, le centre de courbure de l'élément $\gamma \gamma'$. Ce point n'est donc ni monté ni descendu par rapport au centre de carène, dans le dérangement éprouvé par le corps, lorsque $c\gamma'$ au lieu de $c\gamma$, est devenue verticale. Ce mouvement du corps flottant s'est, par conséquent, exécuté comme si la plus courte distance des droites $c\gamma$ et $c\gamma'$, eût été un axe fixe autour duquel le corps aurait infiniment peu tourné. Le système total recevant, d'ailleurs, un mouvement vertical de translation quelconque, soit d'abaissement soit d'élévation. (*Voyez la note* III. *à la fin du mémoire*)

Conditions générales de l'équilibre.

On voit maintenant : 1°. que si le centre de gravité du flotteur est en $G_{,}$, au-dessous du centre de courbure c, il agira pour ramener la normale $c\gamma$ dans sa position verticale primitive.

2°. Que si le même centre de gravité est en G', au-dessus du centre de courbure de l'élément $\gamma \gamma'$, il agira pour écarter encore d'avantage la normale $c\gamma$ de sa position verticale primitive.

3°. Enfin que si le centre de gravité du corps flottant se trouve en c, au centre de courbure de l'élément $\gamma \gamma'$, son action perturbatrice deviendra nulle ; le corps ne sera par conséquent sollicité à tourner par aucune force.

De l'équilibre stable.

Dans le premier cas, où le corps revient de lui-même à la position d'équilibre dont il avait été dérangé, on dit que cet équilibre est *stable*.

De l'équilibre instable.

Dans le second cas, où il tend au contraire à s'écarter de plus en plus de sa position primitive, cet équilibre est *instable* ou *non-stable*.

Dans le dernier cas, où le corps conserve de lui-même la nouvelle position qu'on lui fait prendre, on dit que l'équilibre est *indifférent*.

Il est évident que, dans le premier cas, le centre $G_{,}$ du flotteur est plus près du centre γ de carène qui lui correspond, que de tout autre centre de carène γ', ou γ''..., placé sur la ligne $\gamma'\gamma''\gamma'''$... Dans le second cas, le centre G' est plus loin de γ qu'aucun des points γ', γ'', γ'''... (supposés toujours très-voisins de γ).

Dans le dernier cas, où le centre de gravité du flotteur est en c, les distances $c\gamma$, $c\gamma'$ sont égales entr'elles.

De là résulte ce théorème qui nous paraît digne de remarque : Propriété caractéristique de ces trois
sortes d'équilibres. *En comparant une position d'équilibre d'un corps flottant, avec les positions très-voisines qu'on peut lui faire prendre, la distance de son centre de gravité au centre de sa carène est un* minimum *ou un* maximum, *suivant que l'équilibre est stable ou non-stable : dans l'équilibre indifférent, cette distance est constante, ou pour mieux dire, la différence des distances est d'un ordre infiniment plus petit encore que dans le cas du* maximum *ou du* minimum.

L'action du poids du flotteur, concentrée en G' ou en $G_{,}$, est évidemment proportionnelle à la distance $G'm'$ ou $G_{,}m_{,}$, de G' ou $G_{,}$, à l'axe fixe en c. Donc, *plus le centre de gravité du flotteur s'élève, plus la stabilité diminue. Au contraire, plus s'élève le centre de courbure c, plus s'accroît la stabilité de* (Γ).

Si l'on considère les différents centres qui, sur la même normale γc, appartiennent aux sections normales de la surface (Γ), on verra qu'ils sont tous compris entre deux centres c (*) et $c_{,}$, l'un de la moindre et l'autre de la plus grande courbure de (Γ).

---

(1) Le centre c de moindre courbure est très-important pour la détermination de la stabilité des navires. C'est le point que Bouguer a nommé le *métacentre*.

Iᵉʳ. MÉMOIRE.
Des directions de
plus grande et de
moindre stabilité
pour une position
d'équilibre don-
née.

La droite que nous avons regardée comme un axe horizontal des moments, et qui est définie par la condition d'être perpendiculaire à $c\gamma$ et à $c\gamma'$, en passant par chacune d'elles; cette droite, disons-nous, appartient à la plus grande stabilité, lorsqu'elle passe par le centre c de moindre courbure de (Γ). Au contraire, elle appartient à la moindre stabilité, lorsqu'elle passe par le centre $c_,$ de plus grande courbure de la même surface (Γ). *Donc, pour la direction qui convient à la plus grande stabilité du flotteur, l'axe de rotation est parallèle à la direction de plus grande courbure de* (Γ) ; *et, pour la direction qui convient à la moindre stabilité, cet axe est parallèle à la direction de moindre courbure de* (Γ), *lieu des centres de carène.*

Dès le commencement de ce paragraphe, nous avons vu que les caractères de la surface (Γ) sont, 1°. d'être fermée de toutes parts; 2°. de ne pouvoir, sous une direction donnée, avoir plus de deux plans tangents $a\gamma b$, $a'\gamma'b'$, parallèles entr'eux. Ces propriétés exigent que les deux courbures de la surface (Γ) soient partout dirigées dans le même sens.

Fig. 7.

Fig. 8.

Si, en effet, à partir du point γ, les deux courbures n'étaient pas dirigées dans le même sens, il faudrait qu'une des courbures, $M\gamma M'$, s'élevât au-dessus du plan tangent en γ; tandis que l'autre $N\gamma N'$, descendrait au-dessous.

Que les deux cour-
bures de la surface
des centres de ca-
rène sont partout
dirigées dans le
même sens.

Mais, puisque la surface (Γ) est fermée de toutes parts, il faut que les quatre nappes γM, $\gamma M'$, γN, $\gamma N'$, après s'être éloignées du plan $a\gamma b$, s'en rapprochent. Ainsi nous pourrions mener, à chacune d'elles, un plan tangent parallèle à $a\gamma b$. Il y aurait donc en tout plus de deux plans tangents à (Γ), qui seraient parallèles entr'eux; ce qui ne peut être. *Donc, enfin, les deux courbures de* (Γ) *sont partout dirigées dans le même sens.*

Or, dans les surfaces qui jouissent d'une telle propriété, les centres des courbures moyennes sont toujours placés, sur la normale, entre les deux centres de plus grande et de moindre courbure.

D'après cela nous voyons que, si le centre de gravité G, du corps flottant, se trouve au-dessous du centre c_1 de plus grande courbure de la surface (Γ) des centres de carène, la stabilité du flotteur, pour la position d'équilibre que l'on considère, aura lieu dans toutes les directions possibles : cette stabilité sera ce qu'on appelle *absolue*.

Si le centre de gravité du flotteur se trouve en G,, au-dessus du centre c_1 de plus grande courbure, mais reste encore au-dessous du centre c de moindre courbure de (Γ), l'équilibre du corps flottant sera stable dans la direction de moindre courbure (*); il ne le sera pas dans celle de plus grande courbure. Veut-on alors, parmi les diverses sections intermédiaires, déterminer celles qui séparent les directions où il y a stabilité, de celles où il n'y a pas stabilité? — Il faut regarder le point G où se trouve le centre de gravité du flotteur, comme le centre de courbure d'une certaine section normale, en γ, à la surface (Γ). Alors il ne restera plus qu'à déterminer la position de cette section, relativement aux directions de moindre et de plus grande stabilité : c'est-à-dire, relativement à la direction des deux courbures principales de (Γ), à partir du point γ.

Or, d'après les recherches exposées dans les *Développements de géométrie*, 1er. *mémoire*, rien n'est plus facile que d'opérer une pareille détermination.

En effet, plaçons-nous au point γ de la surface (Γ) des cen-

(*) C'est-à-dire sera stable en prenant, pour axe de rotation, l'axe horizontal perpendiculaire à cette direction; car la direction de la rotation est toujours perpendiculaire à son axe, et c'est à un pareil axe qu'il faut toujours la rapporter par la pensée.

tres de carêne ; et décrivons, pour ce point, la courbe *indica-trice* de cette surface.

Nous avons fait voir qu'une telle indicatrice est toujours une courbe du second degré ; que ses systèmes de diamètres conjugués, représentent aussi les systèmes de *tangentes conjuguées* de (Γ), etc. Nous savons encore que les directions du grand et du petit axe de cette indicatrice, sont celles de la moindre et de la plus grande courbure de la surface (Γ).

Les axes de l'indicatrice de (Γ), sont les directions de plus grande et de moindre stabilité du flotteur.

Donc *les directions des axes de l'indicatrice de* (Γ), *en* γ, *sont celles de moindre et de plus grande stabilité du corps flottant :* ce corps étant supposé dans la position d'équilibre qui correspond au centre γ que l'on considère.

Actuellement, plaçons-nous au centre de gravité G du corps flottant ; regardons-le comme le centre de courbure d'une section normale de (Γ). Le diamètre de l'indicatrice qui se trouvera dans cette section normale, sera déterminé de suite par la proportion suivante : le carré du grand ou du petit axe, est au carré du diamètre cherché, comme le plus grand ou le moindre rayon de courbure de (Γ), en γ, est au rayon représenté par la distance des points G et γ.

Ce diamètre, une fois déterminé, fera connaître deux sections normales, symétriquement placées par rapport aux directions de plus grande et de moindre stabilité.

Toutes les directions comprises par ces deux sections, dans l'angle où se trouve la moindre courbure de (Γ), sont les directions suivant lesquelles l'équilibre est stable. Au contraire, pour toutes les sections comprises dans l'angle où se trouve la plus grande courbure de (Γ), l'équilibre est sans stabilité.

Conditions de l'instabilité absolue. Fig. 6.

Enfin, si le centre du flotteur s'élevant de plus en plus, se trouvait en G′, au-dessus du centre c de moindre courbure, l'équilibre ne serait stable dans aucune direction possible.

Ier. MÉMOIRE.
De la symétrie des
stabilités d'un corps
flottant quelconque
à partir de sa posi-
tion d'équilibre.

Dans tous les cas, à chaque inclinaison (*) du corps flottant (supposé tournant sur un axe parallèle aux directions de
plus grande ou de moindre stabilité); correspond une seconde
inclinaison, symétriquement placée par rapport à ces directions ; ainsi que par rapport aux centres de gravité γ de la carène,
et G du corps flottant. Le degré de stabilité sera donc le même
pour l'une et pour l'autre inclinaison. D'où l'on doit conclure
ce théorème général.....

Théorème.

*Dans l'équilibre d'un corps flottant sur un fluide, et ter-
miné par une surface quelconque (régulière ou irrégulière), la
stabilité considérée dans les diverses directions suivant lesquelles cet équilibre peut étre troublé, est toujours symétrique
par rapport à deux plans verticaux, normaux entr'eux.*

Direction des plans
de symétrisme.

De manière que ces deux plans se coupent suivant la verticale qui passe à la fois, 1°. par le centre de gravité du corps
flottant ; 2°. par le centre de carène γ, point où cette verticale
est normale à la surface (Γ). Enfin, *dans la position d'équilibre , la direction des deux plans de symétrisme est constamment, à partir du point γ, identique avec la direction des
deux courbures principales de la surface* (Γ).

Cas particulier, où
dans sa position d'é-
quilibre , le corps
flottant est lui-mê-
me symétrique par
rapport à un plan
vertical : telle est
la forme des vais-
seaux.

Si l'on considérait les conditions de stabilité, relatives à la
position d'équilibre pour laquelle un corps flottant serait de
formes symétriques, à droite et à gauche d'un plan donné, la
recherche des directions de plus grande et de moindre stabilité
ne présenterait aucune difficulté. En effet, le plan même du
symétrisme serait celui d'une de ces directions ; et la seconde
direction étant normale à la première, serait pareillement
déterminée. C'est ce dont la forme des vaisseaux nous offre un
exemple.

(*) Les inclinaisons constamment supposées très-petites.

Iᵉʳ. MÉMOIRE.
Recherche générale
des directions de
plus grande et de
moindre stabilité
d'un corps flottant
quelconque.

Dans le cas général, c'est-à-dire, lorsqu'on suppose quelconque la forme du corps flottant, ces directions principales n'étant plus indiquées *à priori*, il faudra les chercher en recourant àla surface (Γ) des centres de carène. Il suffit pour cela de déterminer, sur cette surface, la direction des deux courbures principales qui se croisent à angle droit au centre de carène γ appartenant à la position d'équilibre que l'on considère. Ces directions, ainsi que nous l'avons fait voir, seront précisément celles de plus grande et de moindre stabilité.

Nous avons besoin, pour arriver à ce but, de faire entrer en considération les plans de flottaison et les grandeurs graphiques qui en dépendent.

§ III.

Des plans de flottaison, et de leur surface enveloppe ou de la surface des flottaisons.

Propriétés de la surface des flottaisons.

Ainsi que nous l'avons vu, dans le paragraphe précédent, si l'on place tour à tour le centre de gravité du flotteur, dans toutes les positions d'équilibre qu'il peut prendre (sans changer le poids total, ni la figure extérieure de ce corps flottant), les plans de flottaison qui correspondent à chaque position d'équilibre, envelopperont une surface que nous avons nommée *surface des flottaisons.*

Elle est fermée de toutes parts ; elle a partout ses deux courbures dirigées dans le même sens.

Déjà nous savons que cette surface, comme celle des centres de carène, est fermée de toutes parts. Nous pouvons voir aussi qu'elle a partout ses deux courbures dirigées dans le même sens ; car la même démonstration qui nous a servi pour l'une de ces surfaces, nous servirait également pour étendre à l'autre cette propriété.

Ier. MÉMOIRE.
Cette surface et la
surface des centres
de carène ne peu-
vent se pénétrer.
Fig. 9.

Il y a plus : la surface des flottaisons enveloppe de tous côtés la surface (Γ) des centres de carène, ou bien elle est de tous côtés enveloppée par la surface (Γ) ; comme celle-ci l'est, elle-même, par la surface extérieure du corps flottant.

Supposons, en effet, que ces deux surfaces (Γ) et (Φ), puissent se pénétrer mutuellement, comme on le voit dans la figure 9. Alors, on pourra trouver, dans l'étendue de γ,γγ′, un point γ tel que la droite γF, menée par ce point, soit à la fois normale à ces deux surfaces. Mais, dans ce cas, le plan de flottaison aFb tangent en F à (Φ), serait au-dessous du centre γ de la carène aAb. Par conséquent le centre de gravité de cette carène, se trouverait hors de la carène même ; ce qui serait absurde (*).

Du point de contact
de chaque plan de
flottaison, avec la
surface des flottai-
sons.
Fig. 10.

Considérons, maintenant, deux plans de flottaison aFc, a′Fc′, infiniment voisins. On sait, d'après la théorie des surfaces enveloppes, que le point de contact du plan aFc avec la surface enveloppe (Φ), est placé nécessairement sur la droite intersection des deux plans tangents consécutifs. Cette droite est ici représentée, en projection, par le seul point F; tandis que les deux plans tangents, supposés perpendiculaires au plan de la figure, sont représentés par leurs traces aFc, a′Fc′.

Chacun des plans tangents à la surface (Φ) des flottaisons, doit être tel que tous les autres plans tangents qui le coupent, retranchent de la carène correspondante au premier plan, un volume égal à celui qu'ils ajoutent; puisque chacun de ces plans détermine une carène dont le volume est constant.

Pour obtenir le volume de chaque onglet FABF′, FαεF′, nous

Fig. 11.

(*) Dans cette démonstration, nous supposons que le plan de flottaison est constamment au-dessous du centre de gravité du corps flottant ; ce qui, par exemple, est le cas ordinaire des vaisseaux. (*Voyez d'ailleurs la note* IV *à la fin du mémoire.*)

allons d'abord le couper en tranches MABM'A'B',..., par des plans MAB, M'A'B'..., qui soient infiniment rapprochés, et qui de plus soient tous perpendiculaires à l'intersection FF' des deux plans tangents à (Φ), lesquels font entr'eux un angle infiniment petit. Concevons, ensuite, les plans infiniment voisins $aba'b'$, $a''b''a'''b'''$, perpendiculaires aux lignes MA et M'A'. Le volume de chaque élément solide ab''', sera égal à l'aire $aa'a''a'''$ multiplié par $\frac{1}{2}(ab + a''b'')$; or, $\frac{1}{2}(ab + a''b'') = \frac{1}{2}(Ma + Ma'')$ multiplié par tangente AMB. C'est précisément le moment de l'aire élémentaire $aa'a''a'''$, pris par rapport à l'axe FF', et multiplié par la tangente trigonométrique de l'angle AMB.

Donc le volume de l'onglet FAF'B est égal à la tangente de l'angle AMB, multipliée par le moment total de l'aire FAF' (FF' étant l'axe des moments).

Mais, si nous considérons l'onglet équivalent αFÉF' placé de l'autre côté de FF', nous verrons que son volume est égal à la tangente de l'angle AMB, prise avec un signe contraire, et multipliée par le moment de l'aire FαF' (FF' étant toujours l'axe des moments).

Donc, enfin, la somme totale des moments des deux aires FAF', FαF', par rapport à l'axe FF', est égale à zéro. D'où résulte cette propriété des plans de flottaison :

L'intersection de deux plans de flottaison, infiniment voisins, passe toujours par le centre de gravité de l'aire interceptée, sur ce plan, par la surface extérieure du corps flottant.

Ce point de contact est toujours au centre de gravité de l'aire du plan de flottaison, limitée à la surface extérieure des corps flottants.

Mais nous avons fait voir que cette intersection doit toujours passer par le point de contact du plan de flottaison et de la surface (Φ) des flottaisons, quelle que soit la direction de l'inclinaison donnée au corps flottant. Ce point de contact est, par conséquent, le seul qui soit à la fois sur les diverses intersections d'un même plan de flottaison, avec tous les autres plans de flottaison infiniment voisins. Ce point de contact lui-même n'est donc autre chose que le centre de gravité de l'aire interceptée, sur le plan de flottaison, par la surface extérieure du corps flottant.

Donc, en général, *la surface* (Φ), *enveloppe des plans de flottaison, est le lieu des centres de gravité de l'aire de tous ces plans : l'aire étant terminée, de toutes parts, à la surface extérieure du corps flottant.*

Nous venons de voir que le volume de l'onglet FAF'B, divisé par tangente AMB, est égal à la somme des moments de l'aire FAF', pris par rapport à l'axe FF'.

Fig. 11.

Si maintenant nous multiplions l'aire $aa'a''a''' = aa' \times aa''$, par $\frac{1}{4}(Ma + Ma'')^2$, nous aurons ce qu'on appelle le moment d'inertie de cet élément par rapport à l'axe FF'. La somme de ces moments, étendue à toute l'aire FAF', sera le moment d'inertie de cette aire. Mais le volume du petit solide ab''' étant $\frac{1}{2}\{aa' \times aa''(Ma + Ma'') \times \text{tangente AMB}\}$, son moment simple par rapport au même axe, est $\frac{1}{2}aa' \times aa''(Ma + Ma'')^2 \times \text{tangente AMB}$. D'où résulte ce théorème :

Le moment simple de l'onglet FAF'B, *divisé par la tangente de* AMB, *est égal au moment d'inertie de l'aire* FAF' : *en prenant* FF' *pour axe des moments.*

Or, nous allons démontrer dans un instant que les moments simples des deux onglets FAF'B, FₐF'б, divisés par tangente AMB et par le volume de la carène, sont égaux en somme au rayon de l'arc γγ' que parcourt le centre de carène, lorsque le plan de flottaison cesse d'être FAA'F', et devient FBB'F'.

Donc *le rayon de* γγ' *est simplement égal au moment d'inertie de l'aire totale* αFAF', (moment pris par rapport à l'axe FF'), *divisé par le volume constant de la carène.*

Puisque ce rayon de courbure et cette somme des moments

5

I MÉMOIRE.

d'inertie sont entr'eux dans un rapport constant, ils seront donc en même temps un *maximum* ou un *minimum* (*).

Théorèmes.

De là résultent ces théorèmes remarquables :

I. *Le plus grand rayon de courbure de la surface des centres de carène est, pour le centre γ que l'on considère, égal au plus grand moment d'inertie de l'aire de la flottaison correspondante, divisé par le volume de la carène.*

II. *Le plus petit rayon est, au contraire, égal au plus petit de ces moments, pareillement divisé par le volume de la carène.*

III. *La direction de la plus grande courbure de la surface* (Γ) *des centres de carène, est celle de l'axe du plus grand moment d'inertie de l'aire de la flottaison.*

IV. *La direction de la moindre courbure de la surface* (Γ) *des centres de carène, est celle de l'axe du plus petit moment d'inertie de l'aire de la flottaison.*

Or, les lignes de plus grande et de moindre courbure d'une surface quelconque, se croisent toujours à angle droit. Donc aussi les axes principaux du plus grand et du plus petit moment d'inertie de l'aire de la flottaison, se croisent toujours à angle droit, quelle que soit la figure de cette aire.

Nous rentrons ainsi, par une autre voie, dans le cercle des admirables propriétés qu'Euler a découvertes, relativement aux axes principaux des corps.

Démonstration de la première valeur supposée, du rayon de courbure.

Démontrons, actuellement, que la valeur du rayon de courbure de la surface (Γ) des centres de carène, est égale à la somme des moments simples des deux onglets FABF′, FαϐF′,

(*) Les moments étant pris par rapport à des axes passant par le centre de gravité de l'aire de la flottaison. Car ce *maximum* est lui-même un *minimum*, relativement à tous les axes parallèles à celui qui passe par le centre de gravité.

divisée par la tangente de l'angle $AMB = \alpha M\delta$, et par le volume de la carène.

Les plans de flottaison, FAF', FBF' sont horizontaux, lorsqu'on suppose tour à tour que les normales γc, $\gamma' c$ deviennent verticales (ainsi que nous l'avons prouvé dès le commencement de ce paragraphe). Par conséquent les angles AMB, $\alpha M\delta$ opposés au sommet, sont égaux à $\gamma c\gamma'$.

Si donc l'arc $\gamma\gamma'$ est infiniment petit, nous aurons simplement pour valeur du rayon γc, $\dfrac{\gamma\gamma'}{\text{tangente } \gamma c\gamma'} = \dfrac{\gamma\gamma'}{\text{tangente AMB}}$.

Rien n'est plus facile que d'avoir l'étendue de $\gamma\gamma'$, laquelle n'est autre chose que l'étendue du déplacement du centre de carène γ, lorsque la carène αDA devient δDB. En effet, lorsque nous ajoutons à la carène αDA, l'onglet AFB placé à droite, le centre de carène est porté vers la droite; et lorsque nous retranchons ensuite la partie $\alpha F\delta$, placée à gauche, nous portons encore vers la droite le même centre de carène.

Si donc nous prenons les moments par rapport à un plan mené par la verticale primitive γc (*), parallèlement à FF', nous aurons simplement la somme des moments des deux onglets, divisée par le volume constant de la carène, pour valeur de la distance $\gamma\gamma'$. Donc enfin, cette valeur divisée par la tangente de AMB, sera la valeur cherchée du rayon de courbure γc.

Remarquons bien que la verticale γc ne doit passer par la ligne FF', intersection des deux flottaisons consécutives, que dans des cas très-particuliers. C'est pourquoi les moments que nous venons de prendre, par rapport au plan mené par γc normalement à $\gamma\gamma'$, ces moments, disons-nous, sont en général tout autres que ceux qui, pris par rapport à FF', nous

---

(*) Ce plan est supposé perpendiculaire à l'élément $\gamma\gamma'$.

ont servi pour démontrer les propriétés générales exposées précédemment.

Supposons que les moments des segments AFB, ₐFƃ, au lieu
d'être pris relativement au plan mené par la verticale γc, le
soient relativement à un plan parallèle mené par le centre de
la flottaison. Alors l'expression du rayon de courbure γc, devient identique avec celle que nous avons admise, quand nous
voulions parvenir aux résultats obtenus il n'y a qu'un instant.

En effet, les deux segments AFB, ₐFƃ sont égaux en volume, et les actions de leur pesanteur sont dirigées en sens contraire. Dans ce cas, il faut que la somme des moments des deux
segments reste la même, lorsqu'on transporte le plan des moments, sans changer sa direction, à des distances quelconques.
Car, autant on augmente les distances d'un côté, autant de l'autre
on les diminue. Donc leur somme (*) est constante; et cette
somme, multipliée par la masse constante des poids agissant
dans les deux sens opposés, est précisément le moment total.

On peut donc toujours ramener le cas général où le plan des
moments ne contient pas la verticale γc, au cas particulier où
elle est placée sur ce plan; et regarder l'expression supposée du
rayon de courbure γc, comme vraie dans toutes les hypothèses.

Il suit de là qu'on peut, à volonté, déplacer horizontalement
l'aire de la flottaison, tant que les centres de gravité G et γ
restent à la même hauteur, sans que ni l'un ni l'autre rayon de
courbure de la surface (Γ) des centres de carène, varie pour la
position d'équilibre que l'on considère.

Voyons, maintenant, si les théorèmes exposés dans les *Déve-*

_____

(*) Quand le plan des moments est en dehors des centres de gravité de deux masses,
au lieu de passer entre ces deux centres, alors l'un des moments change de signe;
et la démonstration ne cesse pas d'être générale.

loppements de Géométrie, sur les transformations qui n'altèrent
en rien la courbure des surfaces en un point donné (*), ne
pourront pas nous conduire à la même conséquence ; et nous
montrer par quel artifice secret, les formes de la courbure de
la surface (Γ) des centres de carène, se conservent ainsi, malgré les déformations du corps flottant.

Toutes les fois que le flotteur est infiniment peu dérangé
de sa position d'équilibre (quelle que soit la direction donnée
à l'inclinaison *constante* de ce corps), les forces qui tendent à le
remettre en équilibre peuvent toujours être représentées par le
rayon de courbure de la surface des centres de carène, diminué
de la distance du centre de carène au centre même du corps
flottant : distance qu'on peut regarder comme constante, pour
les positions très-voisines d'un équilibre infiniment peu troublé
dans différents sens.

Donc tous les changements qu'il sera possible de faire à la
figure du corps flottant, n'altèreront en rien la stabilité, sous
quelque direction que ce soit, lorsqu'on n'aura fait varier, ni la
distance du centre γ de la carène, au centre de gravité du flotteur ; ni la courbure de la surface (Γ) des centres de carène, au
point γ. Il suffira que le poids du flotteur soit resté constant.

Avant d'examiner plus en détail quelles peuvent être les
transformations opérées dans la figure de ce flotteur (sans altérer sa stabilité, pour une position donnée), il est nécessaire
d'établir un principe général relatif à la théorie géométrique
des centres de gravité. Soit un système quelconque de masses
M, M', M"..., rapportées à un plan fixe (Π), par des ordonnées
XM, X'M', X"M"..., parallèles entr'elles ; mais d'ailleurs dans
une direction quelconque, relativement au plan de projection

Propriété générale
d : la projection des
centres de gravité.
Fig. 12.

_____

(*) Voyez 1ᵉʳ. mémoire, page 19.

(Π). Soit Γ le centre de gravité de toutes ces masses, et ΞΓ l'ordonnée de ce centre. Supposons que les ordonnées s'inclinent d'une quantité arbitraire, mais la même pour toutes : de manière que les nouvelles ordonnées Xm, X′m′, X″m″... soient encore parallèles entr'elles. Enfin, transportons sur ces nouvelles ordonnées, parallèlement au plan (Π), les masses M, M′, M″,... Je dis que le centre de gravité Γ de ces masses, sera de même transporté parallèlement au plan (Π)′, sur la nouvelle ordonnée Ξγ, menée par l'origine Ξ de ΞΓ.

D'abord, dans ce déplacement général, la distance de chaque masse au plan (Π) n'ayant pas varié, la distance de ce plan au centre de gravité du système n'a pas changé non plus. Cela est évident.

Si les masses M, M′, M″,... montaient ou descendaient, suivant la direction de XM, X′M′, X″M″,... supposée verticale, il n'est pas moins évident que les distances de ces masses à la verticale ΞΓ menée par le centre de gravité Γ, ne seraient pas altérées par cette hypothèse. Ainsi, le centre de gravité ne cesserait pas d'être sur la même verticale. Donc, si l'on transporte *verticalement* toutes les masses M, M′, M″..., sur un plan quelconque (Π), le nouveau centre de gravité de ces masses sera, sur ce plan, le point Ξ projection verticale du centre primitif Γ.

Le même raisonnement s'applique au système des masses m, m′, m″... Regardons les parallèles Xm, X′m′, X″m″..., Ξγ, comme des verticales (ce qu'on peut toujours supposer sans déranger le centre γ de ces masses). Projetons également sur le plan (Π), toutes les masses m, m′, m″,..... et leur centre de gravité γ, par des verticales Xm, X′m′, X″m″... Le centre de gravité de ces masses ainsi transportées sera, sur le plan (Π), la projection du centre γ. Or, les points X, X′, X″,... sont par hypothèse, placés à la fois sur le plan (Π) et sur les droites XM, Xm;

X'M', X'm'; X''M'', X''m''... Par conséquent le nouveau centre des masses m, m', m'',... (qui ne sont autre chose que M, M', M'',... ramenées en X, X', X'',...), est lui-même au point Ξ, première projection du centre primitif Γ sur le plan (Π).

Donc, enfin, le nouveau centre de gravité γ du système des masses M, M', M'',... transportées en m, m', m'',... parallèlement au plan (Π), sur les nouvelles ordonnées Xm, X'm', X''m'',... se trouve, 1°. sur Γγ parallèle à (Π); 2°. sur Ξγ parallèle à ces nouvelles ordonnées. C'est ce que nous voulions démontrer.

Application à la théorie des corps flottants. Fig. 13.

Appliquons ce résultat aux variations qu'on peut faire éprouver à la figure d'un corps quelconque (F), flottant sur un fluide. Concevons qu'ayant déterminé la surface (Γ) des centres de carène, on mène le plan (Π) tangent à cette surface en γ. Ce plan, ainsi que nous l'avons démontré, sera nécessairement horizontal, dans la position d'équilibre du corps flottant.

Regardons le plan (Π) comme l'origine des ordonnées du corps flottant, supposées d'abord verticales. Inclinons toutes ces ordonnées XA, xB..., suivant $X\bar{A}$, $x\bar{B}$..... : comme nous venons de le faire (fig. 12), pour un système quelconque de masses M, M', M'',... Voyons ce qui se passe dans cette opération.

Fig. 13.

Le plan de flottaison ABD étant parallèle au plan de projection (Π), inclinons infiniment peu le corps flottant; sans rien changer à sa figure. Le centre de gravité de la carène sera, suivant l'une ou l'autre de ces positions, γ ou γ' : deux points de la surface (Γ) des centres de carène, infiniment rapprochés.

Or, dans la transformation générale que nous avons opérée, en inclinant à la fois toutes les ordonnées, le pied X, x..., de ces ordonnées, est invariable sur le plan (Π). Donc le point γ, placé par hypothèse sur le plan (Π), ne changera pas de position. De plus, chaque point γ' de (Γ) sera transporté de

$\xi'\gamma'$ sur $\overline{\xi'\gamma'}$, au point $\overline{\gamma'}$; les nouvelles ordonnées $\overline{\xi'\gamma'}$ étant parallèles à $\overline{XA}$, $\overline{xB}$... Telle est donc la transposition éprouvée par
tous les points de la surface (Γ) des centres de carène, pour
former la surface $(\overline{\Gamma})$ lieu des centres de carène du nouveau
corps flottant $(\overline{F})$.

Qu'on se rappelle, maintenant, le théorème général que
nous avons fait connaître dans nos *Développements de géométrie* (I⁰ʳ. et 2ᵉ. *mémoires, pp.* 19 et 77), sur les transformations que les surfaces peuvent subir, sans que leur courbure
autour d'un point donné, cesse d'être la même. On verra qu'autour d'un centre primitif de carène γ, la courbure de la surface
des centres de carène, est aussi restée la même : sous toutes
les directions possibles. Par conséquent, la surface primitive (Γ)
conserve un contact du second ordre avec chacune des nouvelles surfaces $(\overline{\Gamma})$ des centres de carène.

Donc, à partir de la position primitive d'équilibre, la stabilité du nouveau corps flottant restera dans tous les sens, égale
à celle du premier corps, si le centre de gravité du nouveau
flotteur est encore à la même hauteur verticale : on remplira
cette dernière condition, par une disposition convenable des
parties diverses de ce corps flottant.

Dans la transformation générale des ordonnées, par laquelle
nous avons passé du flotteur (F) au flotteur $(\overline{F})$, il est facile
de voir que les divers points de la surface (Φ) des flottaisons,
auront été transportés par une opération analogue à celle des
autres points du système, pour former la nouvelle surface des
flottaisons $(\overline{\Phi})$ (*).

_____

(*) Par-là, nous voyons que la courbure de la surface des flottaisons n'a pas cessé
d'être la même, dans la transposition de tous les points du système. Seulement les
rayons et les lignes de courbure de (Φ), au point F qui appartient à la position primitive d'équilibre, ont été transportés parallèlement en $\overline{F}$.

Chaque point F de la surface des flottaisons a donc pu prendre successivement toutes les positions possibles, en conservant sa distance primitive au plan (Π). Ainsi, quelle que soit la position du point F qui correspond à la flottaison primitive, tant qu'on ne change, ni la figure de la section faite dans le corps par le plan de flottaison, ni la hauteur des centres G et γ, la stabilité doit rester la même, sous toutes les directions possibles.

Voilà pourquoi, lorsque nous avons cherché la valeur de la stabilité, en fonction de l'aire de la flottaison, nous avons pu supposer que le point F se trouvât sur la verticale $G\gamma$: sans, pour cela, rien ôter à l'étendue de nos raisonnements et de nos résultats.

Rappelons-nous la grande généralité que (dans la partie déjà citée des *Développements*) nous avons donnée aux transformations dont une surface est susceptible, en ne changeant pas de courbure autour d'un point donné. Alors nous verrons que la même généralité de transformations peut s'appliquer à la figure des corps flottants; sans qu'ils cessent de conserver leur stabilité primitive, autour de la position d'équilibre que l'on considère.

Comme l'examen des cas les plus compliqués deviendrait peut-être un objet de pure curiosité, nous nous contenterons d'avoir indiqué le résultat auquel ils doivent conduire, sans entrer dans leur examen détaillé.

Après avoir fait connaître les propriétés les plus remarquables de la surface des centres de carène, revenons à la surface (Φ) des flottaisons, et déterminons-en les principaux éléments.

§ IV.

Recherche des lignes et des rayons de courbure de la surface des flottaisons.

Avant de procéder à la recherche des lignes de courbure de la surface (Φ) des flottaisons, nous allons indiquer une proposition très-simple.

Théorème prélimi-naire.

Considérons un premier plan tangent en F à la surface (Φ), et tous les plans qui, pareillement tangents à (Φ), forment avec le premier un angle infiniment petit et *constant*. Parmi tous ces plans, le plus voisin de F appartient à la ligne de plus grande courbure ; le plus éloigné appartient au contraire à la ligne de moindre courbure de la surface (Φ) {les deux lignes de courbure partant du point F} : cela est évident (*).

Position relative de deux plans de flot-taison consécutifs.

Fig. 14.

Actuellement, considérons un corps flottant quelconque, placé d'abord de manière qu'il ait αFA pour plan de flottaison. Supposons que l'on incline successivement ce corps, en tous sens, et d'une quantité constante infiniment petite. Voyons, dans ces diverses positions, ce que devient l'aire de la flottaison et le volume de la carène.

1ᵉʳ. cas, où la sur-face extérieure du corps flottant est cylindrique.

Fig. 15.

Nous savons que le point F où le plan de flottaison αFA touche la surface (Φ) des flottaisons, est toujours le centre de gravité de l'aire terminée, sur ce plan, par la paroi extérieure du corps flottant. Si cette paroi extérieure était cylindrique, il suffirait de faire passer par F, centre de gravité de l'aire de la

---

(*) Il suffit, en effet, d'un seul mot pour se convaincre de la vérité de cette assertion. Faisons tourner autour de la normale de (Φ), en F, les deux lignes de moindre et de plus grande courbure ; la première enveloppera toute la surface (Φ), et la seconde sera constamment enveloppée par cette même surface.

flottaison primitive, un plan qui formât toujours le même
angle avec la première flottaison αFA. Alors la surface des
flottaisons ne serait qu'un point : ce serait le centre de gravité
commun à toutes les aires des flottaisons.

Mais si nous supposons que les parois du flotteur forment
dans leurs différents points, un angle variable suivant une loi
quelconque, avec la surface de niveau du fluide, et par conséquent avec la verticale, le problème devient plus compliqué.

A chaque nouvelle inclinaison du plan de flottaison, le
centre de gravité F de l'aire de flottaison, se déplace d'une quantité différente.

Il y a plus : si nous menons le plan ℰFB par le centre de
gravité F de la première flottaison, ce nouveau plan (même
en le supposant infiniment voisin du premier) n'interceptera
plus avec lui, dans le corps flottant, deux onglets nécessairement égaux en volume. Le nouveau plan ℰFB n'est donc plus,
par rapport au corps flottant, un plan de flottaison.

Il faut alors concevoir un plan ℰ'F'B' qui lui soit parallèle,
et qui ajoute à la partie la moins volumineuse αFℰ, la tranche ℰFF'ℰ' ; tandis qu'il enlève à l'autre partie, la tranche
BFF'B' : de telle sorte qu'enfin les deux segments αF'ℰ' et AF'B'
soient égaux en volume.

Il est évident, d'après cela, que la différence des onglets
inégaux αFℰ et AFB est égale au volume de la tranche entière
ℰℰ'B'B. Or, les aires des flottaisons représentées par les droites
ℰFB et ℰ'F'B', diffèrent infiniment peu de l'aire αFA de la flottaison primitive. Donc le volume de la tranche ℰℰ'BB', est proportionnel à l'épaisseur FM de cette tranche : épaisseur évidemment égale à la distance FM du point F au nouveau plan
de flottaison.

Mais tous les plans de flottaison sont, par hypothèse, tan-

1ʳ. MÉMOIRE.

Cas général, où la
forme de cette sur-
face est quelcon-
que.
Fig. 14.

gents à la surface (Φ) enveloppe des flottaisons; et tous ceux 𝛆′F′B′ que nous considérons, font avec le premier plan αFA, le même angle infiniment petit. Dans ce cas aussi nous avons prouvé que, parmi les plans tels que 𝛆′F′B′, celui dont la distance au point de contact F, est un *maximum* ou un *minimum*, doit être tangent à la ligne de moindre ou de plus grande courbure de (Φ) : les deux lignes de courbure passant en F.

Donc, pour trouver en un point quelconque F, la direction des lignes de plus grande et de moindre courbure de la surface des flottaisons, il suffit de déterminer le plan 𝛆′F′B′ pour lequel l'épaisseur FM, et par conséquent le volume de la tranche 𝛆𝛆′B′B, et par conséquent aussi la différence des onglets αF𝛆, AFB, est un *minimum* ou un *maximum*.

Fig. 15.

D'après ce que nous avons vu précédemment, nous savons que si la surface extérieure du corps flottant était cylindrique, les parois de ce corps se trouvant alors représentées par les parallèles αγ, AC, les deux segments solides représentés par αFγ, AFC, seraient égaux en volume (*).

Fig. 16 et 17.

Par conséquent, pour que la différence des deux segments αF𝛆, AFB, soit un *maximum* ou un *minimum*, il suffit de rendre un *maximum* ou un *minimum* le volume total (**) des filets

---

(*) Observons bien ici que le plan de projection des figures 14, 15, 16 et 17, étant perpendiculaire au plan de flottaison αFA, nous représentons simplement par α ou A, un point quelconque du contour de la flottaison.

(**) Il importe ici de faire une remarque sur la corrélation des triangles α𝛆γ, ABC. Les deux parois α𝛆, AB prolongées, rencontreront la verticale en dessous ou en dessus de la flottaison. Dans le premier cas, c'est celui de la figure 16, il est évident que αFγ = AFC donne AFB — αF𝛆 = ABC + α𝛆γ. Dans le second cas, figure 17, où les parois α𝛆, AB prolongées se rencontreraient au-dessous de la flottaison, on aurait αFγ = AFC. D'où αF𝛆 — AFB = α𝛆γ + ABC. On voit donc que pour passer du premier de ces cas au second, ou réciproquement, il suffit de dire que l'aire de ABC, comme celle de α𝛆γ, a changé de signe; alors la différence des deux onglets αF𝛆, AFB,

triangulaires $\alpha\delta\gamma$, ABC, compris entre les plans de flottaison infiniment voisins αFA et δFB, le cylindre vertical ayant pour base le contour de la flottaison αFA , et les parois $\alpha\delta$, AB du corps flottant.

Déterminons le volume de ces filets triangulaires qui s'étendent tout le long du contour de la flottaison, par exemple, celui de $\alpha\delta\gamma$. L'angle $\alpha\gamma\delta$ différant extrêmement peu de l'angle droit, appellons T le rapport $\frac{\delta\gamma}{\alpha\gamma}$; il exprimera ce qu'on appelle , en trigonométrie, *la tangente* de l'angle $\delta\alpha\gamma$. Comme la surface du triangle $\alpha\delta\gamma$ rectangle en γ, a pour expression $\frac{\delta\gamma\times\alpha\gamma}{2}$, on voit qu'elle est égale à la tangente T multipliée par $\frac{\alpha\gamma^2}{2}$.

En désignant par $d\omega$ la tangente de l'angle infiniment petit que font entr'eux les deux plans αFA et δFB, nous aurons $\alpha\gamma = F\alpha \times d\omega$. Donc, enfin, le triangle $\alpha\delta\gamma$ a pour surface $\frac{d\omega^2\text{F}\alpha^2\text{T}}{2}$.

Si nous multiplions ce produit par dE, épaisseur infiniment petite d'une tranche du filet, comprise entre deux plans verticaux parallèles à un plan donné, nous aurons $\frac{d\omega^2.\text{F}\alpha^2}{2}$ T.dE pour élément solide du filet. La somme de ces éléments sera le volume du filet même.

Pour donner à cette évaluation une forme qui convienne mieux à nos recherches, supposons le filet triangulaire divisé en tranches d'une épaisseur constante infiniment petite, par des plans normaux au contour de la flottaison. Le volume total du

---

sera toujours égale à la somme des filets triangulaires $\alpha\delta\gamma$, ABC. En général, on prendra le signe *plus* ou le signe *moins*, suivant que la paroi, au-dessus de la flottaison, formera un angle plus grand ou plus petit que l'angle droit avec le niveau du fluide.

filet sera égal à la surface totale des tranches triangulaires formées dans le filet, multipliée par l'épaisseur constante de ces
tranches.

Soit, dans la position d'équilibre pour laquelle aFA représente
la flottaison, soit, disons-nous, θ la tangente de l'angle formé
par la verticale avec la paroi du corps flottant. Alors $\dfrac{d\omega^2 . F_x{}^2 . \theta}{2}$
sera l'aire de chaque tranche du filet. Si nous désignons par
ds l'élément du contour de la flottaison, la somme des élé-
ments $\dfrac{d\omega^2 . F_x{}^2 . \theta}{2} \times ds$ sera par conséquent le volume total du
filet. D'où résulte ce théorème remarquable :

Si l'on applique à chaque point du contour de la flottaison,
un poids proportionnel à la tangente θ de l'angle que la verticale forme, en ce point, avec la surface du corps flottant, on
va déterminer une ligne pesante continue; or.....

*Les axes principaux du plus grand et du plus petit mo-
ment d'inertie de cette ligne, seront respectivement parallèles aux lignes de moindre et de plus grande courbure de la
surface* (Φ) *des flottaisons.* Il est évident, en effet, que l'on
aura respectivement pour ces deux axes, représentés tour à tour
en projection par le point F, $\displaystyle\int \dfrac{F_x{}^2 . \theta}{2}. ds \times$ la constante $d\omega^2 =$ un
maximum ou un *minimum.*

De la grandeur des
rayons de cour-
bure de la surface
des flottaisons.

Maintenant que nous connaissons la direction des lignes de
courbure de la surface des flottaisons, il nous reste, pour compléter la connaissance de cette surface, au point F, à déterminer la grandeur de ses deux rayons de courbure en ce point :
c'est ce qu'il est possible de faire en deux mots.

Fig. 18

Soit, un infiniment petit du premier ordre FNK, l'arc du
cercle osculateur de la ligne de courbure que l'on considère;
$LN = FM$ sera la flèche de cet arc, et la tangente $FN = FF'$,

ne différera du quart de la corde FLK, que d'un infiniment petit du second ordre. Donc, le rayon de ce cercle qui a pour expression $\frac{FL^2}{2LN}$, est également exprimé par $\frac{2FF'^2}{FM}$.

Telle est la valeur du rayon cherché. Pour la rendre explicite,

Fig. 14.

observons que $d\omega$ étant (fig. 14 et 18) la tangente de l'angle formé par αA et εB, on a $d\omega = \frac{FM}{F'M} = \frac{FM}{FF'}$, en négligeant les infiniment petits du second ordre. Donc $\frac{FF'}{FM} = \frac{1}{d\omega}$, et $\frac{2FF'^2}{FM} = \frac{2FM}{d\omega^2}$.

Mais la tranche F$\varepsilon'\varepsilon$BB' dont le volume est exprimé par l'aire A de la flottaison primitive, multipliée par l'épaisseur FM, égale en volume le filet triangulaire dont le volume est la somme des éléments $\frac{d\omega^2}{2} \int \theta.F\alpha^2 ds$.

Ainsi A $\times$ FM $= \frac{d\omega^2}{2} \int \theta.F\alpha^2.ds$; d'où l'on tire $\frac{2FM}{d\omega^2} = \frac{\int \theta.F\alpha^2.ds}{A}$. Donc, enfin, l'expression du rayon de courbure de la surface des flottaisons est $\int \frac{\theta.F\alpha^2.ds}{A}$.

Mais $\int \theta.F\alpha^2.ds$ est le moment d'inertie du contour de la flottaison, en supposant chaque élément ds de ce contour chargé d'un poids θ égal à la tangente de l'angle formé par la paroi du corps flottant, avec la verticale.

Il suit de là qu'en divisant par la superficie de la flottaison, le plus grand ou le plus petit moment d'inertie du contour de la flottaison chargé de poids proportionnels à la tangente θ, le quotient sera le rayon de moindre ou de plus grande courbure de la surface des flottaisons (multiplié par l'unité de poids).

Lorsque nous exposerons ce qui concerne la stabilité des vaisseaux, on verra que ce n'est pas pour nous livrer à des recherches de pure curiosité, que nous avons voulu déterminer les éléments de la courbure de la surface des flottaisons; car la

Utilité dont peut être sa connaissance.

connaissance de ces éléments peut être rendue d'un usage intéressant dans la théorie de plusieurs opérations de l'architecture
navale.

Alors nous chercherons à étendre d'avantage nos considérations sur la stabilité absolue des corps flottants. Nous aurons égard, non-seulement à une flottaison unique, quelle que
soit l'inclinaison des parois du flotteur. Mais, en faisant entrer
cette inclinaison dans nos données, nous chercherons suivant
quels cas elle est plus ou moins favorable à la stabilité. Maintenant, nous allons nous occuper des diverses positions d'équilibre qu'on peut donner au corps flottant, sans que le centre
de gravité, ni le poids de ce corps cessent d'être les mêmes.

§ V.

Des diverses positions d'équilibre que peut prendre un même corps, en flottant sur un fluide.

Marche qu'on va sui-
vre dans ce para-
graphe.

Dans les paragraphes précédents, pour parvenir à connaître
les lois qui déterminent la stabilité ou l'instabilité d'un corps
flottant, considéré dans ses diverses positions d'équilibre, nous
avons supposé que le centre de gravité de ce flotteur se dé-
plaçât successivement de quantités insensibles. Par ce moyen,
nous avons atteint le but où nous voulions parvenir.

Supposons, à présent, que le centre de gravité conserve
toujours la même situation dans le corps flottant; afin d'examiner les diverses positions d'équilibre qui peuvent convenir à
cette situation constante du centre de gravité.

Mais, avant tout, rappelons en peu de mots, les propriétés
de la surface des centres de carène, démontrées précédemment.

Nous avons nommé surface des centres de carène, l'ensemble de tous les centres de volume des carènes qui déplacent

une quantité de fluide égale en masse au poids du corps flottant.

Nous avons fait voir, 1°. que, pour chaque position de ce corps, le plan *horizontal* mené par le centre de carène correspondant à cette position, était nécessairement tangent, en ce point, à la surface des centres de carène; 2°. qu'en conséquence, la verticale menée par ce même point, s'y trouvait normale à la surface des centres de carène.

Théorème prélimi-naire.

Mais, dans la position d'équilibre, le centre de gravité du corps flottant est, lui-même, sur la verticale menée par le centre de carène. C'est pourquoi dans une position d'équilibre quelconque, *la verticale* menée par le centre de gravité du corps flottant, est nécessairement *normale* à la surface des centres de carène. Enfin, cette normale a pour point d'application, sur cette surface, le centre de carène qui correspond à la position d'équilibre que l'on considère.

De là résulte ce premier théorème : *Le nombre total des positions d'équilibre qu'un corps de forme invariable peut prendre, en flottant sur le même fluide, est égal au nombre des normales qu'on peut abaisser, de son centre de gravité, sur la surface des centres de carène.*

La recherche des positions d'équilibre, ramenée à la simple considération des normales de la surface des centres de carène.

Par conséquent, aussitôt que le centre de gravité sera connu, aussitôt que les diverses normales dont il est l'intersection seront déterminées, en rendant tour à tour chacune d'elles verticale, le corps sera dans une position d'équilibre.

Maintenant, en supposant toujours quelconque la figure du flotteur, proposons-nous cette question générale : *Combien, à partir du centre de gravité du corps flottant, peut-on mener de normales à la surface des centres de carène ?*

Du nombre de ces normales, en ne comptant que celles qui passent par le centre de gra-vité du corps flot-tant.

Pour parvenir à la solution que nous cherchons, faisons tourner le corps autour d'un axe fixe quelconque, *horizontal ou non*, mais passant par le centre de gravité. A chaque posi-

Emploi d'une surface auxiliaire de révo-lution, ayant pour normales, ces nor-males de la sur-face des centres de carène.

tion de ce corps, nous trouverons qu'il correspond un centre particulier de carène. L'ensemble de tous ces centres va former une certaine courbe, fermée de toutes parts; puisque tous ses points sont évidemment dans l'intérieur du corps flottant.

Si, du centre de gravité du flotteur, nous abaissons toutes les normales possibles sur cette courbe, à chaque normale devra correspondre une position d'équilibre. Lorsque le flotteur aura pris une de ces positions, la tangente à la ligne lieu des centres de carène sera toujours horizontale. Mais il faut bien remarquer que la normale à cette courbe, menée du centre de gravité du corps flottant, pourra n'être plus verticale. C'est en cela que le cas particulier dont nous nous occupons maintenant, diffère du cas général, où le corps n'est retenu par aucun axe fixe.

Il faut comparer entr'elles les diverses positions de l'équilibre d'un corps qui flotte en tournant librement autour d'un pareil axe. Rappelons-nous, pour cela, le théorème que nous avons démontré dans le paragraphe précédent.

« *L'équilibre est stable, quand la distance du centre de* » *gravité du flotteur au centre de carène, est un* minimum; » *cet équilibre est instable, quand la même distance est un* » maximum. » Nous en tirons cette conséquence :

Fig. 19.

Le nombre total des positions d'équilibre du corps flottant que nous considérons, est égal au nombre des normales qu'on peut, de son centre de gravité, mener à la ligne $gg'g''$... lieu des centres de carène; et les positions d'équilibre (stables ou non stables) sont respectivement celles pour lesquelles la longueur des normales, depuis la ligne $gg'g''$... jusqu'au centre de gravité du flotteur, est un *maximum* ou un *minimum*.

Fig. 19.

Nous allons prouver que le nombre des normales qu'on

peut, d'un point quelconque G, mener à la ligne $gg'g''$..., lieu des centres de carène, est généralement un nombre pair.

Et d'abord, si l'on détermine en chaque point g, g', g''..., les rayons de courbure de la ligne $gg'g''$..., je dis que les normales successivement *maxima* et *minima*, Gg, Gg', Gg''..., seront tour à tour plus petites et plus grandes que le rayon de courbure qui correspond au point g, ou au point g', ou au point g'', etc., dans le plan mené par le centre G, tangentiellement à la courbe $gg'g''$.....

Pour le démontrer, concevons que du centre G du corps flottant, on ait mené des lignes droites aux différents points de la courbe $g_{,}gg'g''$..., lieu des centres de carène. Rectifions cette courbe, de manière que les droites menées, du point G, deviennent toutes perpendiculaires à la ligne rectifiée. Alors les points $g_{,}$, g, g', g''..., devenant $\gamma_{,}$, γ, γ', γ''..., les longueurs $Gg_{,}$, Gg, Gg', Gg'', seront respectivement $\Gamma\gamma_{,}$, $\Gamma\gamma$, $\Gamma\gamma'$, $\Gamma\gamma''$.... ...

Si deux points $g_{,}$ et $g_{,}$, infiniment voisins l'un de l'autre, sont placés sur la courbe $gg'g''$... à égale distance du point G, les deux ordonnées $\gamma_{,}$ $\Gamma_{,}$ et $\gamma\Gamma$, dans le développement, seront pareillement égales, infiniment voisines, et de plus parallèles. Donc l'élément $\Gamma_{,}\Gamma$ de $\Gamma_{,}\Gamma\Gamma'\Gamma''$... est, en Γ, perpendiculaire à l'ordonnée $\gamma\Gamma$. D'où résulte ce principe : *A chaque point g* *où Gg est normale à la courbe $gg'g''$..., correspond un point γ pour lequel la droite $\gamma\Gamma$ est normale à la courbe $\Gamma\Gamma'\Gamma''$..., et réciproquement.*

Mais lorsqu'une courbe $\Gamma\Gamma'\Gamma''$... est rapportée à des coordonnées rectangulaires, si l'on considère seulement les ordonnées $\gamma\Gamma$, $\gamma'\Gamma'$, $\gamma''\Gamma''$... qui sont normales à la courbe, elles sont alternativement plus grandes et plus petites que celles qui les avoisinent immédiatement : à moins qu'il n'y ait un point d'inflexion, cas particulier que nous examinerons bientôt.

Donc, si l'on détermine la longueur de toutes les normales Gg, Gg'... qu'on peut mener, du point G, sur $gg'g''$...; et si l'on passe successivement de l'une à l'autre, en marchant sur le contour $gg'g''$..., ces normales seront alternativement un *maximum* et un *minimum*, par rapport aux distances de G aux points intermédiaires du contour $gg'g''$...

Mais, lorsqu'une suite de lignes qui partent d'un même point, sont tour à tour un *maximum* et un *minimum*, le nombre des *maxima* est évidemment égal à celui des *minima*.

Donc, premièrement, le nombre total de ces lignes est un nombre *pair* : donc aussi, dans toute courbe fermée $gg'g''$..., le nombre des normales qu'on peut y mener, à partir d'un point quelconque, est généralement un nombre *pair*.

Nous avons fait voir, il n'y a qu'un moment, qu'à chaque normale qu'on peut mener à la ligne $gg'g''$..., considérée comme le lieu des centres de carène du corps flottant, lorsqu'il est mobile autour d'un axe fixe; qu'à chacune de ces normales, disons-nous, correspond une position d'équilibre de
ce corps. *Donc, premièrement, le nombre total des positions d'équilibre d'un corps flottant, et mobile autour d'un axe fixe, est un nombre pair.*

Mais, dans le paragraphe second, p. 25, nous avons démontré que l'équilibre est stable ou non-stable, suivant que la distance du centre de gravité du corps, au centre de la carène, est un *minimum* ou un *maximum*.

Donc, *dans l'équilibre d'un corps flottant de figure quelconque, et mobile autour d'un axe dont la direction est invariable, le nombre des positions d'équilibre stable est égal au nombre des positions d'équilibre non-stable. De manière qu'en tournant autour de l'axe, on passera tour à tour, d'une posi-*

tion stable à une position non-stable, et de celle-ci à une
position stable.

M. Poisson est parvenu à la démonstration de ce principe
par des considérations de pure méchanique, mais auxquelles
on pourrait faire quelques objections, ainsi qu'à la méthode
que nous venons de suivre.

Nous avons supposé que les ordonnées $\gamma\Gamma$, $\gamma'\Gamma'$, $\gamma''\Gamma''$....... Fig. 19.
coupées à angle droit par la courbe $\Gamma\Gamma'\Gamma''$, sont nécessaire-
ment des *maxima* ou des *minima*. Cependant, peut-on dire, Fig. 20.
il est des cas où l'ordonnée $\gamma'\Gamma'$, par exemple, quoique normale
à $\Gamma\Gamma'\Gamma''$, n'est, par rapport aux ordonnées voisines, ni un *maxi-*
mum, ni un *minimum*. Les principes que nous avons établis,
et les conséquences que nous en avons tirées, cesseraient donc
d'être vrais dans ce cas.

Il nous semble que la même objection peut être faite à la
démonstration du savant analyste que nous venons de citer.
Voici comment il s'exprime :

« Tant que le corps flottant sera encore très-voisin de sa po-
» sition primitive, il tendra à y revenir, puisque cette posi-
» tion est supposée stable ; cette tendance diminuera graduel-
» lement, et enfin le corps tendra à s'écarter de cette position ;
» mais avant que cette tendance change, pour ainsi dire de
» signe, il y aura une position dans laquelle elle sera nulle, et
» où le corps ne tendra ni à revenir à sa position primitive, ni
» à s'en écarter d'avantage ; ce sera donc la seconde position
» d'équilibre ; or, on voit qu'en deçà de cette position, le
» corps tend à revenir à la première, par conséquent à s'é-
» carter de la seconde : au delà de cette même position, le
» corps tend à s'écarter de la première, et en même temps
» de la seconde ; donc la seconde position d'équilibre n'est pas
» stable, puisque de part et d'autre de cette position le corps

» tend à s'en écarter d'avantage. Lorsqu'il a dépassé sa seconde
» position d'équilibre, sa tendance à s'en écarter diminue con-
» tinuellement, elle devient nulle; puis le corps tend à revenir
» à cette seconde position. La position où cette tendance est
» nulle est une troisième position d'équilibre qui est évidem-
» ment stable; car en deçà et au delà le corps tend à y revenir,
» soit pour s'éloigner, soit pour se rapprocher de la seconde
» position. Si la troisième position est stable, on prouvera par
» notre même raisonnement que la quatrième ne l'est pas; et
» la quatrième ne l'étant pas, la cinquième le sera, et ainsi
» de suite. »

Des positions où l'é-
quilibre est indif-
férent.

Sans doute la tendance du corps à revenir vers sa première
position d'équilibre, diminue de plus en plus ; à mesure qu'on
s'éloigne de cette position. Avant de prendre une tendance en
sens opposé, il est une position intermédiaire dans laquelle il
ne tend pas plutôt à se porter d'un côté que de l'autre. Mais,
de ce que cette tendance du corps flottant à revenir vers la première position, diminue jusqu'au point où le corps atteint la
seconde, s'ensuit-il qu'au delà de cette seconde position, la
tendance doit toujours s'exercer en sens opposé? Voilà ce qu'on
ne saurait affirmer.

Il nous semble qu'on peut trouver des corps pour lesquels le
contraire a lieu; et, bientôt, nous ferons voir à quelles conditions géométriques il faut rapporter ce cas particulier. On conçoit
qu'alors si la première position est stable, la seconde est instable, dès qu'on incline un peu le corps pour le rappeler à sa position primitive. Mais elle est stable dès qu'on l'incline en sens
opposé. Alors, le nombre des positions d'équilibre diminue
d'une unité. Si cette position d'*équilibre mixte* est unique
dans son genre, le nombre total des positions d'équilibre est,
par conséquent, *impair*.

Maintenant, observons bien que si nous regardions cette singulière position stable d'un côté, instable de l'autre, comme la réunion de deux positions, l'une stable et l'autre instable, qui se seraient rapprochées, la loi générale de l'alternative des stabilités et des non-stabilités, comme celle du nombre *pair* des positions d'équilibre, ces deux lois, dis-je, ne cesseraient pas d'avoir lieu.

Iᵉʳ. MÉMOIRE.
On peut les regarder comme la réunion de deux positions d'équilibre, l'une stable et l'autre non-stable.

Un résultat également remarquable, c'est qu'en supprimant par la pensée ces positions d'un *équilibre mixte* (pour n'envisager que celles dont la stabilité ou l'instabilité est absolue), les positions d'équilibre, restantes, sont encore alternativement stables et non stables : comme si le corps n'avait aucune position possible d'*équilibre mixte*.

Soit qu'on les envisage ainsi, ou qu'on les supprime par la pensée, les théorèmes précédents ont lieu dans toute leur généralité.

La méthode que nous avons suivie démontre ce résultat avec une extrême simplicité. Car $\gamma\Gamma$, par exemple, appartenant à une position de stabilité absolue, si la courbe $\Gamma\Gamma'\Gamma''$ éprouve seulement une inflexion en Γ' où elle coupe l'ordonnée $\gamma'\Gamma'$ à angle droit, il est évident que la première ordonnée $\gamma''\Gamma''$ coupée ensuite à angle droit par la courbe, ne peut pas être un *minimum :* elle correspond à une position d'équilibre non-stable. Donc, en supprimant la position *mixte* qui correspond à $\gamma'\Gamma'$, les deux positions $\gamma\Gamma$, $\gamma''\Gamma''$, devenues consécutives, sont l'une *stable* et l'autre *non-stable*.

Fig. 20.

Donc, en supprimant les positions d'équilibre mixte, le nombre total des positions d'équilibre, soit stables, soit non-stables, est un nombre pair (*); *et le nombre des positions d'un genre, est égal au nombre de positions de l'autre genre.*

(*) Il est facile de prouver que, dans la position d'équilibre mixte, le centre de courbure de la ligne des centres de carène, est au centre de gravité du corps flottant. L'équilibre est mixte ou stable, suivant que le cercle osculateur a un contact d'un ordre pair ou impair, avec cette ligne, lieu des centres de carène.

Iᵉʳ. MÉMOIRE.
Du nombre absolu
des positions d'équi-
libre qu'un corps de
forme quelconque
peut prendre, en
flottant sur un flui-
de.

Actuellement, nous sommes en état de considérer toutes les positions d'équilibre d'un corps flottant sur un fluide, sans que ce corps soit retenu par aucun axe fixe.

Déjà nous savons, 1°. que le nombre total des positions d'équilibre du corps flottant, est égal au nombre des normales qu'on peut, du centre de gravité de ce corps, mener à la surface des centres de carène : 2°. que l'une de ces normales étant supposée verticale, la position d'équilibre correspondante est stable, ou non-stable, suivant que la distance du centre de gravité au point d'application de la normale, est un *minimum* ou un *maximum*.

Pour trouver ces normales, faisons tourner la surface des centres de carène, autour d'un axe passant par le centre de gravité du corps flottant; cet axe ayant d'ailleurs une direction quelconque. Considérons, ensuite, la surface enveloppe de l'espace parcouru, dans ce mouvement, par la surface des centres de carène.

L'enveloppée et l'enveloppée se toucheront suivant une série de points qui formeront nécessairement une courbe *fermée de toutes parts*. Pour chacun de ces points de contact, la normale à l'enveloppe et à l'enveloppée, passera par l'axe. Enfin, il est évident que la normale d'aucun autre point de l'enveloppée, ne pourra passer par cet axe.

Parmi toutes les normales communes aux deux surfaces, nous ne rechercherons que celles qui passent par le centre de gravité du corps flottant. Rappelons-nous toujours que l'axe de révolution est une droite menée par ce centre.

Supposons, maintenant, qu'on ait déterminé le méridien (*)

(*) Dans le cas général, la courbe méridienne génératrice n'est pas symétrique par rapport à l'axe de rotation.

de l'enveloppe ; et que, du centre de gravité du corps flottant, on veuille abaisser sur ce méridien, autant de normales qu'il est possible de le faire.

Nous venons, il n'y a qu'un moment, de résoudre un problème de ce genre. Nous avons vu, 1°. que le nombre des normales qu'on peut abaisser sur une courbe fermée quelconque, est toujours un nombre *pair ;* 2°. Que ces normales sont alternativement un *maximum* et un *minimum*, par rapport aux distances du centre de gravité aux points de la courbe très-voisins de cette normale.

Ici, nous regardons comme doubles les normales des positions *mixtes*, qui ne seraient ni des *maxima* ni des *minima*.

Maintenant, les différentes normales que nous venons de trouver représenteront, *absolument*, toutes les normales qu'on peut, du centre de gravité du corps flottant, mener à la surface des centres de carène.

En effet, puisque la surface de révolution qui enveloppe cette surface, la touche dans les points où les normales doivent passer par l'axe de révolution, il faut compter parmi ces points tous ceux de l'enveloppée pour lesquels la normale passe par un point particulier de l'axe ; par exemple, par le centre de gravité du corps flottant.

Mais, à chaque normale menée du centre de gravité du corps flottant, correspond une position d'équilibre de ce corps.

L'on voit donc, premièrement, *que le nombre total des positions* (*) *d'équilibre d'un corps quelconque flottant sans obstacle sur un fluide, est toujours un nombre pair.* Seconde-

Extension des théorèmes précédents au cas le plus général.

(*) En supposant doubles les positions de stabilité relatives. D'où suit cet autre théorème : *Le nombre total des positions de stabilité et d'instabilité absolues , est toujours un nombre pair.*

8

ment, *que si l'on marche sur la courbe du contact de l'enve-loppe et de l'enveloppée, les normales passant par le centre de gravité seront alternativement un* minimum *et un* maximum.

Donc, en marchant sur cette même courbe, les positions d'équilibre du corps flottant seront alternativement stables et non-stables; ou, plus simplement, en tournant autour de l'axe arbitraire de rotation, les positions de stabilité seront alternativement stables et non-stables.

Poursuivons nos considérations. La stabilité absolue a lieu seulement lorsque tout autour d'une même position d'équilibre, le corps flottant revient de lui-même à cette position, quelle que soit la direction de l'inclinaison qu'on lui donne. Mais la stabilité n'est plus que relative, si, dans une seule direction, le flotteur tend à s'écarter de sa position primitive, par le moin-dre dérangement qu'il éprouve. Il suit de là que le nombre des positions d'une stabilité absolue ne peut, au plus, qu'être égal au nombre total des positions de stabilité relative et d'instabilité absolue.

Mais nous pouvons prouver directement un théorème bien remarquable; c'est que, *dans l'équilibre des corps flottants, le nombre des positions d'équilibre, douées d'une stabilité ab-solue, est toujours égal au nombre des positions d'équilibre douées, au contraire, d'une instabilité absolue.*

Pour le démontrer, considérons une sphère variable de rayon, et dont le centre G soit constamment au centre de gravité du corps flottant. Si le rayon de cette sphère est égal à la plus courte distance du centre G, à la surface que l'on considère, la sphère sera nécessairement tangente à cette surface; et devra, par conséquent, la toucher au moins en un point.

Il est évident que la surface des centres de carène étant fer-mée de toutes parts, à cette sphère intérieure correspondra toujours une sphère extérieure qui, pareillement, touchera la surface des centres de carène, au moins en un point.

Mais, au premier point de contact, donné par la sphère intérieure, correspond d'abord un équilibre de stabilité absolue; tandis qu'au point donné par la sphère extérieure, correspond un équilibre d'instabilité absolue. De là résulte ce théorème :

Lorsqu'un corps de figure quelconque flotte sur un fluide, il peut prendre au moins une position d'équilibre dont la stabilité est absolue, et une position d'équilibre dont l'instabilité est pareillement absolue.

Supposons que le rayon de la plus petite sphère augmente par degrés insensibles, jusqu'à devenir égal au rayon de la sphère extérieure.

Si le corps est susceptible de prendre quelque position d'équilibre entre les deux positions extrêmes, pour chaque position intermédiaire, la sphère variable de rayon redeviendra tangente à la surface des centres de carène. Alors, suivant qu'à partir du point de contact, cette surface enveloppera complétement la sphère, ou sera complétement enveloppée par elle, ou enfin ne l'enveloppera qu'en partie, la position d'équilibre correspondante sera : dans le premier cas, d'une stabilité absolue; dans le second, d'une instabilité absolue; enfin, dans le troisième, d'une stabilité relative.

Or, si une sphère intermédiaire embrasse complétement la surface des centres de carène (à partir du point de contact), je dis qu'entre cette sphère et la plus grande de toutes, il y en aura nécessairement une autre qui sera complétement embrassée par la surface des centres de carène; et pour laquelle la position d'équilibre correspondante sera, par conséquent, d'une instabilité absolue.

Pour le démontrer, faisons tourner cette surface autour d'un axe quelconque mené par le centre commun de toutes les sphères , c'est-à-dire, par le centre de gravité du corps flottant. Traçons, de nouveau, la courbe de contact de cette surface avec son enveloppe. Chaque normale que nous pourrons abaisser, du centre de gravité sur cette courbe, sera le rayon d'une des sphères que nous considérons. Mais ces normales sont alternativement un *maximum* et un *minimum*, par rapport à la distance du centre de gravité aux autres points de la courbe. Donc les sphères qui leur correspondent , doivent alternativement embrasser la courbe et en être embrassées.

Quelle que soit la direction de l'axe de révolution (et, par conséquent, la direction de la courbe de contact de l'enveloppe et de l'enveloppée), il faut donc qu'entre deux sphères qui embrassent la surface enveloppée, à partir du point de contact, il s'en trouve une qui soit complétement embrassée par la même surface.

On prouvera de même, qu'entre deux sphères complétement embrassées par la surface des centres de carène, se trouve toujours une sphère aussi tangente à cette surface, et qui l'embrasse complétement, à partir du point de contact.

Du nombre égal des positions de stabilité absolue, et d'instabilité absolue.

Donc, enfin, les positions d'équilibre douées d'une stabilité absolue, et les positions douées d'une instabilité absolue, se succèdent alternativement. De manière qu'en commençant par une position stable, on doit finir par une position instable. *Donc, le nombre total des positions d'équilibre d'une stabilité absolue, est toujours égal au nombre des positions d'équilibre d'une instabilité pareillement absolue.*

Théorème.

Nous avons supposé que chaque sphère ne touchait qu'en un seul point la surface , des centres de carène. Cependant l'une d'elles pourrait la toucher en plusieurs points. Si c'était, par

exemple, la plus grande des sphères, il semblerait qu'alors il
dût y avoir plus de positions d'équilibre instable, que de positions d'équilibre stable. Mais il n'en est pas ainsi.

Pour le démontrer, soit, comme dans la fig. 19, G le centre Fig. 19.
de gravité du corps flottant, $g''g'gg_,g_,$ le méridien de la surface de révolution formée par la rotation de la surface des centres de carène autour d'un axe quelconque. Pour plus de facilité
nous supposons ici que le plan de projection soit perpendiculaire à cet axe.

Si la même sphère, embrassant toute la surface des centres
de carène, touchait cette surface et son enveloppe en g' et en $g_,$;
alors Gg' et $Gg_,$, étant les rayons de la plus grande sphère tangente à la surface des centres de carène, Gg' et $Gg_,$ seraient les
plus grandes distances du centre G à la surface des centres de
carène, et par conséquent au méridien $gg'g''$.

Dans ce cas, il est évident que sur l'arc $g'g''g_,$, il devrait se
trouver un point intermédiaire g'' plus près du centre G que tout
autre point de cet arc. De même sur l'arc $g'gg_,$, il devrait se
trouver un point g plus près du centre G que tout autre point
de ce nouvel arc. Voilà donc deux nouveaux points correspondants à des positions d'équilibre absolument instables. Or, ces
deux points g et g'' sont la conséquence nécessaire de l'existence
des deux positions d'équilibre stable, données par une même
sphère ayant son centre au centre de gravité du flotteur : cette
sphère embrassant de toutes parts la surface des centres de carène, et de plus la touchant en deux points g et $g_,$.

On prouverait, avec une égale facilité, que si cette sphère
touchait en trois, en quatre, en cinq points, la surface des centres de carène, elle donnerait trois, ou quatre, ou cinq positions de stabilité absolue, auxquelles correspondraient un égal
nombre de positions d'instabilité absolue.

§ VI.

Des stabilités conjuguées.

Jusqu'ici, dans l'examen de la stabilité des corps flottants, on n'a guère considéré que les inclinaisons qui, pour une position donnée d'équilibre, correspondent aux directions de la plus grande et de la moindre stabilité. Cependant il peut, dans beaucoup de cas, être intéressant de connaître les stabilités intermédiaires.

Considérons un corps flottant quelconque, dans une de ses positions d'équilibre; plaçons-nous au centre de carène qui correspond à cette position, et déterminons pour ce point l'*ellipse indicatrice* (*) de la surface (Γ) des centres de carène.

Définition des stabilités conjuguées. Nous appellerons *stabilités conjuguées* celles dont sera doué le corps flottant, lorsqu'on l'inclinera, successivement, dans le sens de deux diamètres conjugués de l'*indicatrice*.

Ces systèmes de diamètres conjugués de l'indicatrice, représentent, comme on sait, autant de systèmes de tangentes conjuguées de la surface que l'on considère.

Or, les stabilités conjuguées ainsi définies, jouissent de cette propriété générale :

Propriété générale des stabilités conjuguées. *La somme de ces stabilités, prises deux à deux, est constante; elle est égale à la somme de la plus grande et de la moindre stabilité du corps flottant.* C'est, par conséquent, une équation du premier degré qui lie les stabilités intermédiaires aux stabilités principales.

(*) Nous avons donné la définition et démontré les propriétés des *indicatrices* de la courbure des surfaces, dans les premiers mémoires de nos *Développements de géométrie*.

Pour démontrer cette propriété, considérons, fig. 6, un corps flottant ayant en G son centre de gravité.

Soit γ le centre de carène qui correspond à la position naturelle d'équilibre, position dans laquelle la verticale γG est normale à la surface (Γ) des centres de carène.

Supposons qu'on dérange un peu la position d'équilibre, sans changer le poids du corps : de manière que γ' soit le centre de la nouvelle carène, et γ'c la nouvelle verticale.

Alors nous aurons deux forces égales et dirigées en sens contraires, savoir : le poids du corps agissant en G, de haut en bas; et la répulsion du fluide, agissant suivant γ'c, de bas en haut. L'effet de ces forces, pour faire tourner le corps autour du centre G, se mesurera par le poids P du corps flottant, multiplié par la distance Gm du centre G à la nouvelle normale γ'c.

Supposons, maintenant, que l'angle γcγ' doive être constant; appelons α cet angle, nous aurons $Gm = Gc \times sin. \alpha$. Par conséquent, le moment de P sera représenté par $sin. \alpha.P.Gc$: produit dans lequel Gc seul pourra varier, suivant le sens de l'inclinaison du corps flottant.

Appelons D la distance du centre de gravité G du corps flottant, au point γ; soit R le rayon de la courbe γγ'γ"... Alors nous aurons $Gc = R - D$; et, par conséquent,

$$sin. \alpha.P.Gc = sin. \alpha.P (R - D).$$

Maintenant, soient R', R" les rayons de courbure de deux sections normales conjuguées, faites par le point γ, dans l'indicatrice de la surface (Γ) des centres de carène.

La stabilité du corps flottant sera mesurée, dans le sens de la première section, par $R' - D$; et, dans le sens de la seconde, par $R" - D$. Ainsi, la somme de ces stabilités conjuguées sera

$$(R' + R" - 2D) sin. \alpha.P.$$

Or, la somme des rayons R′, R″ de deux sections conju-guées, en un point γ d'une surface dont les deux courbures sont dans le même sens, est une somme constante, égale à la somme des rayons conjugués de plus grande et de moindre courbure (*).

Nous supposons d'ailleurs invariable la distance D du centre de carène γ, au centre de gravité G du corps flottant.

Donc, si l'on prend la somme des stabilités du corps flot-tant, 1°. suivant la direction de chaque tangente, en γ, à la sur-face des centres de carène; 2°. suivant la direction de la tan-gente conjuguée à celle-là, toutes les sommes qu'on formera de la sorte seront égales entr'elles.

Et ces sommes seront égales à la somme de la plus grande et de la moindre stabilité du corps flottant.

Telles étaient, en effet, les propriétés que nous avions avan-cées.

_____

(*) Voyez Développements de géométrie, *premier mémoire*, § IV, *Théorie des tangentes conjuguées.*

NOTES PRINCIPALES

DU MÉMOIRE SUR LA STABILITÉ DES CORPS FLOTTANTS.

NOTE PREMIÈRE.

Comment la Géométrie descriptive peut s'étendre à des masses de den-
sités différentes dans leurs diverses parties.

Nous allons faire voir de quelle manière on pourrait représenter
géométriquement un corps formé de parties dont la densité n'est pas
constante.

Nous supposons que la densité varie d'un point à un autre, par
une gradation continue, mais d'ailleurs suivant une loi quelconque : hypothèse que nous pouvons toujours admettre.

Car, en isolant par la pensée, toutes les parties où cette continuité
cesserait d'avoir lieu, nous décomposerions une seule masse en plusieurs autres dont les éléments auraient une densité constante; ou,
du moins, une densité variable par degrés insensibles, en passant
d'un point à un autre.

En vertu de cette même continuité, si l'on détermine dans le
corps tous les points au delà desquels la densité dépasse un certain
terme Δ, et en deçà desquels la densité est au-dessous de ce terme,
ces points formeront une surface pareillement continue.

En supposant que Δ prenne successivement toutes les valeurs, depuis la plus grande jusqu'à la moindre densité des parties du corps
que l'on veut représenter, on va former un système de surfaces qui
remplira complétement l'espace occupé par le corps.

En prolongeant ces surfaces autant que leur nature le permet,

9

elles s'étendront au delà du corps solide; et souvent n'auront, dans leurs parties extrêmes, rien de commun avec les parois de ce corps.

Maintenant, il est visible que si nous considérons la couche $abcd$, comprise entre deux surfaces infiniment voisines, tous les points de cette couche auront une densité Δ plus grande que Δ' et plus petite que $\Delta_,$; or, les densités Δ' et $\Delta_,$, appartenant à deux surfaces ac et bd infiniment voisines, diffèrent infiniment peu l'une de l'autre. Donc la densité des diverses parties de la couche $abcd$ ne peut varier que de quantités infiniment petites. Par conséquent, on doit regarder cette couche comme ayant une densité partout constante. Il en est de même des autres couches.

Il est visible, d'ailleurs, que le volume réel de la masse de chaque couche, est égal à son volume *apparent* multiplié par sa densité.

Si donc nous supposons l'épaisseur de ces couches réciproquement proportionnelle à leur densité, il est visible qu'alors leur volume *réel* ou leur *masse* sera constante. Nous regarderons chaque partie comme formant un corps ayant cette masse, ce volume réel, partout les mêmes. Comme, alors, nous n'aurons plus que des volumes ordinaires à considérer, tout rentrera dans le domaine de la géométrie pure à trois dimensions.

C'est ainsi, par exemple, que dans l'application des hauteurs barométriques à la détermination de la hauteur des montagnes, on regarde l'atmosphère comme étant composée de couches horizontales qui doivent avoir une densité constante, pour les divers points de chaque couche.

Si donc on suppose que les épaisseurs de ces couches soient en raison inverse du poids total de la partie de l'atmosphère supportée par chacune d'elles, des superficies égales, prises pour bases de ces couches, correspondront à des parties de couches, toutes égales en poids.

Fig. 22.

En divisant l'horizontale indéfinie AL, par des ordonnées verticales équidistantes 1α, 2δ, 3γ, etc.; puis concevant les trapèzes infiniment petits et d'égale surface AB$\delta\alpha$, BC$\gamma\delta$, CD$\delta\gamma$, etc.; l'aire d'une partie quelconque AM$\mu\alpha$, comprise entre l'axe AM et la courbe $\alpha\mu$, représentera le poids total de la partie de l'atmosphère qui correspond à la hauteur AM. Il est facile de voir, d'après la construction que nous venons de donner, que la courbe $\alpha\beta\gamma\delta...\mu$ n'est autre chose que celle qu'on désigne sous le nom de *logarithmique*, parce que les ordonnées y sont les logarithmes des abscisses. D'où l'on conclut immédiatement que les densités des différentes couches de l'atmosphère sont proportionnelles aux logarithmes des hauteurs, etc... Nous ne pousserons pas plus loin cette application.

De ces diverses considérations, il va naître un nouveau moyen de description des corps. La forme et le volume réel de la matière, seront complétement définis, non plus seulement par la surface extérieure; mais par l'ensemble des couches d'égale densité, réduites au même volume et composant la masse que l'on considère.

Dans le dessin de la Géométrie descriptive, les couches les plus denses étant ainsi figurées par les lignes les plus rapprochées, ces nouvelles épures offriront très-sensiblement à nos yeux, l'effet que feraient ces corps supposés imparfaitement transparents.

NOTE II.

Calcul des forces de répulsion d'un fluide dans lequel un corps solide est plongé.

En regardant l'axe des z comme vertical, représentons par

$$(S)... \qquad z = \varphi(x, y),$$

l'équation de la surface du corps flottant : les trois axes étant supposés à angle droit, les coordonnées x et y seront par conséquent horizontales.

Soit encore, pour équation du plan tangent à cette surface, l'équation suivante, dans laquelle p, q désignent les coëfficients différentiels partiels $\frac{dz}{dx}, \frac{dz}{dy}, \dots$

$$Z - z = p(X - x) + q(Y - y).$$

L'élément de la surface (S) qui, sur le plan horizontal des x et y, a pour projection le rectangle dont les côtés sont dx et dy, est exprimé par

$$\sqrt{1 + p^2 + q^2} . dx . dy$$

Donc la pression exercée par le fluide, sur cet élément du corps flottant, est égale au produit de la hauteur z,

par.... $\qquad \sqrt{1 + p^2 + q^2}.dx.dy$

et par la densité, que nous supposons égale à l'unité, pour plus de simplicité.

Mais cette force s'exerce suivant la direction de la normale de (S) surface du corps flottant : décomposons-la donc en trois autres, respectivement parallèles aux axes des x, des y et des z.

Il suffit, pour cela, de multiplier cette force par le rapport des longueurs, $X - x$, $Y - y$, $Z - z$, avec la partie de la normale de (S) dont la mesure est

$$\sqrt{(X - x)^2 + (Y - y)^2 + (Z - z)^2}$$

et qui correspond à ces trois longueurs.

Or, les équations de la normale étant

$$p(Z - z) + (X - x) = 0, \dots\ q(Z - z) + (Y - y) = 0,$$

on a

$$\sqrt{(X - x)^2 + (Y - y)^2 + (Z - z)^2} = \sqrt{1 + p^2 + q^2}.(Z - z).$$

Donc les trois rapports cherchés sont :

$$\frac{X - x}{Z - z} \times \frac{1}{\sqrt{1 + p^2 + q^2}}.$$
$$\frac{Y - y}{Z - z} \times \frac{1}{\sqrt{1 + p^2 + q^2}}.$$
$$\frac{Z - z}{Z - z} \times \frac{1}{\sqrt{1 + p^2 + q^2}}.$$

Et, par conséquent, la somme des pressions exercées suivant la direction des x est $\int \frac{X - x}{Z - z}. zdxdy = - \int pzdxdy.$

des y..... $\int \frac{Y - y}{Z - z}. zdxdy = - \int qzdxdy.$

des z..... $\int \qquad zdxdy = + \int zdxdy.$

Remarquons que la dernière intégrale est celle du volume même de l'espace occupé par la surface $z = \varphi(x, y)$, du corps flottant.

Comme cette intégrale doit être prise depuis le point le plus bas de ce corps, jusqu'au plan de flottaison (seules limites entre lesquelles le fluide puisse exercer de pression sur le corps), cette intégrale représente le volume même du fluide déplacé.

Mais cette force de pression, la seule qui agisse de bas en haut et verticalement, fait équilibre au poids du corps qui agit de haut en bas : donc le volume du fluide déplacé, rempli de ce même fluide, représente un poids égal à celui du corps flottant.

Supposons, maintenant, qu'on ait coupé le flotteur par deux plans parallèles à celui des x et z, et d'ailleurs infiniment voisins l'un de l'autre. Pour tous les points du plan de cette section, on aura nécessairement $dy = 0$ et $dz = pdx$.

Donc la somme des pressions horizontales $-\int pz\,dx\,dy$, qui s'exercent sur la tranche verticale, dans la largeur dy, est simplement

$$-\int z\,dz\,dy.$$

Or, dy est constant dans toute l'étendue de la tranche que l'on considère. L'on a donc

$$\int z\,dz.dy = -dy\left(\frac{z^2}{2} + C\right).$$

Pour déterminer la valeur de la constante C, et limiter cette intégrale, observons que quand $z = 0$, c'est-à-dire, à la flottaison, la pression de l'eau est égale à zéro : donc premièrement $C = 0$.

Mais, à la flottaison, la tranche que l'on considère étant parallèle à l'axe des x, présente pour y deux valeurs différentes; et si la première est regardée comme l'origine de l'intégrale, la seconde doit être regardée comme la fin de cette même intégrale ; or, quelle que soit la valeur de y, puisque nous regardons dy comme constant, dès que nous faisons $z = 0$, l'expression $-dy\,\frac{z^2}{2}$ devient nulle.

Donc, enfin, toutes les pressions horizontales exercées sur chaque tranche parallèle au plan des x et z, se détruisent d'elles-mêmes, et se font équilibre.

On démontrerait la même chose pour les pressions horizontales parallèles au plan des y, z. Il ne reste donc que les pressions verticales, dont la somme $\int z\, dx\, dy$ est représentée par le volume du fluide déplacé.

Cherchons la position de la résultante de ces forces verticales : comme elles sont toutes parallèles à l'axe des z, il faudra d'abord multiplier chacune d'elles, $z\, dx\, dy$: 1°. par x; 2°. par y, et intégrer dans toute l'étendue de la partie plongée, c'est-à-dire de la carène. Ensuite les quotients

$$\frac{\int xz\, dx\, dy}{\int z\, dx\, dy}, \quad \frac{\int yz\, dx\, dy}{\int z\, dx\, dy},$$

seront respectivement les distances de la résultante aux plans coordonnés des x et des y. Or, ces expressions sont celles des coordonnées horizontales du centre de gravité de la partie de la surface $(S)... z = \varphi(x, y)$, qui se trouve en dessous de la flottaison : c'est précisément ce qu'on appelle *la carène*.

Donc, enfin, la résultante de toutes les pressions verticales du fluide, passe par le centre de gravité du volume de la carène.

Si l'on voulait n'avoir que les pressions exercées sur une portion de la surface (S), définie par la courbe

$$z = \psi(y), \; z = \pi(x),$$

Il suffirait de limiter respectivement les intégrales

$$-\int z\, dz\, dx, \; -\int z\, dz\, dy$$

aux projections correspondantes de la courbe proposée; ce qui ne présenterait plus d'autres difficultés que celles qui sont inhérentes à la nature du calcul intégral.

NOTE III.

Sur l'effet gyratoire produit par le poids du corps flottant, et par la répulsion du fluide, lorsque ces deux forces n'agissent plus suivant la même verticale; et sur la hauteur du centre de gravité des corps flottants.

Si l'on regarde comme égale au poids du flotteur, la répulsion du fluide (et telle est toujours l'hypothèse où l'on se place), les directions de ces forces étant nécessairement parallèles et opposées, leur moment total est le même par rapport à deux axes parallèles dont l'un passerait par le centre d'action de la première force, et l'autre par le centre d'action de la seconde.

Il est évident, en effet, que dans l'un et l'autre de ces cas, tout est semblablement disposé relativement à chacun des axes.

Ainsi nous n'aurions pas eu plus de raison pour faire passer notre axe de rotation par le centre G plutôt que par le point c, rencontre des deux verticales immédiatement consécutives γc, $\gamma' c$.

Fig. 6.

Il nous suffit d'observer que le point c, non plus que le centre de gravité G, ne sont pas nécessairement des points fixes du corps flottant. Mais, en leur donnant un mouvement de translation convenable, on peut toujours supposer l'un ou l'autre sur l'axe de rotation. Or, nous venons d'observer, que l'effet gyratoire du poids du flotteur et de la répulsion du fluide, était le même suivant ces deux manières de l'évaluer.

Concluons, enfin, que les axes menés par le point c, ou par le centre de gravité G, perpendiculairement au plan de projection, doivent être seulement regardés comme de simples axes des moments; alors tout ce que nous avons dit est d'une exactitude rigoureuse.

Il importe de faire une dernière observation. A la rigueur, la nouvelle verticale $\gamma' c'$ ne passe pas par l'ancienne verticale γc : cela n'a lieu que dans les directions de plus grande ou de moindre courbure de la surface (Γ) dont γc, $\gamma' c$ ou $\gamma c_{\scriptscriptstyle{I}}$, $\gamma' c_{\scriptscriptstyle{I}}$ sont les normales.

Ainsi, dans le cas général, non-seulement les deux forces agissant en G et en γ, tendent à faire tourner le corps flottant autour d'un axe horizontal perpendiculaire au plan $\gamma c \gamma$; mais ce plan lui-même tend à tourner, pour passer de $\gamma c \gamma'$ en $\gamma' c' \gamma''$.

Comme cette seconde rotation, qui s'exécute autour d'un axe vertical mené par le centre de gravité du corps flottant, est tout-à-fait indépendante de la première, nous n'avons pas dû nous en occuper dans ce que nous avions à dire sur les rotations autour d'un axe horizontal.

En terminant cette note, nous ferons remarquer un paradoxe de méchanique dont il ne paraît pas qu'on ait donné la solution.

Lorsqu'un corps solide est sollicité par l'action de la pesanteur, il descend jusqu'à ce qu'il rencontre des obstacles. Il ne passe à l'état du repos que quand son centre de gravité se trouve au point le plus bas où ce centre puisse arriver, eu égard à la forme et à la position des obstacles.

Supposons maintenant qu'un corps pesant descende sur un fluide et s'immerge en partie. A cause du fluide qu'il déplace, le niveau du fluide, va s'élever d'une quantité qui ne dépendra que du poids et nullement de la figure du flotteur.

Il semble que le corps, parmi toutes les positions qu'il pourra prendre en flottant sur le fluide, ne devra trouver de repos, ou du moins de repos durable, que dans la situation où son centre de gra-vité sera le plus bas possible au-dessous du niveau du fluide.

Cependant ce centre ne s'abaisse ainsi le plus possible, que dans cer-tains cas particuliers.

En général, dans les situations d'équilibre du corps flottant, le centre de gravité de ce corps n'est pas au point le plus bas où il pour-rait être sans changer de poids, si l'on choisissait un plan de flottai-son convenable.

L'action de la pesanteur sur le corps flottant ne tend donc pas tou-jours à faire descendre, le plus possible, le centre de gravité de ce corps.

Pour expliquer ce paradoxe, il faut observer que si le niveau du fluide est élevé de la même hauteur par l'immersion d'un corps con-stant en poids, mais variable de position ou de figure, le centre de gravité de l'eau déplacée n'est pas pour cela toujours à la même hau-teur.

L'équilibre du corps flottant résulte du balancement qui se produit entre la descente du centre de gravité du corps flottant et l'élévation du centre de gravité de l'eau déplacée.

S'il arrive qu'en diminuant un peu l'abaissement du corps flottant, on diminue beaucoup l'élévation du centre du fluide déplacé, alors au total il y a plus de matière descendue.

Rien ne serait plus facile que d'appliquer ces considérations aux éléments d'équilibre donnés par la surface des centres de carène, et la surface des flottaisons.

NOTE IV.

Sur la limite que doit avoir l'étendue du corps flottant, l'étendue de la surface des centres de carène, et celle de l'enveloppe des flottaisons.

On pourrait, sans doute, concevoir des corps dont l'étendue fût infinie, et dont néanmoins le poids fût limité. Tel serait, par exemple, un solide de révolution ayant pour méridien deux courbes qui fussent mutuellement asymptotiques et qui comprissent entre elles un volume fini.

Mais, alors, il serait absurde de regarder l'action de la pesanteur comme constante, et comme dirigée parallèlement, du centre de la terre à toutes les parties du corps flottant. Ce nouveau problème serait d'une espèce absolument différente de celui que nous offre la nature. La solution d'une question de ce genre ne présentant aucun but d'utilité, nous pensons ne pas devoir nous en occuper ici.

Si le corps flottant avait quelque partie qui fût concave, on conçoit que certains centres de carène pourraient se trouver en dehors de la paroi extérieure de ce solide. Mais on remarquera facilement que les centres de carène sont toujours renfermés dans l'espace occupé par le corps flottant, lorsqu'un plan, tangent en même temps aux deux bords de la concavité, prend successivement toutes les positions possibles, sans couper le flotteur en aucun point. Ce plan engendre, alors, une surface développable.

La même limite convient également à la surface des flottaisons.

Faisons voir, maintenant, qu'il est des cas où la surface-enveloppe des flottaisons, au lieu d'être renfermée dans la surface des centres de carène, l'embrasse au contraire de toutes parts. Prenons pour cela l'exemple le plus simple, celui que nous offre la sphère. Si le plan de flottaison FF est au-dessous du centre c de la sphère, le centre γ de la carène se trouvera toujours plus éloigné du centre c, que le plan FF de flottaison. Donc, alors, la surface (Γ) des centres de carène $\gamma\gamma'\gamma''$... embrassera de toutes parts l'enveloppe (Φ) des flottaisons.

Fig. 23.

10

Mais, si la sphère est presqu'entièrement immergée, le centre γ de la carène se trouve fort voisin du centre c de la sphère; au contraire le plan FF de flottaison s'en trouve fort éloigné. Par conséquent, alors, la surface (Γ) des centres de carène est complétement renfermée dans l'enveloppe (Φ) des flottaisons.

SECOND MÉMOIRE.

DU TRACÉ DES ROUTES ISOLÉES.

PRÉSENTÉ A LA PREMIÈRE CLASSE DE L'INSTITUT DE FRANCE,
LE LUNDI 25 SEPTEMBRE 1815.

§ Ier.

INTRODUCTION.

O~N~ ne peut guère parcourir de pays très-montueux, sans
que l'esprit se porte de lui-même, sur la manière plus ou
moins avantageuse dont les routes sont adaptées aux formes
du terrain. C'est en faisant de semblables voyages, que j'ai
trouvé les principes qui forment l'objet de ces recherches,
et rédigé le mémoire pour lequel j'ose réclamer l'indulgence
de la Classe. Les applications s'offraient d'elles-mêmes, dans
les diverses opérations dont j'étais le témoin et l'observateur.
Ainsi, je pouvais rapprocher sans cesse les conceptions de
la théorie et les faits de la pratique. Un tel rapprochement donnera, peut-être, quelque prix à mon travail.

Il faut montrer, d'abord, que les questions qui tiennent à
la théorie des routes, ont pour caractère général, d'être indépendantes de toute considération relative, soit à l'accélération,
soit à la retardation (instantanées) de la vitesse des moteurs et
des mobiles qui parcourent ces routes.

Que la théorie du tracé des routes est indépendante de la considération des vitesses.

Dans les transports que nous effectuons au moyen des forces dont nous pouvons disposer, nous n'avons pas seulement à vaincre l'inertie des corps que nous transportons. Les frottemens des machines que nous mettons en usage, les obstacles que produisent l'irrégularité, la ténacité, la viscosité du terrain, et la résistance de l'air, et l'action du vent, et beaucoup d'autres causes, se réunissent pour consommer, à chaque instant, la force accélératrice communiquée par les animaux qu'on emploie. Ainsi, quoiqu'à chaque instant une nouvelle force motrice vienne ajouter son impulsion à celle dont l'action est précédemment imprimée, le transport, au lieu de prendre un mouvement toujours accéléré, comme il devrait l'être sans les obstacles qui renaissent perpétuellement, le transport, disons-nous, ne reçoit néanmoins qu'un mouvement uniforme, sur un terrain horizontal; et, même sur un terrain d'une pente descendante assez sensible.

Aussi, dans les transports que nous avons à considérer, faut-il une force totale incomparablement plus grande, pour faire parcourir un certain espace à un corps donné, que la quantité d'action nécessaire pour lui faire parcourir cet espace, dans le même temps, s'il n'était retardé par aucun obstacle.

L'expérience justifie ces considérations. On observe que l'homme et les animaux employés aux transports, soit qu'ils marchent sur un terrain parfaitement horizontal, soit qu'ils cheminent sur une pente plus ou moins prononcée, ne prennent pas une vitesse variable à chaque instant, comme semblerait devoir l'indiquer le renouvellement continu de leurs efforts. Lors même qu'ils n'ont rien à porter, ni à traîner, leur marche ne peut acquérir qu'une certaine vitesse. Enfin, le développement le plus avantageux de leurs forces, fait resserrer les variations de cette vitesse, entre des bornes très-rapprochées.

Pour ces raisons, et quoiqu'il soit vrai de dire que, dans les pentes assez fortes, l'homme et les animaux accélèrent ou ralentissent naturellement leur marche, suivant qu'ils montent ou qu'ils descendent, il est vrai de dire aussi que leur vitesse n'est guère différente, lorsqu'ils cheminent sur une route parfaitement horizontale, ou sur une route dont la pente est très-peu considérable.

L'accélération dans les descentes, est encore moins sensible que la retardation dans les montées. Lorsqu'on a des voitures à conduire, on est forcé d'empêcher l'accélération qu'elles pourraient prendre, dès qu'on arrive à des pentes trop rapides. On y parvient, par exemple, en arrêtant le mouvement d'une des roues : c'est ce qu'on appelle *enrayer*. Lorsque des hommes ou des animaux cheminent librement, ou portent des fardeaux au lieu de les traîner, ils conservent d'eux-mêmes à leur marche, une régularité dont ils ne peuvent que momentanément s'écarter d'une quantité considérable : à moins d'épuiser toutes leurs forces, et de s'exposer à des chutes fort dangereuses.

Les recherches qui tiennent à l'accélération, à la retardation instantanées des vitesses, et qui font proprement l'objet de la méchanique transcendante, doivent donc être écartées des questions relatives à la théorie du tracé des routes. Examinons les principaux éléments qu'il faut prendre en considération (*).

Toutes choses égales d'ailleurs, la route la plus avantageuse Éléments qui peuvent influer sur le tracé des routes. est, suivant les cas, celle qui demande le moins de temps ou le moins de forces, ou la moindre dépense.

Lorsque le temps doit être un *minimum*, et lorsque les routes 1⁰. Le temps mis à les parcourir. sont destinées, soit à des hommes, soit à des animaux qui mar-

---

(*) Voyez les notes première et seconde, à la fin du Mémoire.

IIe. MÉMOIRE.

chent d'un pas constant, il est évident que la route la plus courte
entre deux points donnés, est toujours la plus avantageuse. Observons bien, cependant, que l'homme et les animaux ne
peuvent marcher d'un pas constant, en portant ou traînant un
fardeau déterminé, que quand la route ne dépasse pas une
certaine limite dont nous parlerons bientôt avec détail.

2°. La force em-
ployée pour les
parcourir.

Si l'on veut que la quantité totale de forces, au lieu du
temps, soit un *minimum*, le problème devient plus compliqué.
Il faut connaître, pour chaque espèce de transport, la quantité de forces qu'il est nécessaire d'employer en parcourant une
unité d'espace, avec une masse donnée ; depuis la descente la
plus rapide, jusqu'à la montée la plus rude. En partant de cette
évaluation primitive, on peut se demander ensuite, quelle est,
entre deux points choisis sur un terrain quelconque, la route
qui nécessite la moindre quantité de forces, pour le transport
d'un fardeau déterminé.

Nous démontrerons d'abord, que si l'on chemine sur un plan,
la route qui demande la moindre quantité de forces, est nécessairement la ligne droite. Nous ferons voir, ensuite, que si l'on
chemine sur une surface courbe dont toutes les pentes sont
assez peu considérables, la ligne la plus courte est celle qui demande le moins de force totale, pour aller d'un point à un autre.
(*Voyez le Supplément à la suite du troisième mémoire de
cet ouvrage*).

3°. Le prix des trans-
ports effectués sur
les routes.

Passons à la dernière hypothèse, à celle qu'il importe surtout de considérer dans la pratique : supposons que le *prix* du
transport doive être un *minimum*.

Dans tous les travaux de l'architecture civile ou militaire,
dans les transports opérés sur terre, ou par le roulage, ou par
la poste, etc., le prix du transport est proportionnel à la distance
parcourue. Il est beaucoup de cas où ce prix est augmenté d'une

somme proportionnelle à la hauteur des montées, et quelquefois réduit proportionnellement à l'amplitude verticale des descentes. Si donc on parvient, par des considérations quelconques, à déterminer la position des points *culminants*(*) et des points les plus bas d'une route, il est évident que l'élévation totale de chaque montée, ainsi que l'abaissement total de chaque descente, sont déterminés pour ces points. Alors les hauteurs ne varient pas, quels que soient le développement et la forme de la route. Il ne reste donc plus de variable, que le prix proportionnel à la longueur de cette route; or, un tel prix est évidemment un *minimum*, lorsque la route est la plus courte possible. Tel est le point de vue sous lequel nous allons envisager la théorie du tracé des routes.

Le cas le plus simple que puisse offrir cette théorie, est la recherche de la direction de la route la plus avantageuse pour aller d'un point à un autre.

Ce premier cas renferme, comme on voit, toute la théorie du tracé de chaque route destinée à la circulation des hommes, ou des animaux, et des voitures traînées par des moteurs vivants (lorsqu'une fois on a fixé, pour cette route, le point de départ et le point d'arrivée).

On peut supposer, ensuite, qu'un nombre quelconque d'objets, rangés suivant un certain ordre, doivent être transportés dans un espace déterminé : sans qu'on ait pourtant fixé dans cet espace, une position plutôt qu'une autre, à chacun des objets qu'il faut transporter. La seule condition qu'on ait alors à remplir, est d'effectuer ce transport avec la moindre dépense totale de temps et de force. On voit qu'ici, non-seulement se

(*) On appelle ainsi les sommets ou points les plus élevés des routes, d'après le mot latin *culmen*, *culminis*, qui signifie cime, ou sommet.

présente la difficulté de tracer chaque route, après qu'on a fixé
son point de départ et son point d'arrivée ; il faut, de plus,
trouver le point d'arrivée qui doit correspondre à chaque
point de départ. Nous commencerons par traiter le premier
cas, nous passerons ensuite au second.

§ II.

De la détermination d'une route en général.

De la route la plus
avantageuse sur un
terrain uniforme et
horizontal.

Toutes choses égales d'ailleurs, plus une route est courte,
moins elle exige de temps pour être parcourue ; la plus avantageuse est, alors, la plus courte possible. Ainsi, par exemple,
tout transport qui doit s'effectuer sur un terrain horizontal et
partout également tenace, également uni, doit être effectué en
ligne droite ; puisque les difficultés du transport sont les mêmes,
suivant toutes les directions marquées sur ce terrain.

Les routes rectili-
gnes ne peuvent
être suivies que
dans un très-petit
nombre de cas.

Si nous n'avions égard qu'à l'étendue des espaces à parcourir, la route la plus avantageuse serait toujours la ligne droite
qui joint les deux points limites de cet espace. Mais nous ne
pouvons pas suivre une voie arbitraire et pour ainsi dire idéale,
lorsqu'il s'agit de faire franchir, aux fardeaux que nous voulons
déplacer, l'intervalle qui sépare le point de départ et le point
d'arrivée. Il faut que nous traînions ces fardeaux sur le sol où
nous existons, et que nous en suivions les inflexions, les dé-
tours et les irrégularités de toute espèce. Ce ne serait donc
s'occuper que d'une question curieuse en elle-même, mais
idéale, et presque sans application, si l'on regardait la direction des routes comme étant toujours rectiligne. Une telle hypothèse pourrait conduire à des vérités géométriques d'un très-
grand intérêt pour la science, mais sans utilité pour la pra-

tique. Or, c'est vers ce dernier but que nous cherchons, maintenant, à diriger nos efforts.

G. Monge, qui seul encore a tenté de soumettre à la géométrie, la recherche des routes les plus avantageuses à suivre, dans les travaux de déblais et de remblais, a fait lui-même ces dernières observations. Il les a présentées, il y a long-temps, en terminant le beau mémoire dans lequel il a développé, pour la première fois, la théorie de la courbure des surfaces : théorie qu'il exposait alors, pour l'appliquer immédiatement au cas abstrait qu'il se bornait à considérer.

Réflexions de Monge à ce sujet.

« La solution de ce problème, qu'il eût été très-difficile de
» trouver (dit ce grand géomètre) par les méthodes ordinaires
» des *maximum* et des *minimum*, est très-éloignée d'être ap-
» plicable à la pratique, tant à cause des difficultés que l'ana-
» lyse peut présenter, que parce que nous ne sommes pas dans
» l'hypothèse de la nature : en effet, dans le transport des
» terres, chaque molécule ne peut pas toujours suivre la droite
» menée du point de départ au point d'arrivée, on ne peut que
» la traîner sur la surface du terrain, dont, à cause de la
» pesanteur, elle doit suivre les sinuosités, surtout dans le
» sens vertical. Ces considérations, dit toujours l'auteur que
» nous citons, nous auraient empêché de traiter ce dernier cas
» (celui du transport d'une masse divisible), s'il ne nous eût
» pas fourni l'occasion de publier quelques propriétés nouvelles
» et remarquables des surfaces courbes considérées en général. »

Nous nous proposons spécialement, dans le travail dont nous allons exposer les résultats, d'étendre nos solutions aux cas pour lesquels les routes ne sauraient être dirigées suivant la ligne droite menée du point de départ au point d'arrivée. C'est le seul moyen que nous puissions avoir d'ajouter quelque chose aux recherches d'un illustre devancier.

Dans ce travail on supposera que les routes puissent être droites ou courbes, continues ou brisées.

IIe. MÉMOIRE.
De la route la plus
avantageuse sur un
plan incliné.

Demandons-nous d'abord, lorsque le terrain, sans cesser d'être une surface plane, n'est pas horizontal, quelle est la route la plus avantageuse qu'il soit possible de suivre pour aller d'un point à un autre de cette surface plane ?

Afin de résoudre cette question importante, il faut revenir, un moment, aux considérations qui tiennent à la nature des moteurs qu'on emploie pour effectuer les transports.

1°. Lorsque l'inclinaison est très-petite.

L'effort que les hommes et les animaux exercent en cheminant sur une route horizontale ou fort peu inclinée, cet effort, dis-je, et la vitesse qui en résulte, ne diffèrent que de quantités très-petites. Ainsi, quand la route, au lieu d'être horizontale, monte ou descend d'une très-petite quantité, l'accroissement ou la diminution d'effort et de vitesse est peu considérable, par rapport à l'effort qu'il fallait produire et par rapport à la vitesse qu'on obtenait sur la route horizontale.

Mais, lorsqu'entre deux points donnés, une droite tracée sur un plan présente une pente très-petite, si l'on voulait tracer sur ce plan, entre les mêmes points, une ligne qui partout eût une pente sous-double, ou sous-triple, ou sous-quadruple, etc., il faudrait doubler, ou tripler, ou quadrupler, etc. la longueur de la route. Par conséquent, alors, on perdrait beaucoup plus par l'allongement du chemin, qu'on ne pourrait gagner par la diminution d'effort et de vitesse, due à la pente ainsi rendue plus douce.

Théorème.

De là nous conclurons ce premier théorème : *Lorsqu'on doit cheminer sur un plan incliné, et que la droite qui joint le point de départ au point d'arrivée, offre une pente peu considérable, cette ligne droite est la route la plus avantageuse qu'on puisse tracer sur ce plan, depuis le point de départ jusqu'au point d'arrivée.*

La ligne droite, ainsi menée du point de départ au point d'arrivée, est ce que nous appelerons *la route directe.*

IIe. MÉMOIRE.
Définition des routes directes.

Après avoir examiné le cas où les pentes du terrain sont très-petites, passons de suite au cas où ces pentes sont très-fortes. Elles pourront avoir une rapidité telle qu'il soit impossible aux hommes et aux animaux de cheminer en les suivant, même sans porter ni traîner aucun fardeau. On sera contraint, alors, de prendre pour route une ligne courbe ou du moins une ligne brisée, plus longue il est vrai que la route directe, mais qui partout offre une pente plus douce.

2°. Lorsque l'inclinaison du plan est très-forte.

Nous appelerons cette nouvelle direction *route oblique*, par opposition à la *route directe.*

Définition des routes obliques.

Entre les pentes très-douces malgré lesquelles la route directe est la plus avantageuse, et les pentes très-fortes qui contraignent d'abandonner la route directe, pour en suivre une détournée plus longue mais moins inclinée, il doit exister une pente moyenne au-dessus de laquelle les routes directes cessent d'être les plus avantageuses, et doivent par conséquent être abandonnées.

Limite des pentes où finissent les routes directes, et commencent les routes obliques.

Puisqu'il existe une certaine pente au-dessus de laquelle il vaut mieux allonger les routes pour diminuer la rapidité de leur inclinaison, concluons-en que les routes ne doivent présenter, en aucun de leurs points, une pente plus forte que cette limite.

Si donc on chemine sur une suite de plans diversement inclinés, il faudra : *premièrement*, suivre la route directe, tant qu'on n'aura pas atteint la limite des inclinaisons ; *secondement*, suivre une route oblique dont la pente soit égale à cette limite, toutes les fois que la route directe deviendra plus inclinée que ne l'indique l'angle marqué par cette limite.

De la route brisée qu'il faut suivre en cheminant sur une suite de plans diversement inclinés.

Ainsi, dans le cas où l'on est forcé d'abandonner la route

directe, comme trop inclinée, il faut tracer sur le terrain une ligne continue ou brisée, dont la pente soit partout égale à celle de la limite des routes directes.

Détermination des routes sur un terrain quelconque.

Au lieu d'avoir à tracer des routes sur des plans plus ou moins inclinés, les résultats et les moyens de solution seront les mêmes, s'il s'agit d'opérer sur un terrain qui présente la forme d'une surface courbe quelconque. Tant que la pente du terrain où doit passer la route (pente mesurée suivant la direction de cette route) ne sera pas supérieure à la limite des pentes, la route la plus avantageuse sera la ligne la plus courte que l'on puisse tracer sur la surface du terrain, entre les points de départ et d'arrivée. Dès que la pente de la route directe atteindra cette limite, pour la surpasser, il faudra cheminer suivant une route dont la pente constante soit égale à cette même limite.

Sur les routes mixtes, nous nommerons toujours *route directe*, la partie du chemin sur laquelle on marche suivant la ligne la plus courte; et *route oblique*, la partie qui présente une pente constante égale à la limite des pentes.

Suivant la nature du terrain, la route qui joint deux points donnés, peut être entièrement directe, comme il arrive dans les plaines; ou bien, en partie directe, en partie oblique; ou bien, enfin, totalement oblique : examinons ces différents cas.

Système des routes obliques tracées sur un terrain quelconque, entre deux points donnés.

Entre deux points déterminés il n'est généralement possible de mener qu'une seule route directe; mais, si l'on parvient à tracer une seule route qui soit en tout ou en partie oblique, je dis qu'on pourra tracer entre les mêmes points de départ et d'arrivée, une infinité d'autres routes également avantageuses : proposons-nous d'en trouver le système général.

Supposons qu'une ligne droite se meuve sans cesser d'être verticale, et s'appuie toujours contre une de ces routes à pente constante. Dans ce mouvement, la verticale mobile engendre un cylindre dont toutes les arêtes font, avec la route, un angle constant. Ainsi la route oblique est, sur ce cylindre, une véritable *hélice*.

Tous les cylindres sur lesquels on pourra tracer de sembla- bles hélices, entre les points fixes de départ et d'arrivée, pré- senteront chacun une route oblique; or, toutes ces routes se- ront égales entr'elles.

Égalité de longueur de toutes ces rou- tes.

En effet, on aura le développement de chaque hélice, en menant, à partir de l'extrémité supérieure de la route, une ligne droite qui soit inclinée suivant la pente de la route obli- que, et qui descende jusqu'au plan horizontal mené par l'ex- trémité inférieure de cette route. Mais une telle détermination est indépendante et de la nature des cylindres, et de la forme des hélices. Donc toutes les hélices ont la même longueur. De plus cette longueur commune, multipliée par le cosinus de l'angle constant que toutes les hélices forment avec l'hori- zon, donne un produit constant. Donc, aussi, les projections horizontales de ces hélices, ont toutes la même longueur.

Égalité de longueur de leurs projections horizontales.

Lorsque la route directe présente une pente qui dépasse la limite, toutes les routes obliques qu'on peut tracer entre les points de départ et d'arrivée, sont également avantageuses; puisqu'elles montent partout de la même quantité pour une même longueur, quelle que soit leur figure.

Ces routes s'élèvent en zig-zags (*), tantôt de droite à gau- che, tantôt de gauche à droite, par un nombre de retours in- défini, car ce nombre ne change rien à la route. +

Retours en zig-zags des routes obliques.

Donc, à partir de chaque point, on peut passer indifférem- ment, des routes montant vers la droite aux routes montant

Des deux systèmes de routes obliques qui se croisent en chaque point.

(*) Les ingénieurs des ponts et chaussées donnent à ces zig-zags le nom de *lacets* ; parce que leur succession imite les allers et les retours obliques d'un *lacet* passé dans les œillets d'un corset.

vers la gauche, et réciproquement. Les deux routes obliques qui se croisent en chaque point, faisant le même angle avec la verticale, font un même angle avec la ligne de plus grande pente menée, sur le terrain, par le point que l'on considère.

Les chemins tracés sur les montagnes rapides, offrent presque tous de semblables zig-zags, lesquels sont d'autant plus multipliés que l'espace où doit se développer la route est plus resserré.

Ces zig-zags ont peu d'inconvénients pour les piétons ; ils en ont plus pour les quadrupèdes, ils en ont beaucoup plus pour les hommes et pour les animaux qui traînent des voitures ; parce qu'à la force tangentielle qui fait avancer les voitures dans le sens de la route, il faut ajouter une force de rotation qui est en pure perte pour le mouvement progressif. Afin d'effectuer le changement de direction exigé par chaque zig-zag de la route, il faut que les voitures et les animaux décrivent, en projection horizontale, un arc dont la courbure soit d'autant plus grande, que la voiture (*) et son attelage, offrent une plus grande longueur.

Arrondissement de la route aux points angulaires des retours.

En général, cet arc n'est pas placé sur la surface naturelle du terrain ; il exige ordinairement un déblai dans sa partie supérieure, et un remblai dans sa partie inférieure.

Cet arrondissement ne change en rien la longueur de la route oblique.

Il faut observer que l'arrondissement, qui sert à raccorder les zig-zags, n'altère en rien la longueur de la route oblique, entre deux points donnés. En effet, la route oblique ne cesse pas d'avoir, dans toutes ses parties, la même pente et les

(*) Il y a des voitures qui, sans être plus courtes que d'autres, peuvent néanmoins tourner en décrivant un arc de cercle d'un rayon beaucoup plus petit, ce qui est du plus grand avantage dans les routes qui présentent des directions brisées telles que celles dont nous parlons ici.

mêmes hauteurs de descente ou de montée. On peut donc, dans la comparaison entre les longueurs des routes obliques et des routes directes, faire abstraction des arcs qui servent de raccordement aux zig-zags des parties obliques.

Nous terminerons ce que nous avons à dire de général sur les routes directes et sur les routes obliques, en rapprochant les caractères géométriques qui servent à les définir, et en présentant le moyen de les rectifier.

Propriétés générales des routes.

Les lignes qui, sur le terrain, marquent la direction des routes directes, étant les lignes les plus courtes que l'on puisse mener entre deux de leurs points, sur le même terrain, elles ont d'abord cette propriété caractéristique : *leurs plans osculateurs sont tous normaux à la surface du terrain, et le point où ces plans sont normaux à cette surface, est le point où ils osculent la route directe.* Il est essentiel d'avoir ce principe présent à la mémoire ; car nous en ferons par la suite un grand usage.

Caractère géométrique des routes directes.

La propriété caractéristique des routes obliques, ainsi que nous l'avons fait voir, est de former partout le même angle avec l'horizon, et d'avoir une longueur proportionnelle à la différence de hauteur de leurs points extrêmes.

Caractère géométrique des routes obliques.

Ces deux propriétés offrent un moyen de rectifier géométriquement les routes tant directes qu'obliques.

En concevant une surface développable qui, dans toute l'étendue de la même route directe, soit tangente à la surface du terrain, elle sera telle qu'en la développant, la route directe placée sur elle se trouvera transformée en ligne droite.

Rectification des routes directes.

En concevant une surface développable dont les arêtes soient verticales, et passent par les divers points d'une même route oblique, lorsqu'on développera cette surface, la route oblique placée sur elle se trouvera transformée en ligne droite.

Rectification des routes obliques.

§ III.

Détermination de la limite des pentes.

Importance de cette
détermination.

D'après les détails où nous sommes entrés jusqu'ici, l'on doit voir combien il importe de déterminer, avec précision, la limite commune des routes obliques et des routes directes : c'est-à-dire, la limite des pentes.

Cette détermination
exige le secours de
l'expérience.
La limite doit dé-
pendre de la nature
des transports à ef-
fectuer sur la route.

Cette limite, comme nous l'avons remarqué, ne peut être trouvée que par le secours de l'expérience. Elle ne doit pas être la même pour des routes dont la destination est diffé-rente. Elle est la plus grande possible pour les chemins ou sentiers destinés seulement aux gens de pied. Elle doit être un peu plus douce pour les chemins destinés aux cavaliers, et plus douce encore pour les chemins destinés aux voitures.

Des diverses routes
obliques qui, dans
les pays de monta-
gnes, conduisent
du même point de
départ au même
point d'arrivée.

Toutes les contrées montueuses nous offrent des exemples de cette différence remarquable. Très-souvent les piétons, les cavaliers et les équipages de voitures, ont leurs chemins sé-parés : le plus court pour les premiers, le moyen pour les se-conds, le plus long pour les derniers.

Pourquoi les ancien-
nes grandes rou-
tes avaient presque
toutes une pente
trop forte.

Lorsqu'on a voulu percer des routes pour les voitures dans les pays de montagnes, on s'est d'abord guidé sur les sentiers tracés par les chasseurs ou par les paysans ; on a donc suivi presque toujours, des pentes beaucoup trop fortes.

Perfectionnements
remarquables à ce
sujet.

L'un des perfectionnements les plus importants que nous ayons apportés aux routes du mont Cenis, du Simplon, de Tarare, célèbres par les difficultés et les dangers que présentait leur pente trop rapide, est d'avoir ramené cette pente à des limites plus appropriées aux transports par voiture.

Limites des pentes
sur les routes mili-
taires.

Les chemins militaires, toutes choses égales d'ailleurs, peu-vent offrir une pente plus forte que les voies publiques destinées au commerce. La raison en est facile à saisir. Dans les transports militaires, il faut en général abréger la route ; et l'on peut presque toujours, à volonté, multiplier les forces motrices, surtout en hommes.

A la fin de ce mémoire, nous présenterons le tableau des pentes adoptées pour limites, par les Ponts et chaussées, l'Artillerie et le Génie militaire. (*Voyez note* III)..

Les routes militaires sont souvent assujetties à des conditions particulières qui en modifient le tracé. Souvent elles doivent être *défilées* de certaines positions ; c'est-à-dire, que des lignes droites, partant de ces positions, ne doivent nulle part être tangentes à la route.

Conditions particulières qui peuvent influer sur la configuration des routes militaires.

C'est pour vaincre cette difficulté nouvelle qu'on exécute en zig-zags, les tranchées ou routes couvertes, pratiquées pour approcher d'une place assiégée. Ces zig-zags sont alternativement dirigés à droite et à gauche des positions défensives ; de manière à ce que le prolongement de leur direction, passe en dehors des ouvrages les plus avancés de la place.

On conçoit qu'alors le nombre des zig-zags et la longueur de chaque partie rectiligne de la tranchée, ont la plus grande influence sur la longueur totale du chemin. L'assiégeant doit se proposer d'approcher de la place, d'une quantité donnée ; en suivant la route la plus courte, et ne cessant jamais d'être défilé.

Au contraire, toutes les routes qui conduisent à des positions militaires et qui sont tracées par les défenseurs, doivent être, autant que possible, soumises aux feux de ces positions : ce qui fournit des conditions et des résultats directement opposés aux précédents.

Il faut bien observer que la limite des pentes n'est presque jamais la même pour la descente et pour la montée. Il est des animaux qui peuvent plus facilement monter que descendre,

Différences des pentes qui conviennent aux montées et aux descentes.

d'autres, au contraire, peuvent plus facilement descendre que monter (*).

Les voitures pesantes, qui vont habituellement au très-petit pas, ralentissent peu leur vitesse dans les montées, et l'accélèrent peu dans les descentes. Mais celles qui vont très-vite en plaine, et qui pourtant sont très-chargées, comme les diligences françaises, vont très-doucement en montant; tandis qu'elles vont, d'ordinaire, fort vite en descendant. On conçoit que ces différences doivent influer sur la détermination de la limite qu'il faut donner aux pentes les plus propres, les unes aux montées, les autres aux descentes.

Cas où l'on doit se servir seulement de la moindre de ces limites.

Sur les routes destinées aux communications habituelles du commerce ou de la guerre, le nombre des voitures *qui vont* est à très-peu près égal à celui des voitures *qui viennent*. Par conséquent, sur ces routes, on ne doit pas plus sacrifier les montées aux descentes, que les descentes aux montées. Dès qu'on a déterminé les deux limites qui sont propres à ces deux genres de chemins inclinés, il convient de prendre la plus petite de ces deux limites, et d'en faire le terme des plus grandes pentes que l'on doive donner à la route.

Cas où l'on doit se servir de ces deux limites.

Il n'en est pas ainsi dans les opérations où tout est à transporter dans une direction, et rien dans la direction opposée. Lorsqu'il s'agit, par exemple, de faire passer une chaîne de montagnes à quelque armée, ainsi qu'à son matériel. On doit, alors, faire usage de deux limites différentes; l'une pour les descentes, et l'autre pour les montées. C'est aussi, comme nous le verrons, ce qu'il faut faire dans les travaux des déblais et des remblais.

_____

(*) Les chasseurs connaissent très-bien les difficultés plus ou moins grandes qu'ont les divers animaux, pour monter et pour descendre; ils en profitent souvent dans les routes qu'ils suivent avec leurs chiens et leurs coursiers, pour joindre les quadrupèdes qu'ils poursuivent.

§ IV.

Détermination graphique d'une route dont on connaît le point de départ et le point d'arrivée.

Essayons, maintenant, de résoudre les problèmes les plus intéressants que puisse offrir le tracé d'une route, en partie directe, en partie oblique.

Représentons la forme du terrain sur lequel on doit tracer la route, par des courbes horizontales qui soient l'intersection de la surface de ce terrain, avec des plans horizontaux également espacés.

On suppose le terrain représenté par des courbes horizontales également espacées.

La propriété des routes obliques étant d'avoir la même pente dans chacun de leurs points, elles seront divisées en parties égales par les sections horizontales consécutives. Ainsi deux routes obliques, quel que soit le nombre de zig-zags qu'elles présentent, pourvu qu'elles se terminent entre les mêmes sections horizontales, auront toujours la même longueur.

Grandeur des portions obliques comprises entre ces sections.

De plus, toute route directe qu'on pourra tracer d'une section horizontale à une autre (en supposant, ce qui doit être, qu'elle n'ait nulle part une pente plus forte que la limite des pentes), sera plus longue que les routes obliques comprises entre les mêmes sections. En effet, la route directe, à moins de se confondre avec une route oblique, ne peut avoir qu'en quelques points seulement, la pente qui convient le mieux à cette dernière; elle a, partout ailleurs, une pente plus douce. Elle doit donc être plus allongée, pour s'élever de la même quantité que les routes obliques : cela est évident (*).

Constamment moindre qu'une portion de route directe comprise entre les mêmes limites.

***

(*) Soit S la sécante de l'angle formé par la route directe avec l'ordonnée verticale y; la longueur de l'élément de route directe correspondant à dy sera $S.dy$.

Soient SS, S'S', S"S", S'''S''',..... les sections horizontales équidistantes qui définissent la forme du terrain. Soit la verticale HL, égale à la commune distance des sections. Supposons, enfin, que l'hypothénuse HL' du triangle rectangle HLL', représente la pente limite de la route qu'on veut tracer. La base LL' du triangle HLL', est égale à la projection horizontale de toute partie de route oblique, comprise entre deux sections horizontales consécutives.

Plaçons en D le point de départ, en R le point d'arrivée. Lorsque la route qui doit conduire de D en R sera tracée, on distinguera facilement les parties directes des parties obliques. Les parties obliques seront divisées, par les sections horizontales consécutives, en portions *égales* à la base LL' : les parties directes seront divisées, par les mêmes sections, en portions *plus grandes* que cette base.

De la ligne qui sert de limite à toutes les routes obliques. Actuellement, soit ΛΛΛ une ligne tracée sur le terrain, de manière qu'en tous ses points, la ligne de plus grande pente du terrain, soit tangente à la direction des pentes limites de la route à tracer. Toutes les routes obliques tracées sur la montagne, descendront depuis R, par exemple, jusqu'en ΛΛΛ où elles seront tangentes aux lignes de plus grande pente.

Mais elles ne passeront pas outre : à moins que cette ligne ne soit, pour la surface du terrain, une ligne d'inflexion (*).

Soit s la sécante de l'angle formé par la route oblique avec l'ordonnée verticale y, $s.dy$ sera la longueur de l'élément de route oblique correspondant à dy. La route directe ne pouvant former avec la verticale un angle moindre que la route oblique, s sera la plus petite des valeurs de S. Donc $\int s.dy = s \int dy < \int S.dy$, en prenant les deux intégrales entre les mêmes limites. Donc, enfin, la route oblique est plus courte que toute route directe, quand ces deux routes s'élèvent verticalement d'une même quantité.

(*) C'est-à-dire, ne marque un point d'inflexion sur les lignes de plus grande pente.

Ce cas excepté, elles rebrousseront tangentiellement à elles-mêmes.

Soient, maintenant, DC′, DC, DC″, DC‴, les diverses routes directes que l'on peut mener du point D sur le terrain. Soient A′,C,A″,A‴,... les points où chacune d'elles est normale à l'une des sections horizontales. La courbe A′CA″A‴, coupe en un point C, la limite ΛΛΛ des routes obliques. Or, je dis que ce point C est le lieu du raccordement de la partie oblique et de la partie directe de la route la plus avantageuse (en supposant que DC soit plus courte que les lignes infiniment voisines menées, du point D, à la section horizontale qui passe en C).

Pour parvenir à la démonstration du théorème que nous venons d'avancer, comparons la route mixte DC*h*R avec celles qui l'avoisinent immédiatement (soit à droite comme dans la fig. 2, soit à gauche comme dans la fig. 3). Dans le premier cas, fig. 2, en supposant que CK′ soit une section horizontale tracée sur le terrain, la route oblique R*h*C sera égale à R*h*′K′; puisque ces deux routes partent du même point R, et descendent jusqu'à la même section CK′. A présent, du point de départ D menons jusqu'en K′, la route directe DK′; elle sera plus courte que DC′+C′K′, par cela même qu'elle est la route *directe*. Si donc, comme nous l'avons supposé, DC est la route directe la plus courte, pour aller du point D à la section horizontale CK′,

on aura $DC < DK'$,

à plus forte raison $DC < DC' + C'K'...$

et, par conséquent, $DC + Ch R < DC' + C'K' + K h'R.$

c'est-à-dire, $DCh R < DC'h'R.$

Alors il y aurait une autre ligne de même genre, placée plus bas; c'est cette dernière qu'il faudrait considérer.

Ainsi la route DChR sera plus courte que toutes les routes avoisinantes, placées à sa droite.

Fig. 3.
Pl. V.

Il faut un peu changer cette démonstration pour l'appliquer aux routes qui sont à gauche de DC. Dans ce nouveau cas, fig. 3, CK et C'K' étant les deux sections horizontales qui représentent la forme du terrain, à la hauteur des points C, C', où commencent les routes obliques ChR, C'h'R, et finissent les routes directes DC, DC', on doit évidemment avoir :

RhK'=Rh'C'; puisque ce sont des routes obliques qui vont d'un même point R, à la même section horizontale C'K'.

K'C < C'K ; puisque K'C, route oblique, est comprise entre les mêmes sections horizontales que C'K, route directe.

CD < KD ; puisqu'on suppose que DC est la route directe la plus courte pour aller de D à la section horizontale CK.

Donc

$$R h K' + K'C + CD < R h' C' + C'K + KD,$$

c'est-à-dire
$$R h CD < R h' C'D.$$

Donc, enfin, la route RhCD est la plus avantageuse entre toutes celles qu'on pourrait suivre, soit à sa droite, soit à sa gauche : elle est, par conséquent, la route que nous cherchons.

Après avoir comparé la route DChR avec celles qui en sont infiniment voisines, il faut la comparer avec celles qui en sont à une distance finie.

Fig. 4.
Pl. V.

Si toutes les routes directes DC, DC', DC",... qu'on peut tracer à partir du point D, étaient égales entr'elles, la courbe CC'C"... qu'on ferait passer par le point extrême de chacune d'elles, serait perpendiculaire à toutes ces routes.

Si DC était plus courte que toutes les autres routes, il faudrait que tous les angles CC′D, CC″D..., CC,D, CC,,D,... formés par ces routes et par les arcs CC′, CC″..., CC,, CC,,..., compris entr'elles et le point C, fussent *aigus*.

Au contraire, si DC était plus longue, que toutes les autres routes, il faudrait que les angles CC′D, CC″D,... CC,D, CC,,D... fussent *obtus*.

Si du point D l'on peut mener deux routes directes DC, DF, perpendiculaires à la courbe CC′C″F tracée sur le terrain; l'une DC sera plus longue, l'autre DF sera plus courte que toutes les routes intermédiaires DC′, DC″... : à moins qu'on ne puisse mener, entre DC et DF, une route perpendiculaire à CC′C″. Ce cas excepté, tous les angles DC′F, DC″F... seront aigus, et les angles DC′C, DC″C,... seront obtus. On aura par conséquent, cette inégalité continue

Fig. 6.
Pl. VI.

$$DC > DC′ > DC″... > DF.$$

Comparons, maintenant, une route DC′ avec DC; en admettant que la distance de ces deux routes soit une grandeur finie. Représentons par CK′ la section horizontale qui passe en C, et par DK′ la route directe menée, du point D, au point où la route oblique C′h′R rencontre CK′. Nous aurons immédiatement

Fig. 7.
Pl. VI.

$$RhC = Rh′K′$$

$$CD < DK′.$$

En supposant que du point C, au point K′, il n'aboutisse aucune route directe partie du point D, et perpendiculaire à CK′.

Mais, évidemment, DK′ < DC′ + C′K′,

Donc . . . . DChR < DC′h′R.

Si la route DC, est de l'autre côté de DC, les sections horizontales étant $K'C$ et C,K, on a sur-le-champ

$$R h_, C_, = R h K$$
$$C_, K_, > K C$$
$$K_, D > C D.$$

En prenant la somme, 1°. des premiers termes; 2°. des se-
conds termes de cette équation et de ces deux inégalités, on a

$$R h_, C_, D > R h C D.$$

Fig. 8 et 9.
Pl. VI.
Comparons, enfin, deux routes DC', DC'', telles qu'elles
coupent sous un angle aigu, en C' et C'', les sections horizontales $C'K_{,,}$ et $C''K'$. Il faudra distinguer deux-cas : pour le
premier, fig. 8, la section $K''C'K_{,,}$ ne passe pas dans l'angle $DC'C''$;
pour le second, fig. 9, elle passe dans cet angle.

Fig. 8.
Pl. VI.
Or, on a pour le premier cas $\begin{cases} R h'C' = R h''K'' \\ C'D < K''D \\ K''D < K''C'' + C'D; \end{cases}$

puisque $K''D$ est la route directe pour aller de D en K'' : donc
$$R h'C' + C'D = R h'C'D < R h''K'' + K''C'' + C'D = R h''C''D.$$

Fig. 9.
Pl. VI.
Pour le second cas, fig. 9, on a $\begin{cases} R h'K' = R h''C''. \\ C'K' < C''K'' \\ C'D < K''D \end{cases}$
donc
$$R h'K' + K'C' + C'D = R h'C'D < R h''C'' + C''K'' + K''D = R h''C''D.$$

Fig. 10.
Pl. VI.
Si la route DC' coupait la section $C'K'$ sous un angle aigu,
tandis que DC'' couperait $C''K''$ sous un angle obtus, en vertu de
la loi de continuité, il y aurait nécessairement entre C' et C'',

un point C tel que la section horizontale CK passant par ce point C, serait perpendiculaire à la route directe menée de C en D. Alors la route totale DC*h*R serait plus avantageuse à suivre que DC′*h*′R et DC″*h*″R.

Supposons qu'il ne soit possible de mener, entre C′ et C″, aucune route directe perpendiculaire à la section horizontale passant par le point où cette route aboutirait sur ΛΛ. Dans cette hypothèse, la route DC′*h*′R, telle que l'angle DC′K_{,,} diffère le moins possible de l'angle droit, sera plus avantageuse que DC″h″R et que toutes les routes intermédiaires.

Fig. 8 et 9.
Pl. VI.

Un cas particulier très-remarquable se présente lorsque la limite ΛΛ des pentes obliques, est une courbe horizontale et partout également éloignée du point de départ D.

Cas particulier remarquable.

Alors les parties directes DC,, DC, DC′ étant égales, et les parties obliques RC,, R*h*′*h*C, RC′ étant pareillement égales entr'elles, toutes les routes mixtes possibles deviennent indifférentes. De là résulte ce théorème :

Fig. 11.
Pl. VI.

Lorsque la forme d'un terrain, depuis le point culminant pris pour point de départ jusqu'à la limite des pentes, est celle d'une surface de révolution, concave ou convexe (*) ayant son axe vertical, toutes les routes mixtes qui peuvent conduire sur une route oblique, d'un point quelconque du bas de la montagne jusqu'à la limite des pentes, et de là par une route directe jusqu'au point culminant, seront également avantageuses.

Indifférence des routes à partir du sommet d'une surface de révolution.

Résumons ce que nous venons d'exposer avec détails, pour distinguer les différens cas qui peuvent se présenter. Du point D comme centre, tendons un fil inextensible jusqu'au point C ;

Fig. 1.
Pl. V.

(*) On suppose évidemment ici que chaque route mixte n'a qu'une partie directe et qu'une partie oblique.

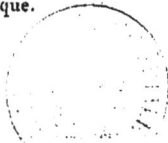

13

IIᵉ. MÉMOIRE.

il s'appliquera complétement sur la route directe DC. En faisant mouvoir l'extrémité C de ce fil, nous allons tracer une courbe. Si cette courbe oscule en C la section horizontale SCS, les routes infiniment voisines DC', DC″ seront égales à DC. Mais, suivant que cette courbe embrassera la section horizontale ou sera embrassée par elle, la route directe DC sera, par rapport à toutes celles qui l'avoisinent, un *maximum* ou un *minimum*; et par conséquent aussi, la route mixte DC*h*R.

Traçons les diverses routes directes DC, DA′C′, DC″A″, que l'on peut mener, du point D, sur le terrain représenté par les sections horizontales SCS, S′C′S′,..... (de manière que les routes directes mesurent les plus courtes distances de ces sections au point D). En faisant passer la courbe A′CA″A‴... par tous ces points, elle rencontrera la courbe AAA, limite des routes obliques, en un point C qui sera placé sur la plus avantageuse des routes. Ainsi DC*h*R sera la route mixte cherchée.

Si, du point D, l'on pouvait tracer jusqu'à chaque section horizontale, plusieurs routes directes plus courtes que les routes infiniment voisines, c'est qu'il y aurait plusieurs routes mixtes qui conduiraient, de D en R, plus avantageusement que celles qui les avoisinent. Lorsqu'une fois ces routes les plus avantageuses seraient tracées, on n'aurait plus à faire d'autre opération, qu'à comparer le développement de ces routes choisies, pour connaître celle qu'il faut définitivement préférer.

Fig. 12 et 13. Pl. VII.

Si l'on trace, sur le terrain, une courbe horizontale quelconque, CC′C″C‴; et si, d'un point D (pris au dedans de CC′C″C‴, fig. 12, ou au dehors, fig. 13), on trace toutes les routes directes DC, DC′, DC″, DC‴, qui viennent aboutir perpendiculairement sur cette courbe, elles seront nécessairement en nombre pair. De plus, en les comparant avec les routes qui les avoisinent, elles seront alternativement des *maxima* et des *minima*. Ces dernières seront les seules qu'il faudra considérer dans les recherches qui nous occupent.

On mènera, du point D, toutes les lignes directes les *plus courtes* possibles. Autant on en pourra mener, pour chaque section horizontale, autant on trouvera de routes mixtes plus avantageuses que celles qui les avoisinent. Enfin, par une simple comparaison, on déterminera le *minimum* de ces routes *minima*.

Il est un cas particulier qu'il est essentiel d'examiner; c'est celui dans lequel, du point C où la route directe DC est perpendiculaire à la section horizontale qui coupe en C, AAA limite des routes obliques, aucune route oblique CR' ne peut aller jusqu'en R. Fig. 14. Pl. VII.

Il faudra voir, avant tout, si la route directe, menée du point D au point R, présente en tous ses points une inclinaison qui n'excède pas la limite des pentes. Alors, en effet, il n'y aurait point de partie oblique, et la route directe serait évidemment la plus avantageuse.

Route mixte composée d'une partie oblique et de deux parties directes.

Si la route directe ne peut pas être suivie, parce qu'elle présente des pentes trop fortes, il faut du point R tracer sans aucun zig-zag, les deux routes obliques RM, RN; puis tracer les sections horizontales MK, NK'. Alors, si (comme dans la fig. 14) les angles aigus DMK, DNK' sont tournés du côté droit, ce sera la route à droite DM, qui sera la plus avantageuse, et la route DN qui sera la plus désavantageuse : parmi toutes celles qu'on peut mener de D en R.

Si la route oblique, au lieu de s'étendre jusqu'au point d'arrivée R, se termine à quelque distance de ce point, le problème devient plus difficile. Il faut, pour la meilleure solution de ce nouveau problème, que l'angle formé par la route oblique avec chaque route directe, satisfasse aux diverses conditions qui conviennent au cas que nous venons d'examiner.

II'. MÉMOIRE.
Fig. 15.
PI. VII.

Admettons, d'abord, que chaque route directe DC, RE soit, sur le terrain, la plus courte distance depuis le point D de départ et le point R d'arrivée, jusqu'à la section horizontale qui passe par le point de raccordement de la route directe avec la route oblique; dans ce cas, une route mixte sera la plus avantageuse possible. Elle sera composée de ces deux parties directes, et de la partie oblique qui les raccorde.

Fig. 15.
PI. VII.

Si les deux routes directes DC, RE, qui mesurent les plus courtes distances dont nous venons de parler, aboutissaient sur les limites des routes obliques $\Lambda\Lambda$, $\Lambda'\Lambda'$, en deux points C, E, qu'on ne pourrait pas joindre par une route oblique, il faudrait renoncer aux deux routes directes DC, RE.

Soient CM et EN les routes obliques qui correspondent aux deux routes directes DC, RE : les deux routes obliques étant supposées sans aucun zig-zag, et dirigées, la première de C vers E, la seconde de E vers C. Alors la route mixte la plus avantageuse DKLR, sera nécessairement comprise entre DCMR et DNER.

Pour que DKLR soit la route *minima*, il faudra qu'en la décomposant successivement en deux parties DKL, KLR, chacune en particulier soit une route *minima* : observons qu'il est nécessaire que la partie oblique LK soit sans aucun zig-zag.

Afin de trouver la route DKLR, voici la méthode dont on pourra se servir. On tracera de distance en distance des routes mixtes DKLR, DK'L'R...; de manière, par exemple, à ce qu'elles divisent NC en parties égales. Ensuite, ayant porté ces divisions sur une droite $D_m D^m$, fig. 16, on élèvera par ces points des perpendiculaires DKLR, D'K'L'R',... telles que dans cette nouvelle figure, les parties DK, KL et LR; D'K', K'L', L'R',... soient respectivement égales aux parties correspondantes DK, KL, LR; DK', K'L', L'R... de la figure 15. En traçant la ligne

Fig. 16.
PI. VII.

continue $R_m RR'R^m$, fig. 16, la plus courte des ordonnées, DR, représentera évidemment la plus courte des routes mixtes; et la longueur de l'abscisse DD^m, fig. 16, sera égale à KC, fig. 15.

Un problème encore plus compliqué que celui dont nous venons d'indiquer la solution, est celui qui se présente à résoudre lorsque le point de départ et le point d'arrivée sont séparés par une éminence plus élevée que ces deux points, ou par une vallée plus basse que ces mêmes points. Alors la route peut avoir trois parties directes séparées par deux parties obliques. C'est surtout dans le passage des gorges de montagnes que ce problème offre des applications fréquentes.

IIe. MEMOIRE.

De la route qui présente trois parties directes et deux obliques.

Mais, alors, la question est considérablement simplifiée, parce qu'on fixe ordinairement comme lieu de passage obligé, le point de la gorge où le terrain est horizontal : point qui se trouve au plus haut du chemin qu'on doit parcourir, et tout-à-fait dans le fond de la gorge par rapport à la direction perpendiculaire à la route. Le point culminant une fois donné, le problème est réduit aux cas déjà traités.

Si nous voulions déterminer le point culminant, par cette condition : le prix alloué pour la longueur de la route, plus celui qu'on ajoute pour la hauteur à laquelle il faut s'élever, moins la retenue qu'on exerce pour la hauteur dont on descend, doit être un prix *minimum* : voici comment nous pourrions résoudre ce problème.

Concevons toutes les sections faites au-dessus de la gorge par laquelle il faut passer. Prenons une seule de ces sections, et cherchons la route qui va du point de départ au point d'arrivée, de la manière la plus avantageuse, en s'élevant seulement à la hauteur de cette section.

Quel que soit le point de la même section horizontale qui sert de limite supérieure à la route, il est évident qu'on ne monte qu'à la même hauteur, et qu'on ne descend aussi que de la même quantité. Le supplément alloué pour la montée, la retenue exercée pour la descente, sont donc les mêmes pour toutes les routes qui vont jusqu'à la même section horizontale du terrain, et ne s'élèvent pas plus haut. Donc, la route sur laquelle les transports seront le plus économiques, est celle dont la longueur totale est un *minimum*. Sa recherche sera facile, par les moyens précédemment indiqués.

Supposons trouvée cette route la plus avantageuse entre toutes celles qui parviennent jusqu'à la même section horizontale du terrain. Regardons le contour de cette section comme une ligne matérielle invariable. Fixons un fil au point de départ; passons-le dans cette ligne et ramenons-le, tendu, jusqu'au point d'arrivée; il prendra de lui-même la position pour laquelle sa longueur, depuis le point de départ jusqu'au point d'arrivée, est un *minimum*. C'est-à-dire, que le fil représentera parfaitement la route cherchée.

Supposons, maintenant, qu'un point descripteur tienne toujours tendue sur le terrain la partie du fil qui représente cette route, et trace une courbe sur ce terrain. Ce fil (que nous ne supposons plus passé dans la courbe qui représente la section horizontale) va décrire sur le terrain, une courbe analogue à l'ellipse tracée au cordeau sur un plan, d'après la propriété connue des foyers et des rayons vecteurs. Il est évident que la nouvelle courbe a d'abord un point commun avec la section horizontale que nous considérons, ensuite qu'elle est tangente à cette section. En effet, si quelque point de la section se trouvait dans l'intérieur de cette courbe, il serait en somme plus rapproché des points de départ et d'arrivée qu'un autre point placé sur la route la plus avantageuse; ce qui serait absurde.

Maintenant, je dis que la courbe tracée par le fil, fait partout le même angle avec les deux parties de ce fil correspondantes à chaque point de cette courbe. C'est ainsi que le contour d'une ellipse fait, en chaque point, le même angle avec ses deux rayons vecteurs.

Soit D le point de départ, A le point d'arrivée, $P_{,,}PP''$... une courbe telle que la somme des routes directes DP+PA soit partout constante. Prenant P' infiniment près de P, nous aurons immédiatement

Fig. 17.
Planche VIII.

$$DP + PA = DP' + P'A, \text{ ou } DP - DP' = P'A - PA.$$

Mais, si du point D comme centre, en tenant le fil DP tendu, on lui fait prendre toutes les positions possibles, le point P' va décrire une courbe à laquelle ce fil sera normal en chaque position. Puisque, sans cela, le fil particulier qui serait normal à la courbe, serait plus petit ou plus grand que tous les autres ; ils ne seraient donc plus égaux entr'eux.

Par conséquent, si l'on prend $Dm = DP'$, $An = AP'$; il faudra que P'm et P'n soient perpendiculaires à DP et à AP.

Mais puisque $DP - DP' = P'A - PA$, en changeant DP' pour Dm, AP' pour An, nous aurons

$$DP - Dm = An - AP, \text{ ou } Pm = Pn.$$

Donc les deux triangles rectangles PP'm, PP'n, ayant même hypothénuse, ont de plus un côté de l'angle droit égal de part et d'autre ; ce sont, par conséquent, deux triangles égaux. Ainsi les angles P'Pm, PP'n sont égaux. Or, Pn est le prolongement de AP. Donc, enfin, la courbe dont PP' est l'élément, fait le même angle avec les deux portions DP, AP de la route APD. Ce qu'il fallait démontrer.

Ayant ainsi déterminé, pour chaque section horizontale SS, $S'S_{,}$, $S''S_{,,}$,... une route DPA plus courte que toutes les autres, il

II⁻. MÉMOIRE.

ne restera plus qu'à chercher, parmi ces diverses routes, celle
qui est la plus avantageuse. La suite des points PΠπQR..., déterminés un à un sur chaque section horizontale, forme une courbe
PΠπQR... Soit DΠA la meilleure des routes brisées sur elle.

Rectifions la courbe PΠQR, pour en faire une ligne des abscisses dont les ordonnées (fig. 17 *bis.*) représentent les prix du
transport par les routes DPA, DΠA, DQA de la fig. 17...
Alors, si l'ordonnée ΠF, fig. 17 *bis*, correspondante au point Π
est la plus courte de toutes, l'ordonnée. π*f* correspondante au
point π infiniment voisin lui doit être égale; puisque la tangente
à la courbe menée par les points correspondants à π et Π doit,
dans ce cas, être parallèle à Ππ. Donc le prix du transport est
le même sur DΠA, fig. 17, et sur la route infiniment voisine
DπA. Demandons-nous quelle condition doit rendre nulle la
différence des prix en suivant ces deux routes.

Fig. 17.
Pl. VIII.

Menons Πμ, Πν, perpendiculairement à DΠ, AΠ; soit de
plus, H la différence de hauteur verticale entre les points π et Π.

Alors πμ + πν sera la différence de longueur des routes.
Soit S le prix à payer proportionnellement à la longueur des
routes, soit S′ le prix à payer proportionnellement à la hauteur où l'on doit parvenir en montant, et S″ la retenue proportionnelle à l'amplitude verticale des descentes; on aura pour
différence de prix entre les deux routes DΠA, DπA, la somme

$$(\pi\mu + \pi\nu)\,S + H\,(S' - S'')$$

résultat qu'on peut ainsi traduire en langage ordinaire.

Si l'on cherche, pour chaque section horizontale, la route la
plus courte qui, passant par cette section, aille du point de départ au point d'arrivée; si l'on trace, ensuite, la courbe qui croise
chaque section au point marqué par la route qu'on vient de déterminer; c'est sur cette courbe que la route la meilleure entre

toutes, sera brisée en un point Π. Si, à partir de ce point, on prend une partie infiniment petite de la courbe, pour la projeter sur les deux portions de la meilleure route, et sur la verticale : les deux premières projections multipliées par le prix alloué pour la longueur des routes, devront en somme égaler la projection verticale multipliée par la différence entre le supplément alloué pour la montée, et la retenue déduite pour la descente.

Il suit de là que la somme des cosinus des angles formés par la courbe et les deux portions de route, multipliée par l'unité de prix des longueurs de route, doit égaler le cosinus de l'angle formé par la courbe avec la verticale au point de cette courbe où passe la meilleure des routes possibles, ce cosinus étant multiplié par l'unité de prix des montées moins l'unité de prix des descentes. En déterminant pour chaque point de la courbe P*p*, la différence de ces produits; puis, en portant sur *p*... P rectifiée comme axe des abscisses, des ordonnées qui représentent ces produits, on va former une courbe qui croisera *p*P rectifiée, au point Π cherché.

Fig. 17. Pl. VIII.

Considérations accessoires qui modifient plus ou moins les résultats donnés par la théorie.

On se tromperait, au reste, si l'on croyait qu'on pût toujours se borner aux seules considérations géométriques sur la forme du terrain. Mille causes secondaires viennent déterminer le choix de telle direction générale de la route, plutôt que le choix de toute autre direction. C'est quelquefois le cours d'une rivière ou d'un torrent, qu'il faut suivre ou qu'il faut éviter. Si les endroits par lesquels devrait passer la route n'offrent que des rochers trop difficiles à travailler; si le sol, au contraire, est trop mobile et trop peu résistant; si des éboulemens, des avalanches peuvent couvrir et ruiner la route, il faut choisir de nouvelles directions. On doit ensuite avoir égard à d'autres causes physiques, telles que l'exposition solaire plus ou moins favorable, l'élévation générale plus ou moins grande et la température habituelle qui en résulte. Souvent, encore, des considérations administratives ou militaires viennent compliquer ces données, par de nouvelles conditions.

On doit regarder toutes ces considérations comme des limitations particulières, imposées au problème; s'en servir, pour déterminer des points principaux, des directions générales; et tracer, ensuite, chaque partie de route, d'après les règles géométriques auxquelles nous sommes parvenus.

Passons, maintenant, à la considération des systèmes de routes qu'il convient de suivre dans le transport combiné de plusieurs objets.

§ V.

Des systèmes de routes dans le transport de plusieurs objets.

Du transport de plusieurs objets placés sur une même route.

Lorsqu'une fois une route est tracée, quels que soient les points assignés sur elle, pour lieux du départ et de l'arrivée, l'on doit toujours suivre cette route, si l'on veut effectuer le transport de la manière la plus convenable. Car la route jouit, alors, en chacune de ses parties, de la propriété qui caractérise son entier, d'être la plus avantageuse de toutes celles que l'on pourrait tracer sur le terrain, entre les mêmes points de départ et d'arrivée.

Du transport de plusieurs objets qui ne sont pas sur la même route.

Mais, s'il y avait plusieurs points de départ et plusieurs points d'arrivée qui ne fussent pas placés sur une seule et même route, le problème deviendrait plus compliqué. On pourrait, sans assigner à tel objet, tel point d'arrivée plutôt que tel autre, demander seulement que la somme des routes fût un *minimum*. C'est ce qu'il faut faire, par exemple, lorsqu'il s'agit d'objets exactement pareils qu'on veut transporter par les mêmes moyens, et suivant un ordre quelconque.

IIe. MÉMOIRE.
C is général. Du nom-
bre total de routes
possibles et de sys-
tèmes de routes, en
fonction du nom-
bre des objets à
transporter.

Dans ce cas, en supposant que le nombre des objets à transporter soit m, le nombre des points d'arrivée étant pareillement m, et chaque objet pouvant indifféremment être déposé
en chacun des m derniers points, on voit immédiatement qu'il
existe un nombre m fois $m = m^2$ de routes possibles. Mais un
même objet ne peut pas suivre en même temps deux routes différentes; il faut, par conséquent, dans les combinaisons m à m
de ces m^2 routes, n'en prendre à la fois qu'une seule pour le
transport de chaque objet. Cette condition réduit le nombre des
combinaisons possibles, au produit des nombres naturels depuis 1 jusqu'à m, nombre total des objets à transporter.

Pour démontrer le théorème général que nous venons d'a-
vancer sur le nombre des systèmes de routes qu'on peut suivre
pour transporter m objets, de m points donnés en m autres
points différents, soit 6_{m-1} le nombre de systèmes qu'on peut
suivre pour le transport de $\overline{m-1}$ de ces objets seulement.
Voyons ce que l'addition du m^e ajoute à ce nombre 6_{m-1}.

Dans chacun des 6_{m-1} systèmes, on peut supposer tour à
tour chacun des $\overline{m-1}$ objets portés au m^e point d'arrivée; tandis que le m^e objet est porté au point d'arrivée laissé libre par ce
dérangement. Voilà donc, déjà, le nombre 6_{m-1} multiplié par
$\overline{m-1}$. Mais l'objet m^e transporté au m^e point d'arrivée peut se
combiner immédiatement avec chacun des 6_{m-1} systèmes de
routes. Donc le nombre total des systèmes est...

$$m \, 6_{m-1} = 6_m$$

on trouvera de même... $(m-1) \, 6_{m-2} = 6_{m-1}$
$$(m-2) \, 6_{m-3} = 6_{m-2}$$
$$(m-3) \, 6_{m-4} = 6_{m-3}, \text{ etc. , etc.}$$

Donc, enfin, $6_m = 1 \times 2 \times 3 \ldots \times m$. En effet, quand $m = 0$, il n'y a ni routes, ni systèmes de routes. Quand $m = 1$, il n'y a qu'un système de routes.

En faisant tour à tour $m = 2, 3, 4, 5,...$ on trouvera deux systèmes de routes pour le transport de deux objets; six systèmes pour le transport de trois objets; vingt-quatre systèmes pour le transport de quatre objets, etc.

Lorsqu'on a seulement deux objets à transporter, la recherche du meilleur système de routes, présente deux cas qu'il est bien essentiel de distinguer.

Dans le premier cas, si l'on joint par des lignes droites chaque point de départ avec les deux points d'arrivée, on va former un quadrilatère sur le périmètre duquel se trouveront placés, alternativement, un point de départ et un point d'arrivée. Les quatre côtés de ce quadrilatère présenteront deux systèmes qui tantôt seront également avantageux, tantôt ne le seront pas.

Pour comparer ces deux systèmes, soient d_1 et d_2 les points de départ, r_1 et r_2 les points d'arrivée, $r_1 d_1 r_2 d_2$ étant le quadrilatère formé par les routes les plus avantageuses, $r_1 d_1$, $r_1 d_2$ et $r_2 d_1$, $r_2 d_2$; on tendra suivant $d_1 r_2$ et $d_2 r_2$, par exemple, deux fils inextensibles; ensuite, à partir du point r_2, allongeant ou raccourcissant les deux fils d'une quantité constante, et traçant

Fig. 18.
Pl. VII.

sur le terrain la courbe $r_2 R$, pour laquelle d_1 et d_2 seront de véritables foyers, si le point r_1 se trouve sur cette courbe (comme dans la fig. 18), on aura

$$d_1 r_2 - d_2 r_2 = d_1 r_1 - d_2 r_1,$$

et par conséquent...

$$d_1 r_2 + d_2 r_1 = d_1 r_1 + d_2 r_2$$

c'est-à-dire qu'alors les deux systèmes de routes seront également avantageux.

IIe. MÉMOIRE.
Fig. 18 bis.
Pl. VII.

Mais si (comme dans la fig. 18 *bis*) le point r_1 est en dehors de la courbe r_2R,

On aura, en menant la route directe d_1R,

$$d_1r_2 - d_2r_2 = d_1\text{R} - d_2\text{R}$$

et par conséquent...

$$d_1r_2 + d_2\text{R} = d_1\text{R} + d_2r_2$$

et par conséquent encore, en ajoutant Rr_1 à chaque membre

$$d_1r_2 + d_2\text{R} + \text{R}r_1 = d_1\text{R} + d_2r_2 + \text{R}r_1.$$

Mais $d_1\text{R} + \text{R}r_1$ est plus long que la route directe d_1r_1; donc enfin

$$d_1r_2 + d_2r_1 > d_1r_1 + d_2r_2.$$

Ainsi, dans ce cas, le système d_1r_1 et d_2r_2 est le plus avantageux.

Fig. 19.
Pl. VII.

En suivant le même moyen de démonstration, on fera voir au contraire que si, comme dans la fig. 19, le point r_1 se trouve en dedans de la courbe r_2R, c'est le système de routes d_1r_2 et d_2r_1 qui sera le plus avantageux.

Au reste, sans se donner la peine de tracer la courbe dont les points d_1 et d_2 sont les foyers, il sera toujours beaucoup plus simple et plus court de mesurer les quatre distances d_1r_1, d_1r_2, d_2r_1, d_2r_2, pour voir laquelle des deux sommes $d_1r_2 + d_2r_1$ ou $d_1r_1 + d_2r_2$ est la moins considérable. Mais, plus tard, nous tirerons parti du moyen de solution que nous avons présenté.

Fig. 20.
Pl. VII.

Il nous reste, maintenant, à considérer le cas où, lorsqu'on suit le périmètre du quadrilatère dont les deux points d'arrivée sont les sommets, on trouve successivement à côté l'un de l'autre, 1°. les deux points de départ; 2°. les deux points d'arrivée. Alors une des deux combinaisons de routes est formée par les diagonales d_1r_2, d_2r_1. Ce système est évidemment moins avantageux que le système formé par les deux côtés opposés d_1r_1, d_2r_2.

En effet, O étant l'intersection des deux diagonales, la route directe d_2r_2 est plus courte que d_2Or_2 ; de même la route d_1r_1 est plus courte que d_1Or_1 : donc la somme

$$d_1r_1 + d_2r_2 < d_1Or_1 + d_2Or_2 = d_1r_2 + d_2r_1.$$

De là nous concluons que les routes directes qui doivent joindre respectivement deux points de départ et deux points d'arrivée, ne sauraient être les plus avantageuses possibles, si elles se croisaient entre ces points : leurs prolongements seuls sont susceptibles de se croiser. Ce principe, démontré seulement pour des routes rectilignes, a servi de première base aux recherches déjà citées de G. Monge.

On conçoit qu'il ne s'agit ici que des routes directes, car les routes obliques (à cause de leurs zig-zags arbitraires) pourraient fort bien se croiser.

Indifférence de deux systèmes de routes obliques destinées au transport de deux objets.

Fig. 21.
Pl. IX.

Supposons, par exemple, fig. 21 qu'on ne puisse passer de d_1 ni de d_2, en r_1 ni en r_2, sans suivre des routes obliques; ce qui aura lieu si d_1 et d_2 sont suffisamment au-dessus ou au-dessous de r_1 et de r_2. Alors je dis qu'il n'y aura pas plus d'avantage à passer de d_1 en r_1 et de d_2 en r_2, qu'à passer de d_1 en r_2 et de d_2 en r_1.

On voit, par l'inspection de la figure, que d_1khr_2 et d_2lhr_1 étant les routes obliques qui conduisent de d_1 en r_2 et de d_2 en r_1, on peut les décomposer en celles-ci, d_1khr_1 et d_2lhr_2 qui conduisent de d_1 en r_1 et de d_2, en r_2. Or, cette décomposition ne change rien à la longueur des deux routes. Les deux systèmes ne sont donc pas plus avantageux l'un que l'autre.

Nous pouvons, indépendamment de toute figure, démontrer directement cette propriété. Représentons par $[d_1]$, $[d_2]$, $[r_1]$, $[r_2]$, les hauteurs des quatre points d_1, d_2, r_1, r_2, au-dessus d'un plan horizontal quelconque.

On aura pour la quantité dont chaque route oblique monte ou descend de

$$d_1 \text{ en } r_1 \dots \pm [d_1] - [r_1]$$
$$d_1 \text{ en } r_2 \dots \pm [d_1] - [r_2]$$
$$d_2 \text{ en } r_1 \dots \pm [d_2] - [r_1]$$
$$d_2 \text{ en } r_2 \dots \pm [d_2] - [r_2]$$

En nommant R le rapport de la longueur des routes obliques à la quantité dont elles montent ou descendent verticalement, on aura pour longueur totale des routes allant

de d_1 en r_1 et de d_2 en $r_2 \dots \pm R \{[d_1]-[r_1]+[d_2]-[r_2]\}$
de d_1 en r_2 et de d_2 en $r_1 \dots \pm R \{[d_1]-[r_2]+[d_2]-[r_1]\}$,

quantités identiques.

Maintenant, je dis que jamais une route directe et une route oblique ne peuvent se croiser sous un angle fini.

Deux routes, l'une oblique, l'autre directe, ne peuvent se rencontrer sans être tangentes.
Fig. 22.

Soit, en projection horizontale, AA′ la route directe et OO′ la route oblique qu'on suppose se croiser en m, sous un angle fini AmO. La pente de la route directe ne pouvant être supérieure à la pente limite qui appartient à la route oblique, cette dernière route sera toujours, plus que la route directe, rapprochée de la ligne de plus grande pente P′P qui passe en m. Ainsi, dans sa partie inférieure mA, la route directe sera au-dessus de la partie oblique mO ; et, dans sa partie supérieure mA′, la route directe sera au-dessous de la partie oblique mO′.

En prenant sur la route oblique, deux points aussi voisins qu'il sera nécessaire, l'un ω au-dessous, l'autre ω' au-dessus de m ; puis décrivant, du point m comme centre et avec les rayons $m\omega$, $m\omega'$, les arcs de cercle ωa, $\omega' a'$; il est visible que (sur le terrain) a sera plus haut que ω, et a' plus bas que ω'. Donc en prenant $a\omega'$ et $\omega a'$ pour routes directes, au lieu de la route directe $a a'$, et de l'oblique $\omega \omega'$, la longueur totale de l'espace parcouru sera moins considérable. Ainsi, le système des routes $\alpha\alpha'$, $\omega\omega'$ ne serait pas le plus avantageux possible. Résultat contraire à notre hypothèse.

Donc, à moins que deux routes, l'une directe, l'autre oblique, ne soient mutuellement tangentes à leur point de rencontre, elles ne doivent pas se croiser, si l'on veut qu'elles appartiennent au système de routes le plus avantageux.

Pour compléter ce qu'on peut dire au sujet du transport de deux objets, supposons que ce transport offre deux systèmes; le premier composé de deux routes obliques, le second composé d'une route oblique et d'une route directe : je dis que le premier sera nécessairement le plus avantageux.

Soient encore $[d_1]$, $[d_2]$, $[r_1]$, $[r_2]$, les hauteurs des quatre points d_1, d_2; r_1, r_2, au-dessus d'un plan horizontal quelconque, et R le rapport entre la longueur des routes obliques et la hauteur dont elles s'élèvent.

On aura pour la longueur des routes.....

$$d_1\,r_1...\,R\,\{\,[r_1]-[d_1]\,\}\,\}$$
$$d_2\,r_2...\,R\,\{\,[r_2]-[d_2]\,\}\,\}\quad \text{1ᵉʳ. système de deux routes obliques.}$$

$$d_2\,r_1...\,R\,\{\,[r_1]-[d_2]\,\}\quad \text{1ʳᵉ. route du second système.}$$

Quant à la route directe $d_1 r_2$ qui complète le second système, comme elle est moins inclinée que les routes obliques, elle est plus longue que la hauteur $[r_2]-[d_1]$ dont elle s'élève, multipliée par R. Nommant A la quantité dont elle surpasse ce produit, on a

$$R\,\{\,[r_1]-[d_2]+[r_2]-[d_1]\,\}+A$$

pour deuxième système composé d'une route directe et d'une route oblique. Si nous transposons d_2 et d_1, dans cette somme, elle se présentera sous la forme

$$R\,\{\,[r_1]-[d_1]+[r_2]-[d_2]\,\}+A\,;$$

IIᵉ. MÉMOIRE.

quantité évidemment plus grande, de A, que la somme des deux routes obliques qui composent le premier système.

Retour au cas général du transport d'un nombre d'objets quelconque.

Passons au cas général, où nous supposons qu'un nombre m d'objets semblables doivent être indifféremment transportés, des points $d_1, d_2, d_3 \ldots d_m$, aux points $r_1, r_2, r_3 \ldots r_m$. Afin de trouver, alors, le système de routes le plus avantageux, on pourrait, en combinant deux à deux les points de départ et d'arrivée, trouver d'abord, pour chacune de ces combinaisons, le meilleur système de routes. Puis on combinerait un troisième point de départ et un troisième point d'arrivée, avec chacune des combinaisons de deux points de départ et de deux points d'arrivée; et ainsi de suite.

Il est un cas très-étendu pour lequel on parvient à la détermination du système de routes le meilleur, d'une manière bien plus directe et bien plus facile.

Théorème nouveau.

Si l'on trace toutes les routes qui peuvent joindre chaque point de départ aux divers points d'arrivée, l'espace traversé par ces lignes est terminé par un certain polygone formé de ces lignes entières ou de fractions de ces lignes. Si donc, sur le périmètre de ce polygone, l'on trouve successivement, 1°. tous les points de départ; 2°. tous les points d'arrivée, on obtiendra sur-le-champ le système de routes le plus avantageux.

Fig. 23.
Pl. IX.

A cet effet, on partira du premier des points de départ d_1, lequel est (sur le périmètre du polygone) contigu au dernier des points d'arrivée r_m. Ensuite, on prendra successivement ensemble et en avançant régulièrement sur le périmètre du polygone, le second point de départ d_2 et l'avant-dernier point d'arrivée r_{m-1}, le troisième point de départ d_3 et l'antépénultième point d'arrivée r_{m-2}, et ainsi de suite. Les routes qui joindront ces points ainsi combinés deux à deux, seront celles du meilleur système.

15

Il est facile de voir, dans le polygone $d_1\delta_1 d_2\delta_2 d_3\delta_3\ldots\ldots d_m r_1\ldots$
$\rho_{m-2} r_{m-2} \rho_{m-1} r_{m-1} \rho_m r_m$, que les routes $d_1 r_m$, $d_2 r_{m-1}$, $d_3 r_{m-2}\ldots$
$d_m r_1$ combinées deux à deux, sont les plus avantageuses. En
effet, le théorème que nous venons d'avancer est simplement
la généralisation de celui que nous avons démontré pour le
transport de deux objets, quand les deux points de départ sont
d'un côté et les deux points d'arrivée de l'autre, sur le quadrilatère dont ces quatre points sont les sommets.

Donc tout autre système de routes serait, en détail, moins
avantageux que $d_1 r_m$; $d_2 r_{m-1}$; $d_3 r_{m-2}\ldots$ Donc enfin ce système
est, dans son ensemble, le meilleur possible.

Le cas que nous venons d'examiner est, très-heureusement,
celui qui s'offre le plus souvent dans la pratique. Presque toujours les points de départ sont d'un côté, les points d'arrivée
sont de l'autre ; et l'on peut facilement résoudre le problème
général qui nous occupe. La plupart des évolutions exécutées
par les corps militaires nous en fournissent l'exemple.

§ VI.

Application aux opérations militaires.

Des marches et des
évolutions assujet-
ties à la théorie de
la délinéation des
routes.

Les évolutions et les marches de l'infanterie, de la cavalerie
et de l'artillerie, offrent une application perpétuelle de la théorie
des routes combinées. Chaque piéton, chaque cavalier, chaque bête de somme et son conducteur, chaque pièce et chaque
caisson, doivent suivre, dans tous leurs déplacements, la route
la plus avantageuse pour se rendre du point de départ au point
d'arrivée.

Conditions particu-
lières qui peuvent
alors modifier les
résultats de cette
théorie.

Mais ces routes sont assujetties à certaines conditions qui
peuvent modifier plus ou moins leur nature. Lorsqu'un corps
est en marche régulière, et surtout en présence de l'ennemi,
la position de toutes les subdivisions de ce corps doit être telle,

qu'il puisse, à chaque instant; se mettre avec ordre et promptitude, en état de défense.

Il faut donc qu'il n'occupe dans sa marche, que l'espace strictement nécessaire à son développement, pour se présenter en ordre à l'ennemi. C'est une relation générale donnée entre les distances des diverses parties du corps en marche.

Cette nouvelle condition exige souvent (dans les manœuvres de détail surtout) que plusieurs individus fassent plus de chemin qu'ils n'en eussent dû faire en suivant leur route directe. Dans ce dernier cas, les solutions s'écartent de celles que nous avons exposées.

Ainsi, pour exécuter la conversion de pied ferme, tous les hommes marchant ensemble, et restant en contact à côté l'un de l'autre, chaque soldat décrit un arc de cercle, au lieu de marcher en ligne droite.

Exemple offert par la conversion de pied ferme.

Fig. 24. Pl. IX.

Mais, dans ce qu'on appelle les promptes manœuvres, on altère momentanément les distances, afin de passer plus vite de la position de départ à la position d'arrivée; position seule où se retrouvent ces distances. Les directions suivies par chaque subdivision du corps, sont alors presque toujours celles que la théorie des routes ferait connaître pour les plus avantageuses.

Ces anomalies disparaissent dans les promptes manœuvres.

On peut citer comme exemple le déploiement d'une colonne en avant ou en arrière. Chaque peloton dont la colonne se compose, se porte, par la route la plus courte, sur la ligne de bataille indiquée. Le premier peloton, le second, le troisième, partent respectivement du premier point de départ, du second, du troisième..., sur le polygone qui représenterait le système de toutes les routes possibles. *Dans ce cas, le système général des routes suivies est, mathématiquement, le plus avantageux.*

Exemple offert par le déploiement d'une colonne.

Fig. 25. Pl. IX.

Jusqu'ici nous n'avons envisagé, dans les marches et dans les transports combinés, que la somme des routes parcourues,

La considération du temps doit souvent modifier le système des routes à suivre.

afin d'avoir en total la moindre dépense de forces. Il faut souvent, à la guerre, considérer le problème sous un autre point de vue. Lorsque plusieurs corps doivent agir ensemble sur une position donnée, à laquelle il importe d'arriver dans le moindre espace de temps possible, il faut que le corps dont la marche doit être la plus longue, arrive le plus promptement possible ; car il est évident que les autres corps ayant moins d'espace à parcourir, pourront, à plus forte raison, être rendus à leur poste dans le même temps. Alors il peut arriver que les routes se croisent et que la somme totale des marches ne soit pas un *minimum*.

Exemple.

Fig. 26.

Supposons que les quatre corps, placés en d_1, d_2, d_3, d_4, doivent aller le plus promptement possible prendre position en r_1, r_2, r_3, r_4. Il faudra pour cela que le corps d_4 le plus éloigné se porte en r_1 position la plus voisine de lui ; que le corps d_3, qui ensuite est le plus éloigné, se porte en r_2 position la plus voisine parmi toutes celles qui restent encore à occuper ; que de même d_2 passe en r_3, et enfin d_1 en r_4.

Si l'on eût voulu que la somme des routes parcourues fût un *minimum*, il aurait fallu que d_4 se transportât en r_4, d_3 en r_3, d_2 en r_2, et d_1 en r_1. Alors en effet les routes ne se fussent croisées nulle part.

Influence de la vitesse propre à chaque Arme sur le système de routes suivies par une armée en évolution ou en marche.

La considération des vitesses que les corps peuvent prendre, suivant les Armes auxquelles ils appartiennent, est encore une nouvelle condition qui, dans beaucoup de cas, vient compliquer le problème. On conçoit, en effet, que dans les ordres de bataille, les corps susceptibles de la plus grande vitesse doivent être placés aux points d'où les mouvemens les plus étendus doivent être effectués.

La cavalerie et l'artillerie légère, à moins de circonstances particulières, seront donc mieux placées à l'avant-garde, à l'arrière-garde et sur les ailes, que vers le centre. Ces principes décideront, le plus souvent, des opérations confiées à telle Arme plutôt qu'à telle autre. Les troupes pesantes marcheront toujours par les lignes les plus courtes qu'elles puissent suivre. Les troupes légères exécuteront, autour de celles-là, tous les mouvements excentriques nécessaires pour éclairer, pour protéger, pour faciliter la marche des corps moins mobiles. Ces derniers mouvements seront opérés avec un plus grand nombre de conditions accessoires que les premiers, mais toujours d'après les mêmes principes.

Lorsque l'on compare la tactique suivie par les diverses Armes, l'infanterie, la cavalerie, l'artillerie et même la marine, on est surpris d'y retrouver toujours un même système d'évolutions. C'est la même manière de passer de l'ordre de bataille à l'ordre en colonne, et réciproquement : à quelques différences près qui tiennent à la nature particulière de chaque Arme. Mais on voit que tous les mouvements généraux sont dirigés d'après les mêmes principes. De tels principes, en effet, tenant essentiellement à la théorie des routes, les résultats de cette théorie sont également applicables à des corps d'infanterie, de cavalerie ou d'artillerie. C'est cette théorie, enfin, qui fait connaître le secret, et, si je puis employer une telle expression, la philosophie de la tactique.

En considérant ainsi l'art des marches et des manœuvres, on pourrait le réduire à des principes tout-à-fait mathématiques. Une semblable étude, épargnerait aux officiers, des combinaisons qu'ils trouvent d'ordinaire par un aperçu sans calcul, et rarement de la manière la plus parfaite. Elle pourrait perfectionner ce talent qu'on appelle *le coup d'œil militaire ;* c'est-à-dire, le talent d'imaginer et d'évaluer, à la simple vue du terrain, les opérations les plus avantageuses que puissent comporter les dimensions et les formes de ce terrain. En effet, on

Les analogies qu'on remarque entre les manœuvres des diverses Armes, sont basées sur la théorie uniforme des routes.

Secours que cette théorie pourrait offrir à la tactique en général.

IIe. MÉMOIRE.

doit reconnaître, par les détails où nous venons d'entrer, que ce talent, au lieu d'être une espèce de don surnaturel, n'est autre chose qu'une application plus ou moins intelligente et plus ou moins prompte, de principes acquis par l'étude ou par l'expérience.

C'est surtout dans les pays fortement accidentés que les combinaisons militaires sont variées et difficiles ; c'est là qu'elles demandent souvent une science consommée. Le passage des rivières et des défilés, le débouchement dans les vallées, la conduite et la défense, la poursuite et l'attaque des convois, tout offre à l'officier qui dirige ces opérations, des combinaisons d'un ordre supérieur : la plupart de ces combinaisons sont, ou plutôt devraient être fondées sur la théorie mathématique de la détermination des routes.

Des routes sur mer, leur analogie avec les routes sur terre.

Les marches et les manœuvres navales se rattachent également à cette théorie. Il faut considérer la mer comme un terrain partout horizontal, et sur lequel on peut aller dans toutes les directions qui ne font pas, avec la direction du vent, un angle plus petit que la limite appelée *le plus près du vent*.

Routes marines directes. routes obliques.

On doit encore ici diviser les routes en *directes* et en *obliques*. Les directes, qui suivent la ligne la plus courte entre les points de départ et d'arrivée ; les obliques, qui font un angle constant avec la direction du vent ; de même que, sur terre, les routes obliques font partout un angle constant avec la verticale. Ces

Retours en zig-zags des routes obliques (bordées).

nouvelles routes obliques peuvent, comme les autres, offrir des zig-zags dont les angles sont arrondis circulairement. Le nombre de ces zig-zags appelés *bordées*, peut être quelconque, sans que leur longueur totale cesse d'être la même. Enfin, elle est proportionnelle à la quantité dont le vaisseau s'élève dans le vent, c'est-à-dire, remonte contre la direction du vent ; de même que, sur terre, les routes obliques sont proportionnelles à la quantité dont on s'élève au-dessus de l'horizon.

NOTES PRINCIPALES

DU SECOND MÉMOIRE.

NOTE PREMIÈRE.

Sur l'emploi le plus avantageux de la force des animaux, dans les transports effectués sur les routes.

Pour se former des idées parfaitement justes sur la théorie des transports effectués par les animaux, il est nécessaire de remonter à quelques principes de physiologie, c'est-à-dire, de physique vitale.

La vie, quel qu'en soit le principe dans les animaux, se manifeste à nous par la faculté qu'ont ces êtres organisés, de mouvoir certaines parties de leur corps avec une certaine force. Cette force ne varie pas seulement avec l'âge, avec l'état sanitaire de l'individu, avec les saisons et les climats. Chaque jour elle varie dans le même être. Les aliments lui restituent ce qu'elle perd, à mesure que les principes nutritifs, fournis par ces aliments, achèvent de porter dans les diverses parties de la machine, ce qu'il faut pour réparer les consommations habituelles de la vie.

Si l'animal reste oisif, après avoir pris ses aliments, la force facultative dont il jouissait ne s'ajoute pas toute entière à la force qu'il doit retrouver après un nouveau repas. On remarque même qu'une oisiveté prolongée, loin d'augmenter la force musculaire, l'énerve au contraire. C'est ainsi que les animaux et les hommes livrés habituellement à des travaux pénibles, sont doués d'une force plus grande que les animaux et les hommes qui vivent dans l'inaction.

Cependant, on observe dans l'homme et dans les animaux dont les forces journalières sont consommées par un travail sans cesse renouvelé, qu'en suspendant tout à coup ce travail durant un ou plusieurs jours, les forces facultatives augmentent jusqu'à un certain degré, passé lequel l'inaction n'augmenterait plus ces forces, et bientôt après les ferait graduellement diminuer.

Nous ne devons maintenant considérer que le travail habituel des hommes et des animaux, mesuré chaque jour de manière à ne pas les épuiser par trop de fatigue ; sans les énerver, non plus, par trop peu d'exercice. La quantité de ces efforts utiles, estimée pour un jour, sera la journée de travail.

Si nous faisons agir les animaux, pendant une partie de la journée, sans interruption, et de manière à consommer une quantité constante de force dans chaque unité de temps, voici ce qui se passera.

Dans la première partie du temps, les forces facultatives de l'animal surpasseront le plus possible celles qu'il doit consommer. Ensuite cette différence diminuera graduellement. Plus elle diminuera, plus la lassitude de l'animal augmentera.

Il faudra qu'au dernier instant du travail, la force facultative, malgré ses pertes, soit encore égale à la force constante exigée pour ce travail.

Ordinairement on n'atteint pas ce degré de lassitude extrême, au delà duquel il serait impossible que l'animal trouvât en lui-même une force suffisante pour continuer d'agir.

Ainsi, par exemple, le laboureur ne continue pas ses travaux journaliers jusqu'à l'instant où ses bœufs ne puissent plus prolonger le sillon de la charrue ; les voituriers ne font pas de si longues traites que leurs équipages ne puissent avancer d'un seul pas au delà.

Il faut s'arrêter avant ce terme, afin que la nature puisse facilement réparer ses dépenses dans les courts intervalles du repos.

Ici se présente une foule de questions extrêmement importantes sur la dynamique des êtres vivants.

La force constante à dépenser par des animaux, durant un jour, étant donnée, comment faut-il répartir cette force ? convient-il de diviser le jour en intervalles de travail et de repos ? quel doit être le nombre des intervalles? doivent-ils être tous de la même durée? doivent-ils être d'une durée différente?

A cet égard, l'expérience donne aux conducteurs d'animaux des règles d'hygiène qui peuvent n'être pas en tout les meilleures, mais qui ne sauraient s'écarter beaucoup des vrais principes.

Considérons actuellement la question sous un autre point de vue ; supposons qu'on demande de consommer par degrés égaux ou inégaux les forces facultatives d'un animal, de manière à ce qu'il ait produit un *maximum* d'effet, le degré de fatigue qu'il doit avoir à la fin du travail étant donné.

Cette question est, comme on voit, beaucoup plus difficile que les précédentes. Elle ne peut être résolue qu'en consultant l'expérience.

Les voituriers, lorsqu'ils cheminent sur une route horizontale, ne conduisent pas leur voiture plus vite au commencement de leur traite qu'à la fin.

Les corps d'infanterie et de cavalerie, dont la marche doit être réglée de manière à fatiguer le moins possible les hommes et les chevaux, ne marchent point d'un pas plus accéléré au moment du départ qu'au moment de l'arrivée.

Il nous semble que ces expériences, faites journellement sur tous les points de nos routes, sont la démonstration du principe suivant : quand la fatigue habituelle de l'homme et des animaux n'est point immodérée, ce qu'il y a de plus avantageux est de faire une dépense constante de forces durant des intervalles de temps égaux.

D'autres expériences paraissent aussi prouver, quand la fatigue habituelle est très-grande, qu'il est encore avantageux de la rendre uniforme ou le moins variable possible.

Dans les courses de piétons, de chars ou de cavaliers, ce n'est presque jamais le concurrent dont la vitesse est la plus grande au premier moment, qui remporte le prix ; celui qui modère la sienne dans le principe pour la conserver jusqu'au bout, finit par devancer ses rivaux trop empressés. Les récits des courses antiques, et beaucoup de courses que nous avons vues dans les temps modernes, offrent des exemples de ce fait remarquable.

Maintenant, si l'on nous demande, quelle doit être sur un plan incliné la route la plus avantageuse à tracer entre deux points, soit pour des hommes, soit pour des bêtes de somme, soit pour des voitures, il nous semble qu'on doit répondre que c'est la route où la fatigue est partout constante.

Si les moteurs ont besoin de reprendre haleine, après une certaine dépense de forces, on pourra faire des repos ou paliers de distance en distance; mais il faudra laisser à la route une pente constante.

Cependant les habiles ingénieurs qui sont chargés de construire des chemins, lorsqu'ils ont à suivre des pentes fortes et prolongées, adoucissent ces pentes vers le haut de la rampe. Ils aiment mieux allonger la route, pour la rendre plus douce dans la partie supérieure.

Observons, d'abord, que cet adoucissement de la pente est nécessairement peu considérable; sans cela la route se trouverait prodigieusement allongée dans sa partie montante; elle nécessiterait, pour être parcourue, une dépense totale de forces beaucoup plus considérable qu'une route oblique à pente constante.

La seule considération qui puisse justifier cet adoucissement de la pente, c'est que les moteurs en arrivant vers le haut de la route, étant déjà fort fatigués, seraient dans l'impossibilité de continuer sans épuisement à monter suivant la même pente. On préfère, ainsi, dépenser quelquefois plus de force totale, pour éviter une dépense moindre, il est vrai, mais trop brusque et trop énervante.

On doit conclure de tout cela, que s'il faut adoucir la pente limite dans le haut des rampes, ce doit être seulement dans les longues montées, et d'une quantité peu considérable.

La route conservant, alors, sa pente constante dans le bas de la rampe, et devenant un peu plus douce vers le haut, offrira dans son développement un arc hyperbolique. Rien ne sera plus facile que de plier cette route à pente variable, sur un terrain dont les sections horizontales seront données.

NOTE II.

Des routes peu inclinées les plus avantageuses.

Comparons une route horizontale avec une route inclinée, mais qui fasse avec elle un angle très-petit. Essayons de déterminer les espaces qu'on peut faire parcourir au même fardeau, en employant, sur l'une et sur l'autre route, la même quantité de forces. L'espace parcouru sur la route horizontale sera plus grand que l'espace parcouru sur la route inclinée; et la différence sera nécessairement fonction de l'angle formé par les deux routes (supposées dans le même plan vertical).

Soit R l'espace parcouru sur la route horizontale, et r l'espace parcouru sur la route un peu inclinée. Soit α l'angle formé par les deux routes : on aura par conséquent $r = R(1 - \varphi(\alpha))$. Lorsqu'on fait $\alpha = o$ la route inclinée cesse de l'être, et se confond avec l'horizontale ; il faut donc alors que $r = R$, et que $\varphi(\alpha)$ devienne égale à zéro.

Fig. 32.
Pl. XIV.

Si nous examinons attentivement la courbe PDAd... qui représente les points où s'arrêtent les routes rectilignes et diversement inclinées PA, PD, etc.. qu'on peut parcourir, à partir du point P, dans un laps de temps donné, avec la même quantité totale de fatigue, nous verrons que cette courbe ne peut pas être, en A, tangente à l'horizontale PA; puisqu'alors la courbe PDAC aurait deux points consécutifs A, a, placés sur l'horizontale PA. Il faudrait, par conséquent, admettre qu'on n'aurait pas plus d'avantage à se rendre de P en A que de P en a, sur une même route PAa; ce qui serait absurde.

Il faut donc que l'angle PAB soit fini. Si cet angle était droit, la courbe DA serait, en A, tangente au cercle AA'A''...; alors, quelle que fût l'inclinaison très-petite d'une route PB, il n'y aurait pas de raison pour lui préférer l'horizontale. Par conséquent, alors, de deux routes tracées sur un terrain très-peu incliné, la plus courte (quoique la plus inclinée) serait la plus avantageuse.

Considérons, enfin, le cas où l'angle PAB n'est ni droit, ni nul. Soit PAB $= \varepsilon$. Si l'angle APA' $= \alpha$ était infiniment petit, nous aurions

$$A'B = AA' \frac{A'B}{AA'} = PA . \frac{\sin. \alpha}{\tan. \varepsilon}.$$

Mais $\qquad A'B = PA - PB = R - r.$

Donc $\qquad R - r = R . \frac{\sin. \alpha}{\tan. \varepsilon}.$

D'où l'on tire, enfin, $r = R\left(1 - \frac{\sin. \alpha}{\tan. \varepsilon}\right).$

Maintenant, prenons dans l'espace les deux points de départ et d'arrivée (x, y, z); (x', y', z'). Soient X, Y, Z les coordonnées d'une courbe quelconque; supposons que la surface du terrain soit un plan qui fasse un très-petit angle avec l'horizon. Demandons-nous, alors, la condition pour que la route totale qui va de (x, y, z) en (x', y', z'), et qui passe par la courbe proposée, soit la plus avantageuse. Supposons, d'ailleurs, que les diverses routes qu'on peut mener par ces points et par la courbe, fassent un très-petit angle avec l'horizon.

Nous aurons pour plus courte distance entre les points

$$(x, y, z) \text{ et } (X, Y, Z)\ldots \sqrt{(x-X)^2+(y-Y)^2+(z-Z)^2}.$$
$$(x', y', z') \text{ et } (X, Y, Z)\ldots \sqrt{(x'-X)^2+(y'-Y)^2+(z'-Z)^2}.$$

et pour valeur de ces routes inclinées, réduites en routes horizontales,

$$\sqrt{(x-X)^2+(y-Y)^2+(z-Z)^2}\left(1+\frac{\sin.\,\alpha}{\tan{g}.\,\theta}\right).$$

$$\sqrt{(x'-X)^2+(y'-Y)^2(z'-Z)^2}\left(1+\frac{\sin.\,\alpha'}{\tan{g}.\,\theta}\right).$$

Mais, $\sin. \alpha = \dfrac{z-Z}{\sqrt{(x-X)^2+(y-Y)^2+(z-Z)^2}}$,

$\mathrm{Sin.}\ \alpha' = \dfrac{Z-z'}{\sqrt{(x'-X)^2+(y'-Y)^2(z'-Z)^2}}.$

Donc, enfin, les deux routes évaluées en distances horizontales donnent pour somme

$$\sqrt{(x-X)^2+(y-Y)^2+(z-Z)^2}+\sqrt{(x'-X)^2+(y'-Y)^2+(z'-Z)^2}$$
$$+\frac{z-Z}{\tan{g}.\,\theta}+\frac{Z-z'}{\tan{g}.\,\theta},$$

ou

$$\sqrt{(x-X)^2+(y-Y)^2+(z-Z)^2}+\sqrt{(x'-X)^2+(y'-Y)^2+(z'-Z)^2}$$
$$+\frac{z-z'}{\tan{g}.\,\theta}.$$

Pour que cette quantité soit un *minimum*, il faut qu'en la différenciant par rapport à X, Y, Z, la différentielle soit égale à zéro. Mais $\frac{z-z'}{\tan{g}.\,\theta}$ ne dépendant ni de X, ni de Y, ni de Z, sa différentielle est nulle. Donc, enfin, c'est

$$\sqrt{(x-X)^2+(y-Y)^2+(z-Z)^2} + \sqrt{(x'-X)^2+(y'-Y)^2+(z'-Z)^2}$$

qui doit être un *minimum*. C'est-à-dire, que la route brisée la plus
avantageuse est la route la plus courte. On peut aussi conclure de là,
qu'en cheminant sur une surface courbe qui partout fait un très-
petit angle avec l'horizon, la ligne la plus courte entre deux quelconques de ses points est nécessairement la route la plus avantageuse.

Quelle que soit la relation de la longueur des routes avec leur
pente, tout ce que nous avons dit sur l'avantage des routes directes
convient donc toujours aux très-petites pentes ; et si l'on fixe la pente
des routes obliques un peu au-dessous de leur vraie limite, pour
faciliter les transports avec les mêmes animaux, notre théorie se
rapprochera beaucoup plus encore de la pratique.

Dans la fig. 32, Pl. XIV, PDA, P$\Delta\delta$ représentent la limite des routes   Fig. 32.
Pl. XIV.
parcourues à partir du point P, avec la même fatigue totale, pour
transporter le même fardeau, suivant les diverses routes rectilignes
possibles tracées à partir du point P. A la seule inspection de cette
figure, on voit que pour s'élever du point P de départ jusqu'à la
hauteur de l'horizontale DΔ tangente à la courbe PDA, la route la
plus avantageuse à suivre est PD ou PΔ.

Car avec une même quantité de force motrice employée, une route
moins inclinée, ou plus inclinée que PD, ne conduirait pas jusqu'en DΔ.

En prenant la pente de PD ou PΔ pour limite des pentes, la route
oblique à pente constante égale à cette limite sera celle qui pour s'é-
lever d'une hauteur donnée exigera le moins de fatigue. C'est sur
cette propriété des routes obliques que sont fondées les recherches
de ce mémoire, relatives aux routes mixtes.

NOTE III.

*Sur la limite de la pente des routes, dans les travaux des Ponts et
chaussées, du Génie militaire et de l'Artillerie.*

Les anciennes routes exécutées à travers les Alpes présentaient,
dans plusieurs parties, des rampes dont la pente était de 12 à 14 cen-

timètres par mètre, c'est-à-dire, dont la montée ou la descente allait. du huitième au septième de la longueur.

Dans les routes nouvelles, exécutées lorsque les Français avaient des possessions en Italie, on a réduit la hauteur des rampes à 6, à 5 et même à 4 centimètres par mètre de longueur. Ce qui ne fait, suivant ces valeurs, que le seizième, le vingtième, ou le vingt-cin- quième de la longueur de la route, pour hauteur verticale d'une rampe. Dans quelques parties trop difficiles, on a cependant porté la pente de 7 à 8 centimètres, sur une petite longueur : c'est une pente d'un quatorzième ou d'un douzième.

Les Anglais ont imité les Français dans la réduction des pentes de leurs routes. On cite comme un modèle la nouvelle route du pays de Galles, tracée par M. Telford, à travers un pays très-montueux : deux rampes seulement ont, la première un 17°. de pente, la seconde un 22.°; toutes les autres ont un 30.° au plus.

Nous allons maintenant donner la valeur des pentes adoptées dans les travaux militaires. Pour opérer les mouvements de terre que né- cessitent ces travaux, on emploie des hommes ou des animaux, et surtout des chevaux. S'il faut pratiquer des rampes pour monter des terres, on leur donne 0,08 de pente, lorsqu'on emploie des hommes, soit qu'ils traînent à la brouette ou à la voiture. Cette pente serait trop forte pour des chevaux ; 0,05 semble alors la pente la meilleure.

Dans le transport des terres à la brouette, on place les relais de 50 en 50 mètres, quand la route est horizontale ou fort peu inclinée. S'il faut monter, suivant une route oblique ayant 0,08 de pente, on ne place les relais qu'à 20 mètres de distance, mesurés horizontale- ment. Ainsi l'on s'élève de 1^m,60 par relais.

Les ingénieurs ont remarqué qu'il faut employer le même degré de force pour parcourir ces deux relais de 50 mètres horizontalement, et de 20 mètres suivant une pente de 0^m,08.

Si la rampe est plus rapide que 0^m,08 (dit M. Vaillant, auteur d'un très-bon mémoire inséré dans le n°. 3 du *Mémorial de l'officier du génie militaire*), l'ouvrier se fatigue trop ; si elle est plus douce, elle lui fait parcourir trop de chemin, et elle nécessite trop de frais pour sa construction.

TROISIÈME MÉMOIRE.

SUR LE TRACÉ DES ROUTES, DANS LES DÉBLAIS ET LES REMBLAIS.

PRESENTE A LA PREMIÈRE CLASSE DE L'INSTITUT DE FRANCE,
LE LUNDI 18 DÉCEMBRE 1815.

§ Ier.

INTRODUCTION.

Dans le précédent mémoire, en supposant, pour plus de gé- Objet de ce mémoire.
néralité, que la figure du terrain fût quelconque, nous avons
déterminé, d'une manière applicable aux travaux des arts :
premièrement la route la plus avantageuse pour passer d'un
point à un autre, lorsqu'on suit la surface de ce terrain ; secondement le système de routes le plus avantageux pour transporter en des points isolés plusieurs objets pareillement isolés
avant leur départ. Il nous reste à traiter un cas plus difficile
encore, c'est celui dans lequel ces objets forment une masse
continue, et doivent être transportés dans un espace pareillement continu. Telle est la condition des problèmes que présentent, en général, les opérations des *déblais* et *remblais*.

Dans les travaux dont le développement exige un grand es- Idée des opérations de déblai et de remblai.
pace, rarement la nature a tellement préparé le site où l'on
doit opérer, que la forme du terrain soit parfaitement conve-

nable dans toutes ses parties. Presque toujours, au contraire,
quelques-unes se trouvent trop élevées, tandis que d'autres le
sont trop peu. On abaisse alors les premières, et l'on se sert
des matériaux qu'on en retire, pour exhausser les parties trop
basses. Si les matériaux fournis par l'excavation sont plus que
suffisants pour opérer ce remplissage, on transporte l'excédant
hors de l'emplacement qu'on prépare et dans le lieu le plus
opportun. Si les matériaux des parties trop élevées ne suffisent
pas à l'exhaussement des parties trop basses, il faut chercher
ailleurs ce qui manque pour achever cette opération.

Dans tous les cas, la masse des matériaux à enlever se
nomme *déblai ;* la masse de ces matériaux, lorsqu'ils sont portés à leur destination, se nomme *remblai.* On appelle *route,* le
chemin que parcourt chaque élément transporté.

Des routes qu'il faut
suivre dans les dé-
blais et remblais.

La théorie des *Déblais et Remblais* a pour premier objet
de déterminer, dans tous les cas, la route la plus avantageuse
que chaque élément du déblai doit suivre afin d'arriver au
remblai.

Il est facile de voir que les principes généraux auxquels nous
sommes arrivés dans le mémoire précédent, sont immédiatement applicables à la solution de ce genre de problèmes. Les
déblais et les remblais peuvent s'effectuer à l'aide des hommes
ou des animaux; par le moyen de voitures à quatre, à trois, à
deux roues; avec des brouettes, ou des civières, ou des sacs, etc.
Les principes sont constamment les mêmes. La seule différence que ces divers moyens de transport puissent introduire
dans le tracé des routes, c'est de donner à la limite des pentes
une valeur plus ou moins grande.

On suppose toujours
que la forme du
terrain soit quel-
conque.

Nous supposerons toujours que l'on doive opérer sur un terrain défini par une surface courbe quelconque, en suivant des
routes directes tant que leur pente ne dépasse pas la limite qui

convient au genre de transport qu'on effectue, et en suivant des routes obliques à pente constante, lorsqu'on ne peut plus suivre la route directe. Nous regarderons d'abord toutes les routes comme devant être directes; nous les regarderons ensuite comme devant être en partie directes, en partie obliques.

Pour passer successivement des cas les plus simples aux plus compliqués, nous admettrons: en premier lieu, que les objets à déblayer, comme ceux à remblayer, soient disposés à la file suivant une ligne continue; en second lieu, que ces objets couvrent une aire continue; en troisième lieu, que ces objets forment un volume qu'il faut décomposer en éléments transportables.

Division de ce mémoire.

§ II.

Du déblai et du remblai des lignes.

Pour donner un exemple de la première hypothèse, on peut supposer qu'il s'agisse de porter une rangée de fascines, ou de gabions, ou de gerbes, etc., pour former ailleurs une semblable rangée; on peut supposer qu'il s'agisse de porter la terre d'un fossé partout également large, également profond, dans un autre fossé de la même largeur et de la même profondeur: ces deux dimensions d'ailleurs étant supposées très-peu considérables.

Du transport d'une ligne matérielle.

Soit DD^m la ligne du déblai, RR^m la ligne du remblai. Divisons chacune d'elles en autant de parties égales qu'il y a d'objets différents à transporter, ou de parties propres à composer la charge d'un voyage. Joignons, ensuite, les points de division correspondants, par des routes DR, $D'R'$, $D''R''$... D^mR^m. Elles formeront un système qui sera le plus avantageux possible, si

Solution générale.
Fig. 1.
Pl. X.

17

elles ne se croisent pas. Or, c'est ce qui arrivera généralement :
1°. si tous les points de départ sont d'un côté, tous les points
d'arrivée de l'autre; 2°. si les deux lignes DD^m, RR^m, ne sont
pas en tout ou en partie comprises dans l'espace couvert par
les routes qu'on peut mener de DD^m en RR^m.

Des cas où cette so-
lution ne saurait
être appliquée. So-
lutions particuliè-
res.

En effet, si cette dernière condition n'était pas remplie, il y
aurait des routes qui se croiseraient. Par conséquent, le système
que nous venons de déterminer ne serait pas le plus avantageux
possible.

Fig. 2.
Pl. X.

Supposons qu'en partant du point D, la route dirigée en ce
point tangentiellement à DD^m, vienne aboutir en un point intermédiaire T de la ligne RR^m du remblai.

Si, du point R, on menait la route Rd tangente en d à la
ligne du déblai, la partie dD de cette ligne, serait comprise
dans l'espace occupé par toutes les routes possibles. Ainsi, la
solution précédente ne saurait plus avoir lieu.

D'abord, il est facile de voir que la route RD ne doit pas entrer dans le système de routes le plus avantageux. Car la route
immédiatement consécutive D'R' devrait passer d'un côté de
DR à l'autre côté : ce qu'elle ne pourrait faire sans croiser DR,
à moins de venir en D'r', de l'autre côté de DD'. Mais, alors,
pour transporter toute la partie de D'D^m qui doit entrer dans
le remblai de Rr', il faudrait nécessairement que certaines
routes coupassent ou DR ou D'r'.

Si l'on mène la route DT tangente en D à DD^m, je dis que,
dans le meilleur système de routes, DT se trouvera nécessairement comprise. En effet, on prouverait que le point D ne peut
être porté en aucun point r, entre T et R, comme nous avons
prouvé que D ne pouvait pas être transporté en R. Cette démonstration serait également applicable au cas où l'on sup-
poserait que le point D dût être transporté de l'autre côté

de DT. Donc il faut transporter le point D, sur la route DT tangente en D à la ligne des déblais.

Supposons, maintenant, qu'on ait trouvé toutes les routes qui aboutissent entre T et R^m. Comparons-leur une seule route R″D″ placée de l'autre côté de DT.

Fig. 3.
Pl. X.

Pour que R″D″ et R′D′, par exemple, appartiennent toutes deux au meilleur système de routes, il faut qu'on ait toujours du désavantage à prendre une égale portion du fardeau qu'on doit transporter sur ces deux routes, pour faire passer de D′ en R″ la charge qui doit aller de D′ en R′, et de D″ en R′ la charge qui doit aller de D″ en R″.

Cette condition exige évidemment que la somme des routes R′D′ et R″D″, soit moindre que celle des routes R′D″ et R″D′. Ainsi,

$$R'D' + R''D'' < R'D'' + R''D',$$

$$\text{ou } R'D'' - R'D' > R''D'' - R''D'.$$

Du point D′ menons sur R′D″ et sur R″D″, les perpendiculaires D′M, D′N. En supposant D′D″ infiniment petit, nous aurons

$$R'D' = R'M. \ldots \text{et } R''D' = R''N.$$

D'où $D''M = R'D'' - R'D'$ et $D''N = R''D'' - R''D'$.

La condition $R'D'' - R'D' > R''D'' - R''D'$
donnerait donc. . . . . $D''M > D''N$
et par conséquent. . . . $D'N > D'M$.
Donc l'angle D′D″R″ devrait être plus grand que D′D″R′.

Considérons trois points D, D′, D″, consécutifs sur la ligne du déblai, et voyons ce qui arriverait si le point intermédiaire D′ était porté d'un côté de cette ligne, tandis que D et D″ seraient portés de l'autre côté.

Fig. 3.
Pl. X.

Soient DR, D′R′, D″R″ les trois routes proposées. Les angles

TDR, TD''R'', formés par les routes extrêmes et la ligne du déblai, ne pourront différer que d'une quantité infiniment petite, dans le meilleur système de routes possible. Car aucune route ne devant croiser DR et D''R'', l'élément R''R du remblai doit être rempli par une partie de DD''; il doit donc être infiniment petit comme lui. Si, maintenant, nous concevons la surface développable qui passe par les deux lignes infiniment voisines DR, D''R'', elle différera infiniment peu de la développable tangente à la surface du terrain, suivant DR ou suivant D''R''; en la développant, les deux lignes DR, D''R'', tracées sur elle, différeront infiniment peu de la ligne droite. Donc leurs tangentes en D et D'', points infiniment voisins, ne pourront faire entr'elles qu'un angle infiniment petit.

Il suit de là que si l'angle TD'R', formé par la ligne du déblai et la route intermédiaire, diffère d'une quantité finie de TDR, par exemple, il différera dans le même sens d'une quantité pareillement finie de l'angle TD''R''.

On aura donc à la fois

$$TD'R' \begin{cases} > TDR \\ > TD''R'' \end{cases}, \quad \text{ou} \quad TD'R' \begin{cases} < TDR \\ < TD''R''. \end{cases}$$

Dans le premier cas, il sera plus avantageux de porter en R le point D, et en R' le point D', que de porter en R' le point D, et le point D' en R.

Mais, en même temps, il sera moins avantageux de porter en R' le point D', et en R'' le point D'', que de porter en R'' le point D', et en R' le point D''.

Dans le second cas, il sera plus avantageux de porter le point D' en R', et le point D'' en R'', que de porter le point D' en R'', et le point D'' en R'.

Mais, en même temps, il sera moins avantageux de porter le

point D en R, et le point D' en R', que le point D en R', et le point D' en R.

Par conséquent, si l'angle TD'R' diffère d'une quantité finie de TDR et de TD"R" (soit en plus, soit en moins), il est impossible qu'en suivant le meilleur système de routes, le point intermédiaire D' soit porté d'un côté de la ligne du déblai, tandis que les points extrêmes D, D", seraient portés de l'autre côté de cette ligne.

Si donc il s'agit de transporter la ligne DD^m en RR^m, on mènera d'abord les deux routes extrêmes RD^m et R^mD^m; la meilleure de ces routes sera celle R^mD^m qui forme avec DD^m l'angle le plus grand. Ensuite, on portera les éléments D^mD''', D'''D'', D''D', en R^mR''', R'''R'', R''R',... jusqu'à ce qu'on arrive à un point D' tel que l'angle TD'R' soit égal à l'angle TD'R. Dans toute la partie restante D'D, on prendra pour système de routes, des lignes $D_{,}R_{,}$ et $D_{,}\rho_{,}$; $D_{,,}R_{,,}$ et $D_{,,}\rho_{,,}$, ... qui fassent le même angle avec la ligne du déblai, au même point $D_{,}$; $D_{,,}$; etc., de cette ligne DD^m.

Fig. 4.
Pl. X.

Une telle condition ne serait pas suffisante pour déterminer complétement ces dernières routes. Il faut, de plus, que les routes consécutives $D_{,}\rho_{,}$ et $D_{,,}\rho_{,,}$...; $D_{,}R_{,}$ et $D_{,,}R_{,,}$... interceptent sur la ligne du remblai, deux parties $\rho_{,}\rho_{,,}$ et $R_{,}R_{,,}$, égales en somme à la partie $D_{,}D_{,,}$ qu'elles interceptent sur la ligne du déblai.

Fig. 4.
Pl. X.

Pour offrir un exemple très-simple du genre de solutions que nous venons de présenter, supposons qu'il s'agisse de transporter les éléments de la droite DD^m, en RR^m autre ligne droite égale et perpendiculaire à DD^m.

Fig. 5.
Pl. X.

On prolongera DD^m jusqu'en T où elle rencontre RR^m. Ensuite on portera en TR', TR partie la plus courte de RR^m, sur TR^m partie la plus longue; puis, du point D^m, on prendra sur

D^mD, $D^mD' = R^mR'$. Cela posé, tout $D'D^m$ sera transporté sur $R'R^m$; tout DD', au contraire, sera divisé en éléments égaux alternativement transportés de côté et d'autre de T. Si nous divisons en un très-grand nombre de parties égales, $D'D^m$, $R'R^m$ et DD'; puis TR' et TR, en parties sous-doubles de DD'; et, si nous joignons par des routes les points de division correspondants, nous aurons le système le plus avantageux, tel qu'il est représenté dans la figure. Il est facile de voir, en effet, que nous aurons rempli toutes les conditions nécessaires.

Supposons, actuellement, que la ligne à déblayer soit une courbe fermée, fig. 6, $DD'D''D'''D_{,,}D_{,}D$, et que la ligne lieu du remblai soit une ligne ouverte $RR'R''R'''R^m$. Si, des points extrêmes R et R^m, on mène les routes directes RD et R^mD^m, tangentes à cette courbe, elles seront les routes extrêmes. On aura, pour le meilleur système de transport,

$$\text{les routes} \begin{cases} RD \\ R'D'D_{,} \\ R''D''D_{,,} \\ R'''D'''D_{,,,} \\ \cdots \\ R^mD^m \end{cases} \quad \text{si l'on a} \quad \begin{cases} DD' + DD_{,} = RR' \\ D'D'' + D_{,}D_{,,} = R'R'' \\ D''D''' + D_{,,}D_{,,,} = R''R''' \\ \cdots \cdots \cdots \\ D'''D^m + D_{,,,}D^m = R''R^m. \end{cases}$$

En supposant, toutefois, que ces diverses routes ne puissent pas se rencontrer entre les lignes qui définissent le déblai et le remblai. (*Voyez la note à la fin du Mémoire.*)

En effet, chacune de ces routes $R''D''D_{,,}$, par exemple, divisant le déblai et le remblai en deux parties respectivement égales, $D''DD_{,,} = RR''$ et $D''D^mD_{,,} = R''R^m$; pour qu'un élément de $D''DD_{,,}$ fût porté en $R'R^m$, il faudrait qu'un élément égal fût porté de $D''D^mD_{,,}$ en $R'R$. Par conséquent deux routes devraient se croiser. Or, c'est ce qui jamais ne saurait avoir lieu, dans le meilleur système d'un nombre quelconque de routes (Voyez *Mémoire précédent*, p. 110). Donc les éléments du déblai, placés soit à droite soit à gauche de $R''D''D_{_{u}}$ doivent, dans le remblai, rester pareillement ou à droite ou à gauche de $R''D''D_{_{u}}$. Ainsi, l'élément qui est en D'' ou en $D_{_{u}}$, doit être porté en R'', suivant la route $R''D''D_{_{u}}$. Il en est de même pour toute autre route $D'R'$ ou $D'''R'''$, etc.

Si la courbe qui représente le remblai était fermée au lieu d'être ouverte, la solution précédente ne cesserait pas d'être rigoureuse. Car la solution est générale ; elle s'étend même aux cas où les lignes lieux du déblai et du remblai, seraient discontinues et formées de parties qui n'auraient entr'elles aucun rapport mathématique.

Jusqu'ici nous avons supposé qu'on n'employait que des routes directes pour passer de la ligne du déblai à la ligne du remblai. Cependant il pourrait se faire que la pente du terrain fût assez considérable pour qu'il devînt impossible de suivre partout de telles routes. Il faudrait, alors, recourir à des routes mixtes, c'est-à-dire, en partie directes, en partie obliques.

Du déblai et du remblai par des routes mixtes.

Pour considérer d'abord le cas le plus simple, supposons, 1°. la ligne DD^m du déblai totalement en plaine ; 2°. la ligne RR^m du remblai, toute entière placée sur le penchant d'une montagne telle que (d'un bout à l'autre de RR^m) la pente du terrain, estimée suivant la direction des routes, soit plus grande que la limite des pentes qui conviennent aux routes obliques.

Fig. 7.
Pl. XI.

Soit encore AA la ligne qui limite, vers le bas de la montagne, les parties où doivent s'étendre les routes obliques et les routes directes.

Si l'on divise DD^m et RR^m en un même nombre de parties infiniment petites et de plus égales entr'elles, $RR' = DD'$, $R'R'' = D'D''$, $R''R''' = D''D'''$, etc..... les routes qui conviendront au meilleur système, seront en général(*) obliques depuis RR^m jusqu'en AA, et directes depuis AA jusqu'en DD^m : elles joindront respectivement les points R et D, R' et D', R" et D".... R^m et D^m.

Pour trouver chaque route dont on vient de déterminer, ainsi, le point de départ et le point d'arrivée, on emploîra les moyens que nous avons présentés dans le Mémoire précédent, sur la détermination d'une route isolée.

Fig. 8.
Pl. XI.

Si la ligne DD^m, à déblayer, était telle que la route directe qui la prolonge tangentiellement à partir du point D, vînt en r rencontrer la ligne RR^m lieu du remblai, la solution que nous venons d'indiquer ne pourrait plus être appliquée.

Dans ce cas, on ferait partir, du point extrême D^m, les deux routes les plus avantageuses D^mLR et $D^mL^mR^m$, pour aller de D^m aux extrémités R et R^m de la ligne du remblai. Ensuite, si l'angle DD^mL^m était plus grand que l'angle DD^mL, c'est en R^m et non pas en R qu'il faudrait transporter le point D^m. On portera toujours du côté de R^m les points D''', D''... pour lesquels les routes $D'''L''R'''$, $D''L'R''$ formeront avec $DD''D'''$ un angle plus grand que les routes $D'''R$, $D''R$, etc. Enfin, on doit arriver à un point D' tel que l'angle formé par DD' et par $D'L'R'$, route de droite, soit égal à l'angle formé par DD' et $D'R$ qui sera la route extrême de gauche. Depuis le point D' jusqu'en D, les routes devront être doubles à partir de chaque point du déblai : l'une allant à droite et l'autre à gauche de DD', de manière à former toutes deux le même angle avec DD'.

(*) Je dis *en général*, parce qu'il pourrait se présenter des cas particuliers où quelques-unes des routes extrêmes, vers RD ou vers R^mD^m, seraient totalement directes. Mais dès que les routes seront mixtes, la partie oblique occupera l'espace au-dessus de AA, et la partie directe occupera l'espace au-dessous de cette limite.

La grandeur de cet angle, sera déterminée, pour chaque point de DD', par la condition que les parties du remblai comprises entre deux routes simultanées et les deux routes simultanées consécutives, soient en somme égales à la partie du déblai comprise entre les mêmes limites.

Nous ne croyons pas nécessaire de nous appesantir sur les moyens de solution que nous venons de présenter. La démonstration de ces moyens repose sur les mêmes principes, et présente le même enchaînement d'idées, que les raisonnements dont nous avons fait usage pour les routes entièrement directes.

Fig. 8.
Pl. XI.

Supposons, en effet, que la ligne du déblai DD^m, au lieu d'être transportée jusqu'en RR^m, soit transportée seulement jusqu'en $\rho\rho^m$, en deçà de la limite AA des routes obliques. Alors, le système des routes $D^m\rho^m$, $D'''\rho'''$, $D''\rho''$,... $D\rho$ qu'on suivra pour cheminer vers RR^m, doit être le plus avantageux. On pourrait sans cela d'abord effectuer le tranport de DD^m jusqu'en $\rho\rho^m$, de la manière la plus avantageuse; puis suivre, de $\rho\rho^m$ en RR^m, les routes déjà connues. Ainsi, l'on trouverait un résultat total préférable à celui qui, par hypothèse, doit être le meilleur de tous : conséquence absurde.

D'après la théorie exposée dans le précédent Mémoire, les solutions que nous venons de présenter, peuvent être facilement étendues aux cas où les routes contiendraient une partie oblique comprise entre deux parties directes, ou réciproquement. Nous nous contentons de prouver les principes, et nous laissons à l'intelligence du lecteur, le soin de se proposer des applications variées. L'examen et le développement de ces diverses applications, sans nous apprendre rien de nouveau, nous conduirait beaucoup trop loin.

§ III.

Du déblai et du remblai des aires.

Ce qu'on doit en-
tendre par le dé-
blai et le remblai
des aires.

Supposons qu'on doive déblayer et remblayer des aires terminées par des lignes quelconques, sur des surfaces d'une
forme également arbitraire. Demandons-nous quel est, alors,
le système de routes le plus avantageux.

Tel est le problème qu'il s'agit de résoudre, lorsqu'on veut
enlever le gazon d'une prairie ou d'un boulevart, pour en revêtir des ouvrages de fortification, ou pour en revêtir la pe-
louse d'un jardin anglais; lorsqu'on veut dépaver une aire
quelconque, pour en paver une autre avec les matériaux en-
levés, etc.

Dans ces différents cas, en supposant au déblai la même
épaisseur qu'au remblai, on doit évidemment faire abstraction
de cette épaisseur, pour ne considérer que la superficie du déblai et du remblai.

Solution générale.
Fig. 9.
Pl. XI.

Soit donc $DD'D''D'''D^m\ldots D_{m}D_{n}D_{l}D$ l'espace à déblayer, et
$RR'R''R'''R^m\ldots R_{m}R_{n}R_{l}R$ l'espace à remblayer. Pour trouver
le meilleur système de routes, on commencera par mener les
routes extrêmes DR, D^mR^m, qui soient à la fois tangentes au
contour du déblai et du remblai. Il est évident qu'aucune route
ne pourra s'étendre en dehors de ces limites. Admettons que
toutes les routes puissent être directes, et traçons le système de
routes $D'D_{l}R'R_{l}$, $D''D_{ll}R''R_{ll}$, $D'''D_{lll}R'''R_{lll}$, etc., tel que ces
routes divisent le déblai et le remblai, en parties respective-
ment égales $D'DD_{l} = R'RR_{l}$, $D''DD_{ll} = R''RR_{ll}$, etc.

Si quelqu'élément d de la portion $D'DD_{l}$, était transporté en r
dans la portion $R'R^mR_{l}$, quand même ensuite tout le reste de
$D'DD_{l}$ serait porté en $R'RR_{l}$, il est évident qu'on laisserait

dans le remblai de $R'RR_{,}$ un vide ρ égal en surface à l'élément d. Il faudrait donc remplir ce vide avec un élément ∂ tiré de $D'D^mD_{,}$ et pareillement égal à d. Par conséquent il faudrait faire croiser les deux routes dr et $\partial\rho$; chose impossible dans le meilleur système de transport. Donc tout $D'DD_{,}$ doit être conduit en $R'RR_{,}$; et tout $D'D^mD_{,}$ doit l'être en $R'R^mR_{,}$. De même, tout $D''DD_{,,}$ doit être conduit en $R''RR_{,,}$; et tout $D''D^mD_{,,}$ en $R''R^mR_{,,}$. Donc, aussi, chaque élément $D''D'D_{,}D_{,,}$ compris entre deux lignes telles que $D'R_{,}$, $D''R_{,,}$ aussi voisines qu'on voudra, doit être conduit en $R''R'R_{,}R_{,,}$, entre ces deux lignes. Ce qui montre évidemment que les lignes DR, $D'R_{,}$, $D''R_{,,}$, $D'''R_{,,,}$ sont les routes les plus avantageuses que puissent suivre tous les éléments superficiels ayant leur centre placé sur elles.

Il pourrait se faire que la couche du déblai, quoique partout d'une même épaisseur, fût cependant plus ou moins mince que la couche du remblai supposé pareillement d'une épaisseur partout constante. Dans ce cas, les superficies seraient en raison inverse des épaisseurs. Si donc on désigne par $r:1$ le rapport des épaisseurs, $1:r$ sera celui des superficies. Alors, pour trouver le meilleur système de transport, il faudra mener des routes $D'R'$, $D''R''$, $D'''R'''$… qui interceptent sur le déblai et sur le remblai, des segments dont la superficie soit dans le rapport constant $1:r$. C'est ce qu'on prouverait facilement par les moyens employés dans la démonstration précédente.

Supposons qu'en partant des routes extrêmes DR, D^mR^m, à la fois tangentes aux aires du déblai et du remblai, les routes tracées de manière à partager le déblai et le remblai en deux parties égales, se croisent en O dans l'intérieur d'une des aires, comme on le voit dans la fig. 11. Alors, il est évident que le système des routes ainsi tracées, ne pourra plus être le meil-leur : il indiquera même quelque chose d'absurde.

En effet, la route $D'D_,R'R_,$ montre qu'il faut transporter tout $D'DD_,$ en $R'RR_,$, et tout $D'D^mD_,$ en $R'R^mR_,$. De même la route $D''D_{,,}R''R_{,,}$ montre qu'il faut transporter tout $D''DD_{,,}$ en $R''RR_{,,}$, et tout $D''D^mD_{,,}$ en $R''R^mR_{,,}$. Donc le secteur $D_,OD_{,,}$, commun à $D'DD_,$ et $D''D^mD_{,,}$, devrait à la fois être transporté tout entier dans $R'RR_,$ et dans $R''R^mR_{,,}$; ce qui est impossible.

Cette impossibilité nous fait voir qu'en certain cas, les élé-ments à transporter, qui sont placés sur une même route directe, ne doivent pas tous suivre cette route. Mais, alors, comment se fait la répartition de ces éléments situés sur la même route directe? Comment distinguer ceux qui sont transportés suivant une telle voie, d'avec ceux qui doivent sui-vre des voies nouvelles?

Avant de résoudre ces questions, nous allons poser d'abord, sur le transport de deux objets, un principe très-simple, mais dont les conséquences seront très-étendues.

Fig. 12.
Pl. XI.

Lorsque deux objets à transporter ont leur position de dé-blai D' et $D_,$ sur la même route directe qu'un des points du remblai R', je dis que le système de routes le plus avantageux contient toujours la route qui joint ce point R' du remblai, au point $D_,$ le plus voisin sur la route $D_,R'$ qui mène au déblai.

Il est facile de voir, en effet, que si l'on trace les routes $D'R'$ et $D'R_,$, cette dernière sera plus courte que la route brisée $D'D_,R_,$. Or, le premier système et le second ont pour longueur totale :

$1^\circ.\ D_,R' + D'R_,$
$2^\circ.\ D'R' + D_,R_,$ $\left.\begin{array}{c} \\ \end{array}\right\}$ Mais nous venons de voir qu'on a

$$D'R_, < D'D_, + D_,R_,.$$

Donc

$$D'R' + D_,R_, = D_,R' + D'D_, + D_,R_, > D_,R' + D'R_, :$$

Cette dernière somme présente donc le système de routes le plus avantageux.

Il suit delà que tout système de routes qui ferait transporter une aire infiniment étroite $D'D_,d_,$, suivant la route directe $D'd_,R'R_,$; et l'aire infiniment étroite $D_,D_{,,}$ en $R''R_{,,}$, un tel système, dis-je, ne saurait être le meilleur possible. Il faut, ou l'abandonner entièrement, ou transporter la partie $D'D_,$ suivant une nouvelle direction, autre que $D'D_,R'R_,$.

Ainsi, dans le transport des aires, lorsque deux routes viennent à se rencontrer en dedans des déblais ou des remblais, ces routes doivent se terminer toutes deux au point de leur rencontre.

Considérons, à présent, deux paires de routes consécutives, $D'r'r_,$ et $D'R'R_,$; $D''r''r_{,,}$ et $D''R''R_{,,}$, qui se rencontrent dans le déblai, par exemple, les premières en D' et les suivantes en D''. Il faudra, d'abord, que $D'r'r_,$ et $D''r''r_{,,}$ ne se croisent pas entre les points D', D'', $r_,$, $r_{,,}$. Il faudra que $D'R'R_,$ et $D''R''R_{,,}$ ne se croisent pas entre les points D', D'', $R_,$, $R_{,,}$. Il faudra que tout l'élément $D'd_,d_{,,}D''$ soit transporté en $r'r_,r_{,,}r''$, et tout l'élément $D'D_,D_{,,}D''$ en $R'R_,R_{,,}R''$.

Mais quelle sera la direction de la ligne $D'D''$ qui sépare les deux zônes $D'd_,d_{,,}D''$ et $D'D_,D_{,,}D''$? C'est ce qui nous reste à déterminer.

Si la ligne $D'D''$ est la limite de deux zônes $D'd_,d_{,,}D''$ et $D'D_,D_{,,}D''$, il faut qu'en regardant chacun de ses points comme le centre d'une aire infiniment petite, on n'ait pas plus d'avantage à transporter cette aire sur $R'R_,R_{,,}R''$ que sur $r'r_,r_{,,}r''$. Mais, en regardant $D'D''$ comme une ligne matérielle, nous avons fait

Fig. 13.
Pl. XI.

Théorème général sur la rencontre des routes.

Fig. 14.
Pl. XII.

Propriété de la ligne qui sépare, sur le déblai ou sur le remblai, deux systèmes de routes différemment dirigées.

voir (second paragraphe) que des routes $D'r_{,}$ et $D'R_{,}$; $D''r_{,,}$ et $D''R_{,,}$ ne pourraient aboutir deux à deux sur chaque point d'une telle ligne, sans former deux à deux un même angle avec elle. Donc, pour que la ligne $D'D''$ soit la limite des parties qu'on doit transporter, ou vers $R'R_{,}R_{,,}R''$ ou vers $r'r_{,}r_{,,}r''$, il faut que cette ligne fasse le même angle avec les routes $D'R_{,}$ et $D'r_{,}$; $D''R_{,,}$ et $D''r_{,,}$; qui partent d'un même point D' ou D''.

Cette ligne s'étend jusqu'au périmètre du déblai du côté qui regarde le remblai, ou jusqu'au périmètre du remblai du côté qui regarde le déblai.

La suite des points D', D'', D''', D'', qui séparent les routes de deux directions différentes, forme nécessairement une courbe continue laquelle doit s'étendre jusqu'à la limite D'' du déblai. Pour qu'elle s'arrêtât brusquement, en D''', par exemple, il faudrait que la route $R_{,,,}D'''$ pût être prolongée jusqu'en δ''' sur le contour du déblai ; tandis que la route $D'''r_{,,,}$ ne viendrait qu'en D''' : ce que nous avons démontré ne pouvoir être. Donc, du côté D'' le plus éloigné du remblai, la courbe $D'D'D''$ va jusqu'au périmètre du déblai.

Elle peut se terminer dans un point quelconque du déblai, du côté du remblai; et dans un point quelconque du remblai, du côté du déblai.

Il n'en est pas de même du côté qui regarde le remblai. Si la route $ABCE$ était, en A, tangente à l'extrémité de la courbe $AD'D''D'''D''$; cette route même serait, dans toute la partie AB, la séparation des deux systèmes $D'D_{,}$; $D''D_{,,}$;... et $D'd_{,}$; $D''d_{,,}$...,. En effet, si l'angle formé par une route directe avec la route limite, devient égal à zéro, l'angle pareil formé par la seconde route qui vient aboutir au même point, devient pareillement en ce point, égal à zéro. Donc, les deux routes directes sont alors tangentes entr'elles. Mais on ne peut, d'un même point, faire partir qu'une route directe dans une direction donnée. Donc les deux routes que nous considérons, se confondent ; elles se réduisent en une seule $ABCE$.

Fig. 15.
Pl. XII. Si nous prolongeons les routes immédiatement consécutives $R''D''$, $R'''D'''$, $R''D''$..., puis celles $r''D''$, $r'''D'''$, $r''D''$,... jusqu'à ce qu'elles se rencontrent en C'', C''', C'',... et c'', c''', c'',...; les deux

courbes $C''C'''C''$... et $c''c'''c''$... suffiront à la détermination complète des deux systèmes de routes. En effet, de chaque point d'une semblable courbe, on ne peut mener sur la surface du terrain, qu'une route directe tangente à cette courbe : les routes qui rencontrent à la fois le déblai et le remblai, sont évidemment les seules qu'il faudra considérer.

Pour déterminer, ensuite, la ligne $D''D'''D''$... qui sépare les deux systèmes de routes, il faudra considérer que les deux routes qui partent de chaque point de cette ligne, forment avec elle un même angle. Si l'on mène, d'un de ces points D'', les perpendiculaires $D''\Delta'''$, et $D''\delta'''$ aux routes infiniment voisines $R'''D'''C'''$ et $r'''D'''c'''$, les routes directes $C''D''$ et $C''\Delta'''$ seront égales entr'elles; de même $c''D''$ et $c''\delta'''$ seront égales entr'elles. Mais les triangles rectangles $D''D'''\Delta'''$, $D''D'''\delta'''$ ont même hypothénuse $D''D'''$; de plus, l'angle $D''D'''\Delta'''$ est égal à l'angle $D''D'''\delta'''$. Donc ces deux triangles sont égaux, et par conséquent, $D'''\Delta''' = D'''\delta'''$ ou $D'''\Delta''' - D'''\delta''' = o$.

Moyen graphique de tracer la ligne de séparation des deux systèmes.
Fig. 15.

Pl. XII.

Si donc on suppose que $D''C'' - D''c'' = A$, et qu'on ajoute membre à membre cette équation avec la précédente, on a
$$D''C'' + D'''\Delta''' - (D''c'' + D'''\delta''') = A = C''C'''D''' - c''c'''D'''.$$

On prouverait pareillement, que $C''C'''D''' - c''c'''D''' = C''C'''C''D'' - c''c'''c''D'' = C''C'''C''C'D' - c''c'''c''c'D' =$, etc.

De là résulte cette construction extrêmement simple. Fixons en C'' un premier fil, un second en c''. Tendons ces fils et tenons les réunis en D''. Laissons, ensuite, les fils s'allonger d'une même quantité, du côté de D''; tandis que, de l'autre bout, ils se plieront sur les courbes $C''C'''C''$..., $c''c'''c''$... Si les fils ne cessent pas d'être tendus et appliqués sur la surface du terrain, le point qui les réunit, décrira nécessairement la courbe de séparation $D''D'''D''$..., etc. De plus, le prolongement des fils, dans chacune de leurs positions, sera la route

qui doit partir l'une à droite, l'autre à gauche de chaque point
de la courbe de séparation.

Observations de G.
Monge sur le cas
qui nous occupe.
G. Monge, dans son Mémoire sur les déblais et les remblais, après avoir donné le moyen de déterminer la direction
des routes et le prix du transport, dans les déblais et les remblais des aires planes, observe qu'il est un cas où cette solution ne peut pas s'appliquer. C'est le cas que nous venons
de traiter.

« Alors, dit-il, la solution précédente est illusoire. 1°. Elle
» ne donne pas le *minimum* du prix du transport, parce que
» les routes de quelques molécules se coupent entre leurs ex-
» trémités. 2°. Elle ne donne pas le transport total, parce
» qu'alors certaines molécules doivent être transportées deux
» fois, tandis qu'il n'y a point de transport indiqué pour
» d'autres molécules. Dans ce cas, pour résoudre la question,
» il faut diviser le déblai en deux parties par une courbe, et
» le remblai en deux parties par une autre courbe, et chercher
» quelles doivent être ces deux courbes, pour que, les deux
» parties du déblai, étant transportées séparément par la mé-
» thode précédente sur les deux parties correspondantes du
» remblai, la somme des produits des molécules par les es-
» paces parcourus, soit un *minimum*, question qui est de
» nature à être traitée par la méthode des maxima et minima
» des formules indéfinies. »

Ainsi Monge regardait comme nécessaires deux courbes séparatrices, l'une tracée dans l'aire plane du déblai, l'autre dans l'aire
plane du remblai. Mais, d'après ce que nous avons démontré
dans ce Mémoire, on voit, au contraire, qu'en général une seule
courbe doit suffire. Il y a plus : si les routes étaient séparées
par deux courbes, l'une tracée dans le déblai, l'autre tracée
dans le remblai, ces deux courbes ne se correspondraient pas ;

elles ne sépareraient pas des parties d'une égale superficie. Enfin, ces deux courbes ne seraient pas données par l'intersection des fils enveloppés sur les mêmes courbes auxquelles les
routes doivent être tangentes.

Nous allons essayer de déterminer le système de routes
le plus avantageux, lorsqu'elles doivent toutes être mixtes.
Supposons, par exemple, qu'après avoir tracé le meilleur système de routes directes, on trouve que, dans toute la superficie
du remblai, ces routes ont une inclinaison qui dépasse la
limite des pentes. Il faut évidemment, alors, renoncer à
ce système, pour recourir à celui des routes en partie directes,
en partie obliques.

Soit DD^m le déblai, RR^m le remblai; $\Lambda\Lambda$, la limite des
routes obliques; SS, S'S', S"S".... les sections horizontales du
terrain. En chaque point L, L', L".... où ces sections rencon-
trent $\Lambda\Lambda$, menons les routes directes Ll, $L'l'$, $L"l"$... respectivement perpendiculaires à SS, S'S', S"S".... Soient L et L^m,
les points d'où partent les deux routes Ll, $L^m l^m$ respectivement tangentes, en D et D^m, au contour du déblai. Supposons,
enfin, que des points L et L^m, on puisse mener les routes
obliques LR et $L^m R^m$, tangentes au contour du remblai. D'a-
près cette construction :

Fig. 16.
Pl. XII.

1°. Le système des routes directes sera celui des routes LlD;
$L'l'D_,D'$, $L"l"D_,,D"$.....', perpendiculaires en L, L', L"....., aux
courbes horizontales SS, S'S', S"S".

2°. Le système des routes obliques sera complétement arbitraire, entre LR et $L^m R^m$; pourvu qu'on s'arrange de manière
à ne cheminer, depuis $\Lambda\Lambda$ jusqu'au remblai, qu'en suivant des
routes obliques.

En effet, comme nous l'avons vu, quand deux objets peuvent être portés en deux endroits, par des routes constamment

obliques, il est indifférent de transporter le premier ou le second objet du point où chacun se trouve, jusqu'au premier
ou jusqu'au second point d'arrivée. Chaque route mixte, d'ailleurs, est la meilleure possible, entre deux quelconques de ses
points. Enfin cet avantage cesserait d'avoir lieu, si l'on quittait
une des routes directes, telle que D′L′, pour suivre D′L″; puisque D′L″ ne serait pas perpendiculaire, en L″, à la section S″S″.
(*Voyez second mémoire, page 92 et suivantes*).

Du croisement des routes dans le déblai ou le remblai.

S'il arrive que les routes directes venant à converger, se
croisent dans le déblai, la solution précédente ne pourra
plus s'appliquer. Il faudra trouver une courbe de séparation
qui divise en deux parties le déblai; chaque partie sera transportée, suivant un système différent de routes directes, jusqu'en
ΛΛ limite des pentes; et, de là jusqu'au remblai, transportée
par des routes arbitraires.

Cette route de séparation, d'ailleurs, jouira des mêmes
propriétés que la courbe analogue dans les transports qui s'ef-
fectuent par des routes entièrement directes; c'est-à-dire, que
les deux parties directes, aboutissant en chaque point de la ligne
de séparation, formeront l'une et l'autre le même angle avec
cette courbe.

Du raccordement des portions obliques et directes des routes, suivant un angle minimum. Fig. 17. Pl. XII.

Lorsque la route oblique R^mL^m, tracée sans aucun zig-zag
pour aller vers le déblai, conduit à la route directe L^ml^m perpendiculaire à la section S^mS^m, et placée en dehors du déblai DD^m,
il est évident que les solutions indiquées précédemment ne
peuvent plus avoir lieu.

Alors si l'on trace, sans aucun zig-zag, toutes les routes
obliques possibles dans la direction du remblai vers le déblai, leur ensemble sera celui des parties obliques du meilleur
système. Si, de plus, par chaque point L^m, L″, L′, L, où ces
routes obliques rencontrent la limite ΛΛ, on mène jusqu'au

déblai les routes directes L^mD^m, $L''D''$ $L'D'$, LD, qui interceptent des parties $D'DD_,$, $D''DD_,,$....., respectivement égales aux parties du remblai correspondantes, $R'RR_,$, $R''RR_,,$....., on aura le meilleur système de routes mixtes.

Considérons, en effet, deux éléments du déblai, déjà portés en L' et L'', par exemple. Chacun en particulier, pour venir en R' et R'', suit la route la plus avantageuse entre son point de départ et son point d'arrivée. Il est d'ailleurs évident que si L'' peut être transporté en R' par une route oblique en zig-zag, L' ne peut l'être en R'' suivant une route toujours oblique, puisque L'R' est du côté de R'' l'extrême route oblique partie de R'. Or, nous avons fait voir que le système de deux routes obliques L'R', L''R'', est toujours plus avantageux que celui d'une route oblique L''R' et d'une directe LR''. Donc, enfin, le système que nous avons déterminé est le meilleur possible.

Le transport des aires offre des problèmes aussi variés que le transport des lignes matérielles. On peut supposer que le déblai et le remblai soient séparés par une montagne, ou par un vallon, ou par plusieurs inégalités du terrain, qui rendent les routes composées de plusieurs parties directes et de plusieurs parties obliques. Chaque route, en particulier, deviendra plus difficile à tracer ; mais les moyens généraux que nous avons fait connaître, ne cesseront pas d'avoir leur application.

§ IV.

Du déblai et du remblai des volumes.

Nous voici parvenus à la partie la plus générale et la plus difficile de la théorie du tracé des routes, dans les travaux de déblai et de remblai. Comment doit-on transporter, par éléments infiniment petits, une masse quelconque, d'un lieu dans un autre; en supposant, pour plus de généralité, que la figure de la masse avant le transport, n'ait aucun rapport nécessaire avec la figure de cette masse après le transport, et que l'égalité ou seulement la proportion de leurs volumes soit connue?

Il faut observer que la surface du terrain n'est plus ici, comme dans les hypothèses précédentes, la même avant et après le transport. Avant le transport, elle est formée de la surface supérieure du déblai, de la surface inférieure du remblai, et de la surface naturelle du terrain intermédiaire. Après le transport, elle est formée de la surface inférieure du déblai, de la surface supérieure du remblai, et de la surface naturelle du terrain intermédiaire. Nous appelerons l'ensemble des premières superficies, *surface primitive*; et l'ensemble des secondes, *surface définitive* du terrain.

A mesure qu'on opérera le transport, la surface du terrain variera dans la partie déjà travaillée du déblai et du remblai. Pour obtenir le système de routes le plus avantageux possible, il faut que ces surfaces, variables à chaque instant, présentent toujours la forme la plus favorable aux transports, et c'est évidemment celle qui permet de cheminer en ligne droite. La partie des routes comprise dans le déblai et le remblai devra donc être rectiligne; elle ne pourra prendre de courbure qu'en atteignant la surface primitive ou la surface définitive du terrain.

Mais, pour qu'une route en partie rectiligne, en partie curviligne, soit la plus avantageuse possible, il faut que ces deux parties se raccordent tangentiellement : à moins que la surface du terrain ne soit brisée, et ne forme un angle à leur point de raccordement. Donc, si l'on peut déterminer toutes les parties curvilignes du meilleur système de routes, les parties rectilignes de ces routes seront généralement les tangentes de ces courbes.

Si, maintenant, nous considérons une partie curviligne, entre les deux points où elle se raccorde avec les parties rectilignes, nous verrons qu'elle ne peut être généralement la plus avantageuse, si elle n'est pas, entre ses deux extrémités, la ligne la plus courte tracée sur le terrain.

De là résulte donc ce premier théorème : *dans le déblai et le remblai des masses ayant un volume quelconque, le meilleur système de routes est formé, 1°. des lignes les plus courtes qu'on puisse tracer sur la surface primitive ou définitive du terrain ; 2°. des tangentes à ces courbes. De manière que le faisceau de ces tangentes occupe tout le volume du déblai d'une part ; et tout le volume du remblai de l'autre part.*

Nous avons fait voir, dans les *Développements de géométrie*, que la propriété d'un système quelconque de lignes les plus courtes qu'on puisse tracer sur une surface arbitraire, c'est de pouvoir être le lieu des centres de courbure d'une autre surface : de sorte que le faisceau des tangentes à ces lignes les plus courtes forme l'ensemble des normales de cette autre surface. Enfin, ce faisceau peut toujours se décomposer en deux systèmes de surfaces développables ; et les développables d'un des systèmes, croisent partout à angle droit les développables de l'autre système.

La propriété caractéristique de la partie rectiligne des routes, dans le transport des masses d'un volume quelconque, est donc de présenter deux faisceaux de surfaces développables qui, partout, se coupent à angle droit.

G. Monge, supposant toujours que les routes parcourues sont entièrement rectilignes, ce qui ne peut avoir lieu pour le transport des volumes, est parvenu, dans cette hypothèse particulière, au théorème que nous venons d'étendre au cas général. Ce qu'il y a de singulier, c'est que les considérations et les

moyens qui nous ont servi pour démontrer ainsi ce théorème
dans sa plus grande extension, ne peuvent pas s'appliquer à
l'hypothèse plus restreinte à laquelle Monge s'est borné. Ce
géomètre, en effet, supposant que les routes sont toutes formées d'une seule ligne droite, n'admet pas qu'il faille suivre
la courbure du terrain. On ne peut donc plus, alors, considérer
les parties rectilignes des routes, comme les tangentes des parties curvilignes : tangentes dont la nature est d'être normales
à une même surface.

Nous avons essayé de démontrer directement le théorème
de Monge, par le seul secours de la géométrie ; ce qu'on
n'avait point fait encore. Tel est le motif qui nous détermine
à donner ici notre démonstration.

Démonstration géo-
métrique du théo-
rème de Monge.
Fig. 18.

Pl. XII.

Pour que les routes qui servent au transport le plus avantageux d'une masse quelconque, ne soient pas les normales d'une
même surface, il faut qu'en concevant deux surfaces gauches
infiniment voisines, formées par ces routes, et qu'en traçant
les quatre lignes AB, BC, CD, DE, partout perpendiculaires
à ces routes, la dernière ligne DE ne revienne pas au point A.
Nous supposons AB, CD finis ; BC, DE infiniment petits
du premier ordre. Donc AE doit être un infiniment petit du
même ordre, pour qu'en D la surface continue qui passerait
par ABCD ne soit pas normale à la route EA*ea*.

Concevons qu'entre le déblai et le remblai, l'on trace
ainsi deux systèmes de lignes AB, BC, CD, DE ; *ab*, *bc*,
cd, *de*, partout perpendiculaires aux routes que nous considérons. Il est évident que toutes les parties de routes rectilignes
A*a*, B*b*, C*c*, D*d*, E*e*, comprises entre ces lignes, seront égales.
Par conséquent on aura A*a* — E*e* = o, ou AE = *ae*. Si donc
nous menons les droites DA, *da*, les routes qui conduiront de
DA en *da* seront pareillement égales entr'elles.

Soit, maintenant, représenté par m' le rapport de AD à AB + BC + CD, ce rapport sera infiniment petit du 1er ordre.

Divisons le contour ABCDA, en éléments égaux, chacun desquels doive être transporté suivant une route particulière sur le contour *abcda*. Le nombre des routes qui porteront AD sera au nombre des routes qui porteront AB+BC+CD::m':1. Et toutes les routes étant égales, m' sera le rapport des sommes des mêmes routes. Prenons, maintenant, sur le contour *abcd*, en avant de chaque point a, b, c, d, des distances aa', bb', cc', dd', égales entr'elles et infiniment petites du second ordre. Il est évident que si l'on prend pour nouvelles routes, Aa', Bb', Cc'...; toutes celles qui sont comprises entre DA et *da* seront raccourcies, tandis que celles qui sont comprises entre AB, BC, CD et *ab*, *bc*, *cd* seront allongées. Comparons cet allongement et ce raccourcissement.

Si, du point a, nous menons an perpendiculaire à Aa, et par conséquent parallèle à *de*, nous aurons $aa':a'n=ad:ae$, rapports finis. Donc $a'n$ est (ainsi que l'est aa') un infiniment petit du 2e. ordre. Nous allons démontrer que dans un triangle rectangle tel que Aan, où an est un infiniment petit du 2e. ordre et Aa fini, An — Aa est du 4e. ordre. Donc, si An — Aa' est du 2e. ordre, Aa — Aa' est, de même, un infiniment petit du 2e. ordre = m''. Tel sera le raccourcissement de toutes les routes qui serviront au transport entre AD et *ad*.

Il est facile de voir quel sera l'allongement des routes pour le transport des lignes AB, BC, CD. Le point B, par exemple, étant porté non plus en b, mais en b' tel que $bb'=aa'$, on a

$$B b'^2 = B b^2 + b b'^2, \text{ et } B b' - B b = \frac{b b'^2}{2 B b} = m''';$$

m''' étant un infiniment petit du quatrième ordre, puisque bb' l'est du second.

La somme des raccourcissements de routes $= $ AD $\times m''$ est un infiniment petit du 3e. ordre, puisque AD est du 1er. et m'' du 2e. La somme des allongements $= $ (AB $+$ BC $+$ CD) $\times m''$ est un infiniment petit du 4e. ordre, comme m''; puisque AB $+$ BC $+$ CD est fini.

Donc la somme des allongements est infiniment plus petite que celle des raccourcissements. Donc le système de routes Aa, Bb, Cc, Dd, n'est pas le plus avantageux.

Il est un seul cas où cette démonstration ne saurait plus avoir lieu : c'est lorsque les quatre lignes AB, BC, CD, DA, sont à la fois perpendiculaires aux routes Aa, Bb, Cc, Dd. Alors, en effet, si l'on prenait des infiniment petits d'un ordre quelconque, aa', bb', cc', dd'... les nouvelles routes étant toutes des lignes droites obliques par rapport à $abcd$, seraient plus longues que les primitives, qui sont perpendiculaires à $abcd$.

Ainsi, pour que les routes du système Aa, Bb, Cc, Dd soient meilleures que celles de tout autre système, elles doivent être à la fois normales à la même surface continue ABCD.

Jusqu'ici nous avons supposé que les routes employées dans le transport des volumes, fussent entièrement directes. Si elles devaient être mixtes, c'est-à-dire, en partie directes, en partie obliques, les résultats précédents ne pourraient plus s'appliquer dans toute leur généralité.

Cependant, si la partie oblique des routes se trouvait toute sur le terrain qui sépare le déblai du remblai, il n'y aurait rien de changé quant à la partie rectiligne des routes. Celle-ci présenterait encore, soit dans le déblai, soit dans le remblai, un faisceau de droites auxquelles une même surface pourrait être normale. Ce faisceau serait, par conséquent, décomposable en deux systèmes de surfaces développables qui se croiseraient à angle droit.

IIIᵉ. MÉMOIRE.

Mais il n'en est pas ainsi, lorsque la surface supérieure du déblai ou du remblai, offre une pente plus forte que la limite qui convient aux routes directes.

Supposons qu'on ait déterminé le meilleur système de routes soit directes, soit mixtes, soit tout-à-fait obliques, tant sur la surface primitive que sur la surface définitive du terrain. Ce système comprendra toute la partie curviligne des routes nécessaires au transport, et la partie rectiligne occupera tout le volume du déblai et du remblai.

Les tangentes aux routes curvilignes *directes*, qui pénétreront dans le déblai ou dans le remblai, formeront des systèmes de surfaces développables dont les arêtes, normales à une surface unique, appartiendront au meilleur système de routes.

Surfaces développables formées par les parties droites du routes obliques ou directes.

Mais il n'en sera pas de même des parties rectilignes qui se raccorderont avec les routes curvilignes *obliques*. Ce raccordement pourra se faire ou tangentiellement ou non tangentiellement, comme nous l'avons vu, page 96. De plus, ces parties rectilignes seront généralement obliques, et nous allons voir dans un moment les cas qui peuvent faire exception à cette règle. Enfin, ces routes obliques formeront encore des faisceaux de surfaces développables. Mais ces surfaces développables, au lieu de se couper sous un angle droit constant, couperont seulement les plans horizontaux sous un angle constant donné par la limite des pentes.

Exemple simple. Fig. 19. Pl. XII.

Commençons par offrir un exemple simple et facile du cas que nous voulons expliquer. Supposons qu'il faille combler un fossé A*bc* et former au-dessus le revêtement A*mm′nd*, en détruisant le revêtement AMM′ND et creusant le fossé ABC. Supposons, encore, pour plus de facilité, que le profil de ces ouvrages soit constant, et la ligne directrice horizontale. Ainsi les revêtements et les fossés ont la forme de cylindres horizontaux,

20

dont les bases verticales sont représentées dans la fig. 19. Menons, 1°. tangentiellement à AMM′NC, A*bc*, les droites MN, *kl*, qui fassent avec la verticale un angle égal à la limite des pentes descendantes; 2°. tangentiellement à ABC, A*mm′nc*, les droites KL, *mn* qui fassent avec la verticale un angle égal à la limite des pentes ascendantes.

Les parties KK′L, MM′N du déblai, ne peuvent être emportées qu'en passant par K ou par M, suivant des routes obliques. De même, les parties *kk′l*, *mm′n* du remblai, ne peuvent être amenées qu'en passant par *k* ou par *m*, suivant des routes obliques.

Enfin, toutes les parties AMNDCLKA, A*mndclk*A du déblai et du remblai, ne doivent être transportées que par des routes directes. Ces routes directes seront toutes tangentes à MA*m* ou KA*k*.

Quant aux routes rectilignes obliques, il faut observer d'abord que tout arc *mm′n* qui est en *m* tangent à sa corde, doit offrir un point *p* d'inflexion entre *m* et *n*. Si l'on mène à l'arc *mp* toutes les tangentes possibles *p′q′*, *p″q″*..., elles seront la trace verticale des plans qui contiennent les routes obliques et rectilignes qui se raccorderont respectivement en *p*, *p′*, *p″*,... avec les routes obliques et curvilignes; ces dernières d'ailleurs se raccordant en *m*, avec les routes directes représentées par MA*m*. Voici donc, en résumé, le système complet des routes.

ROUTES DIRECTES,
{
I. Curvilignes : *Les arcs* MA*m*, KA*k*, *placés dans des plans verticaux.*

II. Rectilignes : *Les tangentes à ces arcs, prolongées respectivement dans toute l'étendue du déblai ou du remblai.*
}

ROUTES OBLIQUES, { 1. CURVILIGNES : *Les arcs* MP, *mp*, KO, *ko*, *compris depuis la fin des routes curvilignes directes, jusqu'aux points d'inflexion* Pp, Oo. 2. RECTILIGNES : *Les tangentes à ces arcs, brisées d'ailleurs arbitrairement suivant des zigzags à pente constante.*

En étendant cette théorie au cas le plus général, nous ferions voir aisément qu'on doit trouver (dans la portion curviligne des routes) certaines parties directes et certaines parties obliques; leur ligne de séparation est facile à tracer. Les parties obliques sont, dans le déblai comme dans le remblai, terminées par une courbe qui marque sur les lignes de plus grande pente, une suite de points d'inflexion.

Les tangentes aux routes curvilignes directes, sont les seules routes directes et rectilignes; les tangentes aux routes curvilignes obliques, sont les seules routes obliques et rectilignes.

Il faut bien observer, cependant, qu'au lieu d'employer pour routes obliques, des lignes droites brisées, on peut employer des lignes courbes à pente constante, sans qu'aucun des résultats exposés ici cesse d'être vrai. Nous savons, en effet, que toutes les routes à pente constante ont la même longueur, lorsqu'elles ont le même point de départ et le même point d'arrivée.

Il pourrait se faire que le déblai et le remblai présentassent, le premier, un angle rentrant A*bg*; le second, un angle saillant ABC; et tous les deux à vive arête.

Fig. 20.
Pl. XIII

Il faudrait, alors, par les points B et *b*, mener les droites BL, *bl*, suivant l'inclinaison des pentes descendantes; et les droites, BM, *bm*, suivant l'inclinaison des pentes ascendantes. Tout l'espace *blemb* doit être occupé par des lignes droites représentant des routes directes; il en est de même de l'espace BLEMB.

Au-dessus et au-dessous de ces deux espaces, les parties restantes du déblai et du remblai ne peuvent plus être transportées qu'en suivant des routes obliques passant, les premières par le point b, les secondes par le point B.

Pour revenir au cas général, il faut observer que, si les routes obliques doivent se raccorder tangentiellement aux routes directes, il est cependant des cas où cette condition ne peut plus avoir lieu. Alors il faut que l'angle formé par chaque route directe et par l'oblique dont elle est la continuation, soit aussi obtus que possible. Il faut, en outre, que la route oblique, sans faire aucun zig-zag, soit dirigée du côté qui l'approche le plus du déblai, si elle appartient au remblai; et du remblai, si elle appartient au déblai.

Du raccordement des portions obliques et directes des routes par un angle *minimum.*
Fig. 21.
Pl. XIII.

Nous trouvons un exemple de ce nouveau genre de solution, lorsque, sur le penchant d'une montagne très-allongée et d'une pente rapide, il s'agit de prendre une masse de terre D, pour la porter vers un point R placé comme on le voit dans la fig. 21. Soient DL et DL′ les routes obliques les plus divergentes, à partir du point D. D'après la disposition de la figure, ni DL, ni DL′, ni les routes intermédiaires ne seront telles qu'une route directe, partie du point R, aille se raccorder tangentiellement avec l'une ou l'autre, sur la ligne limite ΛΛ. Nous avons fait voir p. 96, que la route la plus avantageuse qu'il soit possible de suivre est, alors, l'oblique extrême DL dirigée du côté de R, et la route directe LR.

Dans ce nouveau cas, comme dans tous les autres, les routes rectilignes directes et les routes rectilignes obliques, forment deux faisceaux distincts. Ces deux faisceaux sont séparés par une surface ou gauche ou développable qui partout est tangente, soit à la surface primitive, soit à la surface définitive du terrain.

§ V.

Variation des volumes du déblai et du remblai.

Jusqu'ici nous avons regardé le déblai et le remblai comme étant des espaces limités de toutes parts, et d'un volume déterminé. Nous avons supposé ces volumes égaux; mais la méthode que nous avons employée ne rendait point nécessaire une telle hypothèse. Nos résultats n'auraient rien perdu de leur généralité, si nous eussions supposé que le rapport des volumes du déblai et du remblai, dût être tout autre que l'unité.

Des déblais et remblais qui n'ont pas le même volume.

C'est, par exemple, ce qu'il faut admettre dans le remuement des terres. On sait qu'elles occupent sensiblement plus d'espace dans le remblai, qu'elles n'en occupaient dans le déblai. C'est une considération à laquelle il est essentiel d'avoir égard dans les travaux. Sans doute, par l'effet du tassement, les matériaux du remblai prennent un moindre volume. Mais, lorsqu'on a transporté des terres qui depuis long-temps n'avaient pas été travaillées, et à plus forte raison des terres vierges, il faut un temps bien considérable pour qu'un tassement complet soit opéré.

Exemple offert par le remuement des terres.

Dans ces cas divers, on peut donner dès le principe une telle figure au remblai, qu'après le tassement il présente une autre figure, déterminée d'avance.

Considérations sur le tassement des terres.

Si l'on admettait que le tassement de chaque partie du terrain dût être proportionnel à la hauteur de terre dont cette partie est chargée, on trouverait avec facilité le tassement d'une tranche verticale dont les dimensions horizontales, épaisseur et largeur, sont connues et prises pour unité.

Soit ABCD cette tranche; divisons-la par des sections horizontales infiniment voisines, $k'a'$, $k''a''$, $k'''a'''$, etc. Sur le prolongement de chaque section, marquons des longueurs,

Fig. 22.
Pl. XIII.

$a'm'$, $a''m''$, $a'''m'''$, etc., qui, respectivement, soient proportionnelles aux pressions produites par $Aa'k'D$, $Aa''k'D$, $Aa'''k''D$, etc., sur l'élément immédiatement inférieur. Il est évident que la somme des tassements sera représentée par la somme des lignes $a'm'$, $a''m''$, $a'''m'''$.

Observons, d'ailleurs, que le tassement total de chaque élément, c'est-à-dire sa diminution de volume, est proportionnel à son épaisseur même, et par conséquent à sa hauteur. Car, si $k'a'a''k''$, par exemple, était double en volume, il tasserait d'une hauteur double. Il faut donc multiplier la somme de am, $a'm'$, $a''m''$...., par le facteur constant Aa', $a'a''$, $a''a'''$. Ce produit est la surface du triangle rectangle ABM.

Par conséquent, si nous comparons le tassement total avec celui de la partie $Aa'''k''D$, par exemple, nous aurons pour rapport celui de la surface des triangles ABM, $Aa'''m'''$. Or, ce rapport est celui du quarré des hauteurs. Ainsi, le tassement des terres serait proportionnel au quarré des hauteurs du remblai.

Fig. 23.
Pl. XIII.

Si l'on connaissait le tassement d'une couche de terre ayant un mètre de hauteur, pour un même temps et dans les mêmes circonstances, le tassement d'une couche quelconque serait connu. Si l'on voulait qu'au bout de ce temps, les terres du remblai prissent la figure $RR'R''...R'''r'''r''r'R$, il faudrait remplir de terre un espace $RR'R''R'''....R''' \rho''' \rho'' \rho' R$ tel que les hauteurs $r'\rho'$, $r''\rho''$, $r'''\rho'''$.... fussent entr'elles comme les quarrés $R'r'^2$, $R''r''^2$, $R'''r'''^2$, etc.

Il est évident que la loi d'après laquelle nous venons d'évaluer les tassements, n'est pas celle de la nature ; car en la suivant, on pourrait concevoir une tranche de terre assez haute pour que le tassement de la partie inférieure de la tranche, devînt égal au propre volume de cette partie; ce qui serait absurde. On pourrait beaucoup mieux représenter les tassements par les ordonnées d'une courbe hyperbolique dont les abscisses prises sur une droite $ma'a''a'''$..., égaleraient la hauteur des couches de terre soumises au tassement. De manière que, pour une charge infinie, le tassement fût représenté par mA; et, que pour des hauteurs ma', ma''.... le tassement fût représenté par $a'm'$, $a''m''$, $a'''m'''$... Dans tous les cas, on porterait les hauteurs $R'r'$, $R''r''$, $R'''r'''$ (fig. 23), à partir du point m et sur la ligne des abscisses (fig. 24); on élèverait les ordonnées $a'm'$, $a''m''$..., correspondantes, pour les porter respectivement en $r'\rho'$, $r''\rho''$,... (fig. 23), et l'on aurait le contour $R\rho'\rho''\rho'''$... qu'il faut donner à la partie supérieure du remblai.

Fig. 24.
Pl. XIII.

Fig. 23.
Pl. XIII.

§ VI.

Des systèmes de routes qui se rencontrent dans le déblai ou dans le remblai des volumes.

Les divers résultats auxquels nous sommes parvenus, en traitant du transport des volumes, supposent que les routes ne se croisent ni dans le déblai ni dans le remblai. S'il en était autrement, on devrait abandonner ces directions croisées, pour chercher un double système de routes qui, sans se traverser, eussent des points d'aboutissement communs, soit sur le déblai, soit sur le remblai : ces points formeraient une surface *séparatrice* qui servirait de limite aux deux systèmes de routes.

Proposons-nous de déterminer cette surface, toujours en admettant que l'on compare entr'elles les routes directes, d'après la seule considération de leur longueur.

Supposons qu'on ait déterminé la surface séparatrice cherchée. Traçons sur elle une ligne courbe quelconque. Considérons toutes les routes qui aboutissent à cette ligne. Elles vont

De la surface séparatrice des routes, qui se rencontrent dans le déblai ou dans le remblai.

Propriété caractéristique de cette surface.

former de chaque côté de la courbe, une surface gauche particulière. Regardons, comme étant le terrain même, l'ensemble
de ces deux surfaces gauches.

Traçons, ensuite, sur la surface séparatrice, une seconde
courbe partout infiniment voisine de la première. Les nouvelles
routes qui viennent aboutir à la seconde courbe, présentent
aussi deux surfaces gauches. Les tranches infiniment minces
que ces surfaces interceptent dans le déblai, doivent être transportées dans les tranches qu'elles interceptent dans le remblai.

On pourra décomposer chaque tranche en filets quadrangu-
laires ayant deux routes sur la surface gauche inférieure, et
deux routes sur la surface gauche supérieure. On réduira tous
ces filets à la même épaisseur, en allongeant ou raccourcissant
convenablement les routes placées sur le terrain, sans altérer
leur direction. Alors, au lieu d'avoir un volume à transporter,
on pourra ne considérer qu'une aire, sans que les arêtes des
premières surfaces gauches aient cessé pour cela d'offrir le
système de routes le plus avantageux.

Mais nous avons vu, dans le transport des aires, que si les
routes se rencontrent, soit dans le déblai, soit dans le remblai,
la suite de leurs points de rencontre est une courbe qui forme
le même angle avec les deux routes aboutissant en un quelconque de ses points. Donc, cette propriété doit également appartenir à la courbe tracée arbitrairement sur la surface séparatrice que nous considérons.

Ainsi, dans le transport des volumes, lorsque les routes aboutissent sur une surface séparatrice, chacune des courbes tracées
sous toutes les directions possibles, sur cette surface, fait le
même angle avec les deux routes qui aboutissent en un
même point de cette courbe. Cette condition exige, 1°. que
le plan tangent à la surface limite fasse le même angle avec

les deux routes qui partent du point de contact; 2°. que les deux routes soient dans un plan perpendiculaire à ce plan tangent.

Cette nouvelle propriété devra s'adjoindre aux propriétés générales que nous avons démontrées. Ainsi les routes de chaque système, en particulier, seront toujours susceptibles d'être à la fois les normales d'une seule et même surface courbe.

Description de la surface séparatrice par un mouvement continu.

Considérons ces routes dans toute leur étendue. Plions un fil sur leur partie courbe tracée, sur le terrain, entre le déblai et le remblai ; tendons ce fil jusqu'à la surface séparatrice. Vient-il du côté droit de cette surface ? On pourra tendre un semblable fil du côté gauche, pour le faire aboutir au même point sur la surface séparatrice; et réciproquement. Ensuite, allongeons ou raccourcissons les deux fils, d'une même quantité. Enfin, pour chaque allongement ou chaque raccourcissement, faisons prendre toutes les positions possibles au point de réunion. Ce point ne cessera pas d'être sur la surface séparatrice ; il la décrira toute entière, et dans chacune de ses positions, les deux fils dont il réunit les extrémités présenteront, l'un à droite et l'autre à gauche de cette surface, une route entière, depuis le déblai inclusivement jusqu'au remblai inclusivement.

Pour compléter ce procédé graphique, on prolongera les diverses routes curvilignes qui se trouvent sur la surface du terrain, à droite et à gauche de la surface séparatrice qui divise en deux le déblai ou le remblai. On déterminera les intersections successives de ces prolongements; ils formeront, suivant les cas, deux branches d'une même courbe ou deux courbes indépendantes. Plantons, maintenant, des jalons infiniment rapprochés tout le long de ces courbes, afin d'assujettir les deux fils à se plier suivant le contour qu'elles présentent. Fixons un bout de chaque fil à l'extrémité de la courbe qui lui correspond, et réunissons les deux fils en un point quelconque de la surface limite. Il suffira de tendre constamment les deux fils et de les allonger ou de les raccourcir à chaque instant d'une même quantité, pour que leur point de réunion décrive complétement la surface limite, et que chaque position des deux fils offre le cours entier de deux routes qui aboutissent au même point.

On sait qu'en général, les normales d'une surface courbe forment, par leurs intersections successives, deux autres surfaces qui sont respectivement le lieu des centres de plus grande et de moindre courbure de la surface primitive. Si nous comparons ces deux surfaces avec celle qui sépare les deux systèmes distincts de routes, dans un déblai ou dans un remblai quelconques, nous verrons que celle qui est la plus voisine de la surface séparatrice, doit être la surface même du terrain ; car si c'était la plus éloignée, les routes se croiseraient nécessairement dans leur partie rectiligne, entre leurs extrémités ; ce qui ne saurait être.

Néanmoins, nous pouvons toujours concevoir cette autre surface que nous appelerons *surface supplémentaire*. Elle pénètre le terrain, s'il est concave en quelque sens, suivant la courbe, lieu des intersections successives de nos routes. Cela nous montre pourquoi ces routes ne doivent pas entrer dans la partie du terrain limitée par cette courbe.

Au moyen de la surface supplémentaire que nous venons de déterminer, on peut se passer de cette même courbe pour trouver toutes les routes rectilignes. En effet, le système de ces routes est complétement défini par la condition que chacune d'elles soit à la fois tangente aux deux surfaces supplémentaires. La partie courbe des routes est pareillement tangente à la fois aux deux surfaces, et le point de contact est le même sur les deux surfaces, puisque ce point est sur leur commune intersection.

IIIe. MÉMOIRE.
Hypothèse générale
où le prix des transports sur les deux
routes qui se rencontrent, est dans
un rapport quelconque.

Jusqu'ici nous avons supposé qu'il fallait une même quantité de forces pour parcourir la même longueur de route, soit d'un côté de la surface séparatrice, soit de l'autre côté. Supposons qu'il faille m fois plus de forces ou, ce qui en est l'expression, m fois plus de dépense, pour parcourir la même longueur de route d'un côté de la surface séparatrice, que de l'autre côté. Demandons-nous, dans cette hypothèse, quelles relations la surface séparatrice doit avoir avec la direction des routes de l'un et de l'autre système.

Représentons la surface séparatrice par $\Sigma\Sigma$. Admettons, pour plus de facilité, que les routes de droite aboutissent au point R, et les routes de gauche au point S.

Fig. 25.
Pl. XIII.

Prenons sur la surface séparatrice, deux points quelconques z_r, ε_s infiniment voisins l'un de l'autre. Ensuite, des points R et S comme centres, tendons des fils sur le terrain, jusqu'en α_r et ε_s. Décrivons sur le même terrain, en tenant toujours les fils tendus, les deux arcs très-petits $A_r z_r a_r$, $B_s \varepsilon_s b_s$. On aura nécessairement, entre les longueurs des fils descripteurs, ces relations

$$\mathrm{R A}_r = \mathrm{R} z_r = \mathrm{R} a_r \text{ et } \mathrm{S B}_s = \mathrm{S} \varepsilon_s = \mathrm{S} b_s.$$

Si les points α_r, ε_s sont au-dessus de la ligne la plus courte menée de S en R, il est évident qu'on aura

$$\mathrm{R A}_r \mathrm{S} < \mathrm{R} z_r \mathrm{S} < \mathrm{R} a_r \mathrm{S}, \text{ et } \mathrm{R B}_s \mathrm{S} < \mathrm{R} \varepsilon_s \mathrm{S} < \mathrm{R} b_s \mathrm{S}.$$

Maintenant, la surface séparatrice étant supposée appartenir au meilleur système de routes possible, il faut qu'on ait toujours plus d'avantage à porter

A_r en R et b_s en S, que b_s en R et A_r en S

B_s en R et a_r en S, que a_r en R et B_s en S.

Ce qui donne immédiatément

$$A_rR + m.b_sS < b_sR + m.A_rS \quad \text{Mais} \quad A_rR = \alpha_rR = a_rR$$
$$B_sR + m.a_rS < a_rR + m.B_sS. \qquad\qquad B_sS = \epsilon_sS = b_sS.$$

Donc $A_rR + m.b_sS = a_rR + m.b_sS = \alpha_rRm. + \epsilon_sS.$

$$B_sR + m.a_rS < \sigma_rR + m.\epsilon_sS < b_sR + m.A_rS.$$

Inégalités qui subsisteront, tant qu'on aura celles-ci,

$$B_sR < \epsilon_sR < b_sR_r, \text{ et } A_rS < \alpha_rS < a_rS,$$

quelle que soit la valeur absolue de ces inégalités. Donc, enfin, d'après les principes de la méthode des limites,

$$\alpha_rR + m.\epsilon_sS = \epsilon_sR + m.\alpha_rS, \text{ d'où } \alpha_rR - m.\alpha_rS = \epsilon_sR - m.\epsilon_sS.$$

Cette expression nous fait voir que la surface séparatrice est, en chacun de ses points, éloignée de R et de S (lieux de concours des routes), de quantités telles que la première moins m fois la seconde donne une différence constante.

Fig. 26.
Pl. XIII.

Passons au cas général, où les routes de chaque faisceau n'aboutissent pas en un point unique. Représentons par $\Sigma\Sigma$, la surface séparatrice des deux faisceaux. Les routes de chaque faisceau doivent pouvoir être les normales d'une surface. Soient donc OO, PP ces deux surfaces, et supposons que les routes soient terminées sur elles : hypothèse toujours permise; puisque les routes les plus avantageuses, le sont, non pas seulement entre leurs points extrêmes, mais entre deux quelconques de leurs points intermédiaires.

Prenons sur $\Sigma\Sigma$, les points α_r, ϵ_s infiniment voisins l'un de l'autre. Décrivons les arcs $A_r\alpha_r a_r$ et $B_s\epsilon_s b_s$ perpendiculairement aux routes A_rR_A, α_rR_α, a_rR_a, d'une part; et B_sS_B, ϵ_sS_ζ, b_sS_b, de l'autre part; en supposant que A_r et B_s soient plus près des routes menées directement de S' en R'_A et de S_B en R' que les points

a_r, a_r et ε_s, b_s, on aura de suite, ...

$$A_rS' < \alpha_rS'' < a_rS''' \text{ et } B_sR' < A_sR'' < b_sR'''.$$

Mais, si la surface séparatrice est placée le mieux possible, il faut qu'on ait plus d'avantage à porter

A_r en R_A et b_s en S_b, que b_s en R''' et A_r en S'

B_s en R' et a_r en S''', que a_r en R_a et B_s en S_B.

Ce qui donne immédiatement,

$$A_rR_A + m.b_sS_b < b_sR''' + m.A_rS'$$
$$B_sR' + m.a_rS''' < a_rR_a + m.B_sS_B.$$

Or, par hypothèse, $A_rR_A = \alpha_rR_a = a_rR_a$; $B_sS_B = \varepsilon_sS_\varepsilon = b_sS_b$. Donc

$$A_rR_A + mb_sS_b = \alpha_rR\lambda + \varepsilon_sR_Cm = a_rR_a + mB_sS_B,$$
$$\text{et } B_sR' + m.a_rS''' < \alpha_rR_a + m.\varepsilon_sS_\varepsilon < b_sR''' + m.A_sS'.$$

Mais on peut rendre aussi petites qu'on voudra les différences de B_sR' et b_sR''' à ε_sR'', et les différences de α_rS'' et A_sS' à a_rS''.

D'après les principes de la méthode des limites, on a donc

$$\alpha_rR_a + m.\varepsilon_sS_\varepsilon = \varepsilon_sR'' + m.\alpha_rS''.$$

D'où l'on tire

$$\alpha_rR_a - \varepsilon_sR'' = m.\alpha_rS'' - \varepsilon_sS_\varepsilon.$$

C'est-à-dire, que la surface séparatrice est, en chacun de ses points, éloignée des surfaces OO, PP, de quantités telles que la première moins m fois la seconde est une grandeur constante.

De là résulte un moyen extrêmement simple pour construire la surface séparatrice. Il faut tracer, sur le terrain, la partie curviligne des routes; puis tendre un fil suivant le contour de leurs intersections successives (*); et fixer ce fil à son extré-

Moyen de décrire, dans cette hypo-thèse générale, la surface séparatri-ce, par un mouve-ment continu.

(*) On peut supposer, par exemple, que ces intersections successives sont mar-quées par des jalons contre lesquels le fil s'appuie.

mité la plus éloignée de $\Sigma\Sigma$. En réunissant, sur un point de $\Sigma\Sigma$, la partie libre de deux fils ainsi disposés; puis en les faisant allonger ou raccourcir dans le rapport constant m, et les tenant toujours tendus, on décrira complétement la surface séparatrice.

Fig. 27.
Pl. XIII.

Si, par un même point a, de aa_x, l'on fait passer les deux surfaces $aR_{,}R_{,,}R_{,,,}$, $aS_{,}S_{,,}S_{,,,}$... respectivement perpendiculaires aux routes de droite et de gauche, aboutissant à la surface séparatrice $\Sigma\Sigma$, l'on aura généralement

$$a_{,}'R_{,}-m.a_{,}'S_{,}=a_{,,}''R_{,,}-m.a_{,,}''S_{,,}=a_{,,,}'''R_{,,,}-m.a_{,,,}'''S_{,,,}, \text{ etc}$$

Or, a se trouve placé sur $\Sigma\Sigma$; donc sa distance à $aR_{,}R_{,,}$... moins m fois sa distance à $aS_{,}S_{,,}$..., est nulle. Donc

$$o=a_{,}'R_{,}-m.a_{,}'S_{,}=a_{,,}''R_{,,}-m.a_{,,}''S_{,,}=a_{,,,}'''R_{,,,}-m.a_{,,,}'''S_{,,,}...$$

En supposant que $aa_{,}'$ soit infiniment petit, $a_{,}'R_{,}$, $a_{,}'S_{,}$ seront les cosinus des angles $aa_{,}'R_{,}$, $aa_{,}'S_{,}$ que la surface séparatrice forme avec $\Sigma\Sigma$ et les deux routes $a_{,}'R'$, $a_{,}'S'$ qui concourent en $a_{,}'$. Ainsi le rapport de ces cosinus égale m.

Si par un point $a_{,}'$, on mène à la surface séparatrice, la normale $Pa_{,}'Q$, les angles $aa_{,}'R_{,}$ et $R_{,}a_{,}'P$, ainsi que $aa_{,}'S_{,}$ et $S_{,}a_{,}'Q$ sont compléments l'un de l'autre. Par conséquent,

$$Cosinus.a_{,}'a_{,}'R_{,}=Sinus.R_{,}a_{,}'P, \text{ et } Cosinus.aa_{,}'S_{,}=Sinus.S'a_{,}'Q.$$

De là résulte ce théorème général.

Lorsque les routes se rencontrent dans un déblai ou dans un remblai quelconque, et qu'il faut employer m fois plus de dépense pour parcourir (sur les routes qui sont d'un côté de la surface séparatrice), le même espace que sur les routes qui sont de l'autre côté : les deux routes qui concourent en un même point de cette surface séparatrice, forment avec elle deux angles dont les cosinus *sont réciproquement entr'eux dans le rapport constant* m. *Autrement : les deux routes qui concourent en un même point de la surface séparatrice, for-*

ment, avec sa normale en ce point, deux angles dont les Si-
nus sont entr'eux dans un rapport constant, 1 : m.

Dans le Mémoire suivant nous appliquerons à l'optique cette
propriété générale.

Fig. 27.
Pl. XIII.

A présent, supposons que la surface séparatrice $\Sigma\Sigma$ soit quelconque et donnée d'avance, ainsi que le faisceau complet des
routes placées à droite de cette surface : une surface courbe
$a R_{,} R_{,,} R_{,,,}$..... pouvant être à la fois normale à toutes ces routes.
Demandons-nous s'il est possible de trouver à gauche de cette
surface $\Sigma\Sigma$, un autre faisceau de routes, qui forme avec le
premier, un système de routes le plus avantageux possible.

Si nous prenons sur $\Sigma\Sigma$, le point quelconque a_x ; si nous
menons ensuite la route $a_x S_x$, à gauche de ce plan; de manière,
1°. que les angles $a a_x R_x$, $a a_x S_x$ aient leurs cosinus dans le
rapport constant 1 : m ; 2°. que le plan des deux routes $a R_x$,
$a_x S_x$, soit perpendiculaire au plan tangent en a_x à la surface $\Sigma\Sigma$;
alors, nous aurons la direction que doit avoir une des routes
de gauche, pour correspondre à la route de droite aboutissant
au même point qu'elle, sur la surface séparatrice.

Il reste à voir si les nouvelles routes ainsi déterminées, et
supposées rectilignes, peuvent être les normales d'une même
surface courbe. Pour nous en assurer, traçons, entre les points a
et a_x, la courbe $a a_x$, sur la surface $\Sigma\Sigma$. Déterminons toutes les
routes de droite ; et, par leur moyen, toutes les routes de
gauche qui aboutissent en quelque point de $a a_x$. Déterminons,
ensuite, la surface $a R_{,} R_{,,} R_{,,,}...R_x$ partout normale aux routes de
droite, et passant par le point a. Déterminons de même, la
courbe $a S_{,} S_{,,} S_{,,,}...S_x$ partout normale aux routes de gauche.
Nous aurons immédiatement $a_x R_x = m a_x S_x$. En effet, si l'on
divise $a a_x$ en parties égales infiniment petites $a a'_{,} = a'_{,} a''_{,,} =$
$a''_{,,} a'''_{,,,}$... et qu'on forme les triangles rectangles.....

$$aa_{_{/}}\mathrm{R}_{_{/}}, \quad aa_{_{/}}'\mathrm{S}_{_{/}}; \quad a_{_{/}}'a_{_{//}}''a_{_{//}}', \ a_{_{//}}''a_{_{///}}'''a_{_{///}}'';\ldots$$

On aura, $a_{_{/}}'\mathrm{R}_{_{/}} = m.a_{_{/}}'\mathrm{S}_{_{/}}$; $a_{_{//}}''a_{_{//}}' = m.a_{_{//}}''b'_{_{//}}$, $a_{_{///}}'''a_{_{///}}'' = m.a_{_{///}}'''b_{_{///}}''\ldots$

Si donc on décrit, des points $a_{_{/}}'$, $a_{_{//}}''$, $a_{_{///}}'''$,... les courbes $a_{_{/}}'a_{_{x}}'$, $a_{_{//}}''a_{_{x}}''$, $a_{_{///}}'''a_{_{x}}'''$ qui coupent à angle droit toutes les routes de gauche qu'elles rencontrent, on aura :

$$a_{_{/}}'\mathrm{R}_{_{/}} = a_{_{x}}'\mathrm{R}_{_{x}} = m.\ a_{_{/}}'\mathrm{S}_{_{/}} = m.\ b_{_{x}}'\mathrm{S}_{_{x}}$$
$$a_{_{//}}''a_{_{//}}' = a_{_{x}}''a_{_{x}}' = m.\ a_{_{//}}''b_{_{x}}' = m.\ b_{_{x}}''b_{_{x}}',\ \text{etc.}$$

En ajoutant d'une part les premiers termes, de l'autre les seconds termes de ces égalités, on obtient pour résultat définitif

$$a_{_{x}}\mathrm{R}_{_{x}} = m.a_{_{x}}\mathrm{S}_{_{x}}.$$

Si nous supposons que, entre les deux points a, $a_{_{x}}$, la courbe $aa_{_{x}}$ varie de forme d'une manière quelconque, sans quitter cependant la surface $\Sigma\Sigma$, les routes extrêmes $a_{_{x}}\mathrm{R}_{_{x}}$, $a_{_{x}}\mathrm{S}_{_{x}}$ ne changeront pas de position; mais le point $\mathrm{R}_{_{x}}$ étant déterminé par l'intersection de la route $a_{_{x}}\mathrm{R}_{_{x}}$ avec la surface constante $a\mathrm{R}'\mathrm{R}_{_{//}}...\mathrm{R}_{_{x}}$, ce point ne changera pas non plus. Ainsi la route $a_{_{x}}\mathrm{R}_{_{x}}$ aura toujours la même longueur. Par conséquent aussi, $m.a_{_{x}}\mathrm{S}_{_{x}} = a_{_{x}}\mathrm{R}_{_{x}}$ conservera toujours la même longueur.

Donc la courbe $a\mathrm{S}_{_{/}}\mathrm{S}_{_{//}}\mathrm{S}''...\mathrm{S}_{_{x}}$ pourra prendre une infinité de directions différentes, sans cesser d'être perpendiculaire aux routes de gauche qu'elle rencontre, ni d'aboutir au même point $\mathrm{S}_{_{x}}$ sur $a_{_{x}}\mathrm{S}_{_{x}}$. Mais la route $a_{_{x}}\mathrm{S}_{_{x}}$ est prise arbitrairement parmi celles de gauche. Concluons de là que toutes les courbes qui, partant du même point a de $\Sigma\Sigma$, croisent les routes à angle droit, ne peuvent rencontrer chaque route qu'en un point unique; ces courbes forment donc une surface unique et partout normale aux routes du second faisceau. Celui-ci, dès lors, a par rapport au premier faisceau, toutes les propriétés du meilleur système de routes. De là nous concluons ce nouveau théorème :

Un système de routes normales à la même surface, et

aboutissant soit à droite, soit à gauche, sur une surface séparatrice quelconque, il est toujours possible de trouver de l'autre côté de la surface séparatrice, un second faisceau de routes, lequel, réuni avec le premier, forme un système général de routes les plus avantageuses pour effectuer les déblais et les remblais des espaces traversés par les routes. De plus, les Sɪɴᴜs des angles formés en chaque point de la surface séparatrice, par les deux routes qui concourent en ce point, avec la normale de la séparatrice, ces sɪɴᴜs, disons-nous, sont entr'eux dans un rapport constant.

§ VII.

Des déblais et des remblais imparfaitement définis.

Souvent l'espace réservé pour le déblai ou le remblai, n'est limité que d'un côté. On peut, par exemple, proposer de déblayer un volume D, pour en porter les matériaux dans l'espace R à remblayer; espace déterminé d'un côté par une surface ABC; mais indéfini, entre les branches BA, BC.

Supposons qu'on ait trouvé le système de routes le plus avantageux. Toutes les parties de route, comprises entre les branches BA et BC, seront rectilignes; comme cela doit être en général. Soit AEeC la surface qui doit terminer le remblai. Je dis qu'elle est normale à toutes les routes rectilignes. En effet, quelle que soit cette surface AEeC, le faisceau des routes rectilignes du remblai doit toujours jouir de ses propriétés générales, l'une desquelles est de présenter un double système de surfaces développables. Par conséquent chaque route EF peut être coupée par deux autres routes infiniment voisines, et qui soient placées sur des développables différentes.

Si la surface AEeC n'est pas perpendiculaire aux routes, FE, *fe*,... il faudra qu'elle fasse un angle oblique avec elles. Suppo-

Premier cas : le remblai seul ou le déblai seul, indéfini d'un côté.

Fig. 28.

Pl. XIV.

22

sons FEe obtus; et, par cela même, Eef aigu : FE, fe étant infiniment voisines, et supposées se rencontrer en un point quelconque O. Si, du point O comme centre et d'un rayon O$ε$ égal à la demi-somme de OE et Oe, on décrivait un arc P$εp$, il est évident qu'on aurait eu de l'avantage à porter en PE$ε$, la partie portée en $pe ε$. Par conséquent la surface AEeC ne serait pas la plus avantageuse. Il faut donc que la surface AEC qui limite le remblai, soit partout perpendiculaire aux routes rectilignes qui occupent le remblai; ainsi ces routes composent le système des normales de la surface limite AEeC.

Si le déblai, comme le remblai, devait être incomplétement défini, la surface qui achèverait de le définir aurait pareillement pour normales, les routes rectilignes comprises dans le déblai. Ce dernier cas semble ne pas devoir se présenter dans la pratique; cependant il n'est nullement impossible. Si l'on a besoin, par exemple, de porter d'un emplacement dans un autre, une portion de la matière qui remplit le premier espace, on doit se demander quelle partie il faut enlever, et comment il faut la disposer dans le nouvel emplacement supposé trop vaste pour être rempli. Alors, toutes choses égales d'ailleurs, on doit chercher un système de routes qui satisfasse aux conditions dont nous venons de démontrer l'avantage.

Au lieu de supposer que les retours et les allées sont d'une égale facilité, nous pouvons supposer, et tel est le cas qui se présente le plus ordinairement, que les retours soient plus dispendieux. C'est, par exemple, ce qui a lieu lorsque les voitures ou les bêtes de somme employées pour les voyages, reviennent sans rien rapporter, ou ne reviennent qu'avec un chargement incomplet, ou bien qu'en payant des droits proportionnels à la longueur des routes de retour. Il pourrait encore se faire que les retours fussent moins dispendieux que

IIIe. MÉMOIRE.

Fig. 29.
Pl. XIV.

les allées. Ainsi, lorsqu'on va par terre, pour commercer sur les rives d'un fleuve en apportant des marchandises de peu de prix, pour en remporter d'autres d'un grand prix, à valeurs égales, les frais du transport sont beaucoup plus considérables pour les allées que pour les retours.

Supposons donc, en général, que le rapport du prix des allées au prix des retours soit un nombre quelconque m. Cherchons comment il faut, alors, limiter un remblai, pour que le prix total des transports, allées et retours, soit un *minimum*.

Puisque les routes des allées AL, A'L', A"L",.... sont les plus avantageuses possibles, elles doivent être soumises aux lois générales d'un système de routes le plus avantageux. Ainsi toutes ces routes sont les normales d'une même surface OO'.

De même, les routes de retour LR, L'R', L"R".... sont les normales d'une seule et même surface PP'.

Maintenant, nous pouvons supposer; 1°. que la matière à déblayer est déjà transportée jusqu'à la surface OO' perpenculaire aux routes d'allées; 2°. qu'il s'agit seulement de la transporter jusqu'en PP', surface perpendiculaire aux routes de retour. On conçoit, en effet, que si nous plaçons les surfaces OO', PP' entre le déblai et le remblai, et la surface limite ΣΣ', le système total des routes ne peut être le plus avantageux possible, sans que la portion de ce système comprise entre OO', ΣΣ' et PP', ne le soit pareillement.

La surface limite ΣΣ', devant être tracée de manière à intercepter dans le remblai un espace égal au déblai, on ne pourra porter au delà de cette limite, un élément solide l, sans laisser, en deçà de la limite, un égal vide λ. L'addition de l donne un surcroît de routes égal à $al + m.lr$, et la suppression de λ produit une diminution égale à $\alpha\lambda + m.\lambda\rho$. Enfin, la diminution doit toujours être moindre que l'augmentation. Si nous supposons λ

infiniment voisin d'un point L de la surface séparatrice, $\alpha\lambda +$ $m.\lambda\rho$ différera infiniment peu de AL+m.LR. Mais, en même temps, nous pouvons supposer que le point l soit tour à tour infiniment voisin de L, L′, L″... Alors, au lieu de $al + m.lr$, on pourra prendre AL+m.LR, A′L′+m.L′R′, A″L″+m.L″R″..., qui devront ne différer qu'infiniment peu de la quantité constante $al + m.\lambda\rho$. Donc, enfin, ces quantités elles-mêmes sont constantes, à quelque point de ΣΣ′ qu'elles se rapportent.

Si nous considérons les routes infiniment voisines AL, LR et A′L′, L′R′; et si nous abaissons, des points L et L′, les perpendiculaires Lf sur L′R′ et L′f′ sur AL. Nous aurons

$$AL + m.LR = A'L' + m.L'R',$$
d'où
$$AL - A'L' = m(L'R' - LR),$$
et
$$Lf = m.L'f' :$$

expression ainsi traduite en langage trigonométrique :

Si l'on détermine les espaces parcourus suivant une route d'allée et suivant la route de retour correspondante, avec la même quantité de force dans les deux cas, le rapport de ces espaces est celui des cosinus *de l'angle formé par les deux routes avec le plan tangent à la surface limite au point où finit l'allée et commence le retour. Par conséquent, ce rapport est aussi celui des* sinus *de l'angle formé par ces deux routes, avec la normale de la surface limite, au point où commence l'allée et finit le retour.*

En effet, supposons que LL′ soit constante, et que le point L étant fixe, L′ puisse tourner autour de lui, sans jamais quitter Σ′. Lorsque le point L′ sera dans le plan normal à ΣΣ′, mené par la route AL, la perpendiculaire L′f′ sera la plus courte possible; mais elle est toujours avec la perpendiculaire L′f dans le rapport constant m; donc cette seconde perpendiculaire doit être un *minimum* en même temps que la première. Il faut donc que la route de retour LR soit dans le même plan normal à ΣΣ', que la route d'allée AL. Alors les perpendiculaires L'f et L'f', divisées par LL', sont égales aux cosinus des angles formés par les deux routes correspondantes avec la surface limite ΣΣ'. Donc le rapport de ces cosinus, est égal à la quantité constante m.

Considérons les rapports que les routes d'allée et de retour, ont entr'elles, et avec la surface limite soit d'un déblai, soit d'un remblai. Comparons ces rapports avec les relations qu'ont entre eux les deux faisceaux de routes qui, dans un déblai ou dans un remblai, se rencontrent sur une surface séparatrice. Nous verrons, pour l'un comme pour l'autre cas, 1°. que les routes correspondantes sont dans un plan normal à la surface lieu des points de concours de ces deux routes; 2°. que ces routes forment avec la même surface, des angles dont les cosinus sont entr'eux dans le rapport direct des espaces parcourus sur les routes d'un faisceau ou de l'autre, en employant la même quantité de forces. La seule différence que présentent ces deux systèmes est donc que, dans le premier cas, la surface dont les points sont communs aux deux faisceaux, est entre deux faisceaux de routes; tandis que, dans le second cas, toutes les routes indistinctement sont du même côté de la surface limite.

Par conséquent, si nous parvenons à tracer l'un quelconque des meilleurs systèmes de routes d'allée et de retour, ainsi que leur surface limite, en substituant à toutes les routes d'allée ou bien à toutes les routes de retour, leur prolongement de l'autre côté de cette surface, elle deviendra *séparatrice* au lieu d'être *limite*, et le système total des routes ne cessera pas d'être le meilleur possible pour des transports de déblai et de remblai.

Comparaison des faisceaux de routes terminées par les surfaces limites, et par les surfaces séparatrices.

Et réciproquement, si nous parvenons à tracer un système quelconque de routes les plus avantageuses qui se rencontrent soit dans un déblai, soit dans un remblai, il suffira de prolonger au delà de la séparatrice toutes les routes de droite pour se transporter vers la gauche, ou toutes les routes de gauche pour se transporter sur la droite de cette surface. On formera de la sorte, deux systèmes différents de routes d'allée et de retour, terminées par une même surface limite.

Un seul système de routes d'allée et de retour, ou de routes qui se croisent, présente donc immédiatement, par le prolongement des routes, trois systèmes supplémentaires. Les quatre systèmes réunis se composent de deux systèmes par allée et retour, ayant la même surface limite; et de deux systèmes de routes qui se rencontrent, soit dans le déblai, soit dans le remblai, où elles sont terminées par une surface séparatrice identique avec la surface limite.

Nous avons fait voir qu'un faisceau de routes normales à la même surface, se prolongeant jusque sur une surface entièrement arbitraire, on pouvait toujours, en regardant cette dernière surface comme une séparatrice, trouver du côté opposé au premier faisceau de routes, un second faisceau qui, combiné avec le premier, offrît un système total le plus avantageux possible.

Donc, un faisceau de routes d'allée ou de routes de retour, se prolongeant jusqu'à une surface limite donnée, on peut toujours trouver un faisceau de routes de retour ou d'allée qui, combiné avec le premier, forment un système total le plus avantageux possible.

NOTE PRINCIPALE

DU TROISIÈME MÉMOIRE.

Sur la recherche du point de rencontre de deux routes consécutives.

Il est très-important d'avoir, dans tous les cas, un moyen sûr pour reconnaître si deux routes consécutives se croisent au delà du déblai et du remblai. Nous allons tâcher d'y parvenir pour le transport des lignes matérielles.

Supposons, 1°. qu'une des routes DR soit tangente en D à la ligne du déblai, et perpendiculaire en R à la ligne du remblai; 2°. que la route infiniment voisine D*r*, parte du point D. Il faudra pour cela que les arcs D*d*, R*r* soient égaux entr'eux. Voyons quelles conditions entraîne cette égalité.

Soit C le centre du cercle qui oscule, en D, la ligne du déblai. Si nous décrivons, du point D comme centre, un cercle ayant DR pour rayon, la longueur de l'arc de ce dernier cercle, comprise entre DR et R*r*, sera égale à R*r* : à un infiniment petit du second ordre près, si R*r* est du premier ordre.

Observons, maintenant, que les deux cercles ainsi définis nous donnent chacun la mesure de l'angle *r*DR. Nous avons pour cette mesure :

1°. La moitié de l'arc D*d* divisé par le rayon CD.

2°. L'arc R*r* divisé par le rayon DR.

Si donc les deux arcs D*d*, R*r* doivent être égaux, il faut que le rayon CD soit égal à la moitié de DR, longueur de la première route : résultat remarquable par son extrême simplicité.

Lorsque le rayon CD surpassera la moitié de la distance DR, il faudra que la seconde route rencontre la première entre D et R. Mais, lorsque le rayon CD sera moindre que la moitié de la distance DR, la seconde route ne rencontrera la première que dans le prolongement de celle-ci.

Il pourra se faire que la ligne du remblai, au lieu d'être comme Rr, perpendiculaire à la route DR, soit oblique en Rρ, et fasse avec elle un angle 6 quelconque. Alors on aura le triangle rectangle R$r\rho$, dans lequel l'angle $r\rho$R ne diffère de 6 que d'une quantité infiniment petite. Ce qui donnera

$$R r = R\rho \sin. 6.$$

On a, déjà, $\frac{Dd}{CD} = \frac{Rr}{DR}$, donc $\frac{Dd}{2.CD} = \frac{R\rho \sin. 6}{DR}$.

Si donc on veut que les arcs Dd, Rρ soient égaux, on aura de suite

$$2CD = \frac{DR}{\sin. 6}.$$

Donc, aussi, suivant que $2CD$ sera plus grand ou plus petit que $\frac{DR}{\sin. 6}$, le point de rencontre de DR avec la route infiniment voisine, sera sur le prolongement de DR, ou entre les points D et R.

Fig. 31.
Pl. XIV.
Considérons, actuellement, la route $pqrs$ qui coupe en deux points la ligne du déblai, et cherchons la route infiniment voisine $p'q'r's$, qui intercepte les éléments qq', rr' du déblai, dont la somme soit égale à l'élément pp' du remblai.

Soit ω l'angle formé par les deux routes; soient α, 6, et γ les angles formés en p,q,r, par la première route $pqrs$, avec les lignes du déblai et du remblai. Enfin soient a, b, c, les trois parties sp, sq, sr.

On aura, de suite, en négligeant les infiniment petits du second ordre,

$$pp' = \sin. \omega.\frac{a}{\sin. \alpha} \; ; \; qq' = \sin. \omega.\frac{b}{\sin. 6} \; ; \; rr' = \sin. \omega.\frac{c}{\sin. \gamma} \; ;$$

mais
$$pp' = qq' + rr' ;$$

donc
$$\frac{a}{\sin. \alpha} = \frac{b}{\sin. 6} + \frac{c}{\sin. \gamma}.$$

Si la route sp était coupée en un nombre quelconque de points, par la ligne du déblai, à des distances de s égales à b, c, d, e, etc., et sous des angles égaux à 6, γ, δ, ε, etc,

On aurait immédiatement

$$\frac{a}{\sin.\,\alpha} = \frac{b}{\sin.\,\theta} + \frac{c}{\sin.\,\gamma} + \frac{d}{\sin.\,\delta} + \frac{}{\sin.\,\varepsilon} + \text{etc.}$$

Trouvons, maintenant, la valeur absolue de a, en supposant la position des points p, q, r, connue, et la seule position du point s inconnue. Soit $b-a=\mathrm{B}$, $c-a=\mathrm{C}$, $d-a=\mathrm{D}$, etc., la formule précédente deviendra

$$\frac{a}{\sin.\,\alpha} = \frac{a+\mathrm{B}}{\sin.\,\theta} + \frac{a+\mathrm{C}}{\sin.\,\gamma} + \frac{a+\mathrm{D}}{\sin.\,\delta} + \frac{a+\mathrm{E}}{\sin.\,\varepsilon} + \text{etc.}$$

D'où $a\left\{\dfrac{1}{\sin.\,\alpha} - \dfrac{1}{\sin.\,\theta} - \dfrac{1}{\sin.\,\gamma} - \ldots\right\} = \dfrac{\mathrm{B}}{\sin.\,\theta} + \dfrac{\mathrm{C}}{\sin.\,\gamma} + \dfrac{\mathrm{D}}{\sin.\,\delta}\ldots$

et par conséquent, enfin

$$a = \frac{\dfrac{\mathrm{B}}{\sin.\,\theta} + \dfrac{\mathrm{C}}{\sin.\,\gamma} + \dfrac{\mathrm{D}}{\sin.\,\delta} + \text{etc.}}{\dfrac{1}{\sin.\,\alpha} - \dfrac{1}{\sin.\,\theta} - \dfrac{1}{\sin.\,\gamma} - \dfrac{1}{\sin.\,\delta} + \text{etc.}}$$

Si nous supposons que la ligne du déblai coupe la route ps, à des distances a, b, c, d... du point s, et sous des angles α, θ, γ, δ...; tandis que la ligne du remblai coupe la même route à des distances x, y, z... du même point s, et sous des angles ξ, v, ζ, etc., nous aurons immédiatement l'équation

$$\frac{a}{\sin.\,\alpha} + \frac{b}{\sin.\,\theta} + \frac{c}{\sin.\,\gamma} + \text{etc.} = \frac{x}{\sin.\,\xi} + \frac{y}{\sin.\,v} + \frac{z}{\sin.\,\zeta} + \text{etc.}$$

Faisant $a-x=\mathrm{A}$, $b-x=\mathrm{B}$, etc., $y-x=\mathrm{Y}$, $z-x=\mathrm{Z}$, etc.
A, B, C,... Y, Z,... seront des quantités connues, et nous aurons

$$\frac{\mathrm{A}+x}{\sin.\,\alpha} + \frac{\mathrm{B}+x}{\sin.\,\theta} + \frac{\mathrm{C}+x}{\sin.\,\gamma} + \text{etc.} = \frac{x}{\sin.\,\xi} + \frac{\mathrm{Y}+x}{\sin.\,v} + \frac{\mathrm{Z}+x}{\sin.\,\zeta} + \text{etc.}$$

D'où nous tirons

$$x = \frac{\ldots\ldots + \dfrac{\mathrm{Y}}{\sin.\,v} + \dfrac{\mathrm{Z}}{\sin.\,\zeta} + \text{ect.} - \dfrac{\mathrm{A}}{\sin.\,\alpha} - \dfrac{\mathrm{B}}{\sin.\,\theta} - \dfrac{\mathrm{C}}{\sin.\,\gamma} - \text{etc.}}{\dfrac{1}{\sin.\,\xi} + \dfrac{1}{\sin.\,v} + \dfrac{1}{\sin.\,\zeta} + \text{etc.} - \dfrac{1}{\sin.\,\alpha} - \dfrac{1}{\sin.\,\theta} - \dfrac{1}{\sin.\,\gamma} - \text{etc.}}$$

formule remarquable par sa généralité et par sa simplicité.

23

SUPPLÉMENT

AUX DEUX MÉMOIRES PRÉCÉDENTS.

Sur la courbe régulatrice des routes et de leurs pentes.

Fig. 32.
Pl. XIV.

Eɴ consacrant au transport du point P, une force totale constamment la même et prise pour unité, supposons qu'on nous demande d'effectuer ce transport, suivant les diverses routes rectilignes PA, PA', PA"... qu'il est possible de mener dans l'espace, à partir du point P. Admettons, d'abord, pour plus de facilité, que toutes ces routes soient tracées sur le plan vertical représenté par la fig. 32.

Routes ascendantes.

Considérons l'espace PA parcouru suivant la direction horizontale. Supposons ensuite, qu'on incline un peu la route. Si c'est pour monter, comme en PA', l'espace parcouru PB sera nécessairement un peu moindre que PA; mais, si c'est pour descendre, comme en P*b*, l'espace parcouru P*b* sera plus grand.

A mesure que les routes montantes PC, PD augmenteront de pente, l'espace parcouru par le point P sur chacune d'elles, sera moins considérable. On arrivera finalement à la pente PA", pour laquelle toute la force des animaux employés au transport, sera consommée par la tendance qu'ils auront à descendre et à glisser sur la route, pendant qu'ils essaient de monter.

Alors l'espace parcouru sera nul. Depuis cette pente PA" jusqu'à la verticale PV, non-seulement il ne sera pas possible de monter ni de rester en place, mais le point P et le moteur employé à traîner ce point matériel, rétrograderaient au lieu de monter. Si la route pouvait être entièrement verticale, soit PO, la chute que ferait le point P, pendant que le moteur s'efforcerait de le retenir avec l'unité de forces. Nous aurons d'abord la partie de courbe ADPO′O pour limite de toutes les routes montantes de gauche à droite. Une seconde partie MΔPO″O, parfaitement symétrique à la première, déterminera de même la limite des routes montantes de droite à gauche.

Si nous considérons les routes descendantes Pb, Pc, Pd..., Routes descendantes. nous verrons qu'il est une pente Pc, suivant laquelle l'espace qu'on parcourt en employant l'unité de forces, est un *maximum*. Ensuite, à mesure que la pente devient plus considérable, il faut que les animaux moteurs perdent une partie de leur force, pour empêcher le point P de prendre un mouvement trop rapide. Avant qu'on achève de parcourir un espace égal à Pc, les animaux moteurs auront déjà consommé toute la force constante qui doit être employée sur chaque route.

On voit qu'ici, comme pour les routes montantes, il est une pente Pa'' suivant laquelle les moteurs, pour n'être pas entraînés et précipités dans leur descente, consomment toute la force qu'ils sont susceptibles d'exercer. Par conséquent, alors, l'espace parcouru doit être nul. Au delà de cette limite, il n'y a plus de route que puisse suivre le point P, sans être précipité de haut en bas avec le moteur qui le transporte. Tout ce que nous venons de dire des routes descendantes placées à droite, s'applique évidemment aux routes descendantes placées symétriquement à gauche du point P.

Donc, enfin, toutes les routes qu'il est possible de suivre, Courbe régulatrice de toutes les routes. à partir de ce point, en employant une force constante, toutes ces routes, dis-je, aboutissent sur la seule partie PdADPΔMδP; le reste de cette courbe ne représentant que des routes impossibles à parcourir, sans que les moteurs et le fardeau ne soient entraînés et précipités par le seul effet de leurs poids, et malgré tout l'effort du moteur : telle est la courbe que nous appellerons la *régulatrice* des routes.

Limites des montées et des descentes. Menons les horizontales DΔ, *d∂*, tangentes aux parties de la courbe qui correspondent à des routes possibles. Les lignes droites PD et PΔ représenteront évidemment les routes suivant lesquelles on peut s'élever à la plus grande hauteur, en employant une quantité de forces donnée. Les lignes droites P*d*, P∂ représenteront les routes suivant lesquelles on peut descendre de la plus grande hauteur, en employant une force totale pareillement donnée.

Pentes limites. Par conséquent, 1°. pour monter d'un point P jusqu'à la ligne horizontale DΔ , il ne faut jamais suivre de route dont la pente soit plus rapide que PD ou PΔ ; 2°. pour descendre d'un point P à la ligne horizontale *d∂*, il ne faut jamais suivre de pente plus rapide que P*d* ou P∂.

Si, pour aller de P en E sur la régulatrice PEDA, l'on suivait la route directe PE , il faudrait employer autant de forces que pour aller de P en D. Cependant il est évident que, si du point E, l'on menait EF parallèlement à DΔ, et EK parallèlement à PΔ, l'on aurait EK = FK. Par conséquent, il ne serait pas plus pénible d'aller de K en F , que de K en E ; puisque EK, FK ont la même pente. Donc, il ne faudrait pas plus de force pour aller de P en E, en passant par K, que pour aller de P en F. En suivant une route détournée, ou comme nous disons *une route oblique,* au lieu d'aller directement de P en E, on a donc gagné toute la force qu'il faudrait employer pour aller de F en D.

Espaces où peuvent s'étendre les routes à pente limite. Ce raisonnement nous fait voir, qu'avec la même quantité de forces, on peut toujours s'élever, du point P , à deux points quelconques, E, F, placés à la même hauteur dans l'espace DΔP. Donc en tirant l'horizontale DΔ, la ligne mixte ADΔM repré-

sente l'aboutissement de toutes les routes montantes également
avantageuses : le point P considéré comme point de départ.

On prouvera, de même, qu'en menant l'horizontale $d\delta$ tangente en d et δ, à la partie inférieure de la courbe PDAdPδMΔP,
la ligne mixte A$d\delta$M représente l'aboutissement de toutes les
routes descendantes également avantageuses : le point P considéré comme point de départ.

Comparons maintenant une route directe Px avec une route
brisée Pzx formée de deux parties rectilignes Pz et zx. Menons Py, zu et zv, respectivement parallèles à zx, Mx et xy.

Nous aurons immédiatement les proportions suivantes :

$$PM : P x :: P z : P u ;$$
$$P x : P y :: x v : x z.$$

Avantage de la route
directe sur toutes
les autres.

Mais PM, Px, Py sont trois routes équivalentes, puisqu'elles
aboutissent à la courbe régulatrice pour laquelle toutes les
routes parties du point P sont parcourues avec la même fatigue totale. Ainsi Pz et Pu d'une part, xz et xv de l'autre,
sont des routes équivalentes. Donc la route brisée Pzx équivaut à P$u + vx = $ P$x + uv$. Donc, enfin, la route directe Px
est plus avantageuse que la route brisée P$z + xz$; et l'avantage est représenté par uv.

Si la route brisée présentait 3, 4, 5, etc., portions de lignes
droites, la démonstration serait la même. De là nous concluons généralement, que la route directe Px est plus avantageuse qu'une route polygonale d'un nombre quelconque de
côtés, ayant même point de départ et d'arrivée que Px. Par
conséquent, aussi, Px est plus avantageuse qu'une route curviligne quelconque, dont elle serait la corde.

Si la route polygonale curviligne, au lieu d'être dans le
même plan vertical que la route droite Px, était sur une sur-

face quelconque, Px n'en serait pas moins la route la plus avantageuse.

Pour le démontrer, soit Px la route droite, et Pyx la route indirecte. Il est évident qu'en projection horizontale (*), $Pyx_h >$ Px_h. Soit $Px'_h = Pyx_h$. Maintenant, imaginons qu'on développe le cylindre vertical ayant Pyx_h pour base, et qu'on l'applique sur le plan vertical : le point P restant le même. Dans ce développement, ni les pentes, ni les longueurs de la route indirecte Pxy, n'auront changé. Soit Pzx'_v, la route indirecte, étendue de la sorte sur le plan vertical. Il est évident qu'on aura

Route droite Px'_v *plus avantageuse que* Pzx'_v *;*
Route droite Px *plus avantageuse que* Px'_v *;*

puisque Px ne doit nulle part avoir une pente au-dessus de la limite. Donc, à plus forte raison, Px est plus avantageuse que la route indirecte Pyx brisée ou curviligne. Nous ne pousserons pas plus loin l'examen de ces propriétés des routes directes comparées aux routes indirectes.

Au lieu de regarder les routes comme tracées dans un seul plan vertical, si nous les supposons tracées dans l'espace, sous toutes les directions possibles, il faudra faire tourner autour de la verticale qui passe en P, la ligne mixte ADΔM∂dA. La surface de révolution qui en résultera, représentera l'aboutissement de toutes les routes possibles, soit ascendantes, soit descendantes, qu'on peut parcourir avec le plus d'avantage, lorsqu'on part du point P, et qu'on emploie une force toujours la même.

_____

(*) D'après la notation très-commode proposée dans les *Développements de géométrie*, nous désignons les mêmes points par les mêmes lettres, en mettant au bas de ces lettres un h ou un v, pour distinguer la projection Horizontale et la projection Verticale.

En supposant que cette force prenne successivement une première valeur, une seconde, une troisième, etc., on obtiendra
une première surface de révolution, une seconde, une troisième, etc., qui toutes auront le même axe vertical, le même
sommet P, et de plus seront parfaitement semblables. Le
système de ces surfaces remplira tout l'espace.

On voit, par ce que nous venons de dire, que si l'on avait
une quantité quelconque de matière à transporter, pour la faire
passer par le point P, et la répartir dans l'espace avec le moins
de dépense possible, il faudrait la disposer de manière que la
figure extérieure d'un tel remblai, fût l'une des surfaces de révolution dont nous venons de déterminer le système.

Si le point P se trouvait déjà placé sur un terrain terminé
par une surface quelconque, la matière apportée et assujettie à
passer par ce point, aurait pour limite une portion d'une semblable surface de révolution. Ce serait la portion non comprise
dans le terrain primitif; et ce serait, par conséquent, cette frac-
tion de surface de révolution, dont le volume devrait être égal
à la quantité de matière à transporter.

Si les routes, au lieu de passer toutes par un même point
P, passent par une suite de points formant une ligne quelconque; à chaque point de cette ligne devra correspondre une
surface de révolution semblable à celles dont nous venons de
déterminer la nature. La surface enveloppe de toutes ces surfaces sera la limite de l'espace qu'il faut faire occuper au
remblai.

La ligne lieu des sommets P de ces surfaces de révolution, est
évidemment le contour visible du remblai, contour où commence la séparation du terrain primitif et du terrain définitif:
le lieu de tous ces sommets est donc connu *à priori*.

La surface enveloppe qui limite le remblai a, comme on sait,

IIIe. MÉMOIRE.

pour *caractéristiques*, les intersections successives des surfaces enveloppées infiniment voisines. Or, ce qui déterminera la grandeur de ces enveloppées, c'est que, de chaque point de la caractéristique, il faudra qu'on n'ait pas plus d'avantage à cheminer vers le sommet de l'une que vers le sommet de l'autre, pour arriver au déblai, en permutant les routes.

Fig. 33.
Pl. XIV.

Proposons-nous, maintenant, d'évaluer la quantité de forces qu'il faut employer pour transporter un fardeau quelconque sur une route curviligne DR.

Prenons sur cette ligne, les points infiniment rapprochés a, b, c,... D. Par ces points, menons les droites aa', bb', cc',... tangentes à DR. Enfin, demandons-nous quelle est la courbe RD', telle qu'il n'y ait pas plus d'avantage pour aller de a en R que de a en a', de b en R que de b en b', de c en R que de c en c', etc., et finalement de D en R que de D en D'. La courbe R$a'b'c'$...D' sera ce que nous appellerons la *développante* de la route DR.

La route développée bb' équivaut à bR, et la route développée cc' équivaut à cR. Donc la route cc' équivaut à $cb + bb'$ ou à cbb', puisqu'on peut regarder bb' comme l'élément cb prolongé. Or, pour que deux routes cbb', cc', parties du même point c, soient équivalentes, il faut que les deux points b', c' soient sur une courbe régulatrice ayant c pour sommet.

Transportons la courbe ADΔM, de la fig. 32, de manière que APM soit toujours horizontale, et que le point P se place sur le point c. Alors, $cc'\gamma$, $cb'\delta$ étant deux routes équivalentes sur ΔDA transportée de la fig. 32 à la fig. 33, il faudra que cbb' et cc' pour être équivalentes, soient proportionnelles à ces lignes. En supposant que toutes les routes possibles menées, de c jusqu'en ΔDAM, diminuent de grandeur proportionnellement, la courbe diminuera ou croîtra sans changer de figure; et, dès que le point β sera amené en b', le point γ sera amené en c'; enfin, l'arc $\beta\gamma$ se confondra tout entier avec l'arc $b'c'$. IIIe. MÉMOIRE.

Théorème général sur le développement des routes.

De là résulte cette propriété générale de la développante d'une route curviligne tracée dans un plan vertical. *La développante, en chacun de ses points, est osculée par la courbe régulatrice dont le sommet est à l'autre extrémité de la route rectifiée qui aboutit à ce point.*

Au lieu de supposer que la courbe à développer soit tracée sur un plan vertical, on peut la supposer tracée sur un plan quelconque. On peut même supposer qu'elle soit à double courbure. Mais, alors, au lieu de définir la développante d'après la condition d'être osculée par une *courbe* régulatrice, il faut exiger que cette *développante soit, en chacun de ses points, osculée par la* surface *régulatrice dont le sommet est à l'autre extrémité de la route rectifiée qui aboutit en ce point.*

Si la dernière route rectifiée DD' n'est pas horizontale, il suffit de prolonger jusqu'à l'horizontale DA', la courbe ou la surface régulatrice RD'A' qui oscule en A' la développante D'R. Alors, DA' sera la longueur horizontale qu'il faut parcourir pour consommer autant de forces qu'en suivant la route développée DR.

Fig. 33. Pl. XIV.

Il est facile, au moyen des évaluations précédentes, de connaître comment on doit terminer un remblai imparfaitement défini par une surface quelconque RabcD. Il faut que chaque route aa', bb', cc'... rencontre la surface limite, de manière que a étant le centre d'une surface régulatrice qui passe en un point quelconque a', cette surface régulatrice oscule en a' la surface limite : donc la surface limite R$a'b'c'D'$ est l'enveloppe générale de toutes ces surfaces régulatrices.

Fig. 32. Pl. XIV.

Dès qu'une route PD, fig. 32, atteint la limite des pentes,

nous savons que la courbe régulatrice devient rectiligne et horizontale (*). Par conséquent, dans toute la partie du remblai où l'on ne pourra parvenir qu'en suivant des routes obliques, la *surface* limite sera nécessairement plane et horizontale. La partie courbe, ensuite, se raccordera tangentiellement avec cette partie plane.

Supposons, maintenant, qu'il s'agisse de limiter un remblai formé par des routes descendantes. Si la régulatrice extrême offre un arc *cd* qui soit incliné vers l'horizon du côté opposé à B*Ac*, il ne sera pas possible de maintenir les terres dans cette position; elles s'ébouleront d'elles-mêmes. La solution précédente, quoique vraie dans sa généralité, n'est plus applicable ici, à cause de la non-ténacité des matières transportées.

On peut se servir de cette propriété de la matière, pour faciliter le déblai, par l'éboulement des terres déchargées à l'extrémité de chaque route la plus avantageuse.

(*) Ou pour parler plus exactement, doit être abandonnée pour lui préférer sa tangente horizontale DΔ.

QUATRIÈME MÉMOIRE.

SUR LES ROUTES SUIVIES PAR LA LUMIÈRE ET PAR LES
CORPS ÉLASTIQUES, EN GÉNÉRAL, DANS LES PHÉNO-
MÈNES DE LA RÉFLEXION ET DE LA RÉFRACTION.

PRÉSENTÉ A L'ACADÉMIE DES SCIENCES, LE LUNDI 22 JANVIER 1816.

§ Ier.

*Propriétés géométriques de la lumière, dans les phénomènes
de la réfraction.*

La théorie du tracé des routes, appliquée aux travaux de déblais et de remblais, nous a fait voir d'une manière générale,
qu'un faisceau de routes rectilignes et normales à la même surface, étant donné, nous pouvons toujours, 1°. considérer ce faisceau comme l'ensemble des routes d'allée, ou de retour, d'un
système complet de routes les plus propres soit au déblai, soit
au remblai ; 2°. arrêter les mêmes routes en une suite de points
formant une surface limite absolument arbitraire ; 3°. trouver
pour retours ou pour allées qui correspondent aux allées ou
aux retours primitifs, un nouveau faisceau de routes susceptibles, comme celles du premier faisceau, d'être, toutes, les normales d'une certaine surface ; et, par conséquent, susceptibles
aussi de former deux groupes de surfaces développables qui
se croisent constamment à angle droit.

(marginal note) Rappel des propriétés générales du
tracé des routes,
dans les déblais et
les remblais.

Nous avons démontré que les lois qui font dépendre, dans ce système général de routes, les retours et les allées qui se correspondent, sont :

1°. Que la route d'allée et celle de retour qui concourent en un même point de la surface limite, sont toutes deux dans un plan normal en ce point à cette surface.

2°. Qu'au même point, ces deux routes forment avec la surface limite, des angles dont les *cosinus* sont entr'eux dans un rapport constant; et, par conséquent, forment avec la normale à cette surface limite, des angles dont les *sinus* sont entr'eux dans un rapport constant.

3°. Que, dans le cas particulier où la même force est suffisante pour faire parcourir un même espace au même fardeau, sur les routes d'allée et sur celles de retour, le rapport de ces sinus et de ces cosinus est l'unité. La route d'allée et la route de retour qui concourent au même point de la surface limite, font alors, en ce point, le même angle avec cette surface.

Nous avons montré, pour les cas où les routes se rencontrent, soit dans le déblai, soit dans le remblai, comment elles présentent alors deux faisceaux complétement séparés par une surface; et comment cette surface jouit, par rapport aux deux faisceaux, des mêmes propriétés qu'une surface à la fois limite des routes d'allée et de celles de retour. Ainsi, quand deux routes concourent en un même point de la surface *séparatrice :*

1°. Elles sont toutes deux dans un plan normal, en ce point, à cette surface.

2°. Au même point, ces deux routes forment avec la normale de la surface séparatrice, des angles dont les sinus sont entr'eux dans un rapport constant. C'est le rapport des espaces parcourus sur les mêmes routes, pour un même prix.

3°. Dans le cas particulier où les prix sont les mêmes pour

les routes appartenant aux deux faisceaux, les deux routes qui concourent en un même point de la surface séparatrice forment le même angle avec cette surface.

Nous avons encore démontré que les divers faisceaux de routes d'allée ou de retour, soit qu'ils concourent ou ne concourent pas dans le déblai ou le remblai, ont chacun pour caractère général et constant, de présenter le système des normales d'une certaine surface. C'est pourquoi toutes les routes d'un même faisceau forment toujours deux systèmes de surfaces développables, telles que les développables d'un système, sont croisées à angle droit, par toutes les développables de l'autre système.

Nous avons fait voir qu'un faisceau de routes les plus avantageuses et, comme telles, susceptibles d'être toutes normales d'une même surface, étant considéré comme l'ensemble des routes d'allée qui aboutissent sur une surface *limite* de forme quelconque, on peut toujours trouver un faisceau de routes de retour les plus avantageuses; et, par conséquent, jouissant avec le premier faisceau, par rapport à la surface limite, de toutes les propriétés que nous venons d'énumérer.

Enfin, nous avons fait voir pareillement qu'un faisceau de routes les plus avantageuses étant terminé, dans le déblai ou dans le remblai, par une surface *séparatrice* de forme quelconque, on peut toujours trouver de l'autre côté de la séparatrice, un second faisceau de routes les plus avantageuses et jouissant avec le premier, par rapport à la surface séparatrice, de toutes les propriétés que nous venons de récapituler.

Ces propriétés sont de nature à s'appliquer immédiatement aux phénomènes de la réflexion et de la réfraction de la lumière.

Lorsqu'un rayon lumineux passe d'un milieu dans un autre dont la densité diffère avec celle du premier milieu, ce rayon éprouve une déviation connue sous le nom de *réfraction*, et soumise à la loi suivante. Si l'on mène la normale à la surface qui sépare les deux milieux, par le point de cette surface où la réfraction s'opère, le premier rayon qu'on appelle *incident*, et le second qu'on appelle *réfracté*, sont avec cette normale dans un seul et même plan. De plus, si l'on mesure l'angle formé par la normale, premièrement, avec le rayon incident, c'est-à-dire, l'*angle d'incidence*; secondement, avec le rayon réfracté, c'est-à-dire, l'*angle de réfraction*, l'on trouve alors que le sinus de l'angle d'incidence est au sinus de l'angle de réfraction, dans un rapport constant pour tous les rayons qui traversent, suivant des directions quelconques, les deux milieux que l'on considère.

Supposons, maintenant, qu'un faisceau de rayons incidents susceptibles d'être normaux à une même surface, passe d'un milieu dans un autre ; et regardons la surface séparatrice des deux milieux, comme ayant la forme la plus générale. La théorie des déblais et des remblais, dont nous venons de résumer les principaux résultats, nous conduit immédiatement aux théorèmes suivants.

Considérons, d'abord, la séparation des milieux comme *surface limite*, et le faisceau des rayons incidents comme routes d'allée. Le système des routes de retour pour lequel le prix du transport est *m* fois plus cher que le prix de l'allée, va former du même côté de la limite, un nouveau faisceau de routes les plus avantageuses. Dès lors, celles-ci seront susceptibles, 1°. d'être les normales d'une même surface, 2°. de se décomposer en deux séries de développables qui partout se croisent à angle droit, etc.

Regardons, ensuite, la séparation des deux milieux comme une *surface séparatrice* de deux systèmes de routes (dans un déblai ou dans un remblai). Au second faisceau que nous venons de trouver, correspond, de l'autre côté de la surface séparatrice, un troisième faisceau dont les rayons font partout, avec la surface séparatrice, le même angle que les routes du second faisceau.

Or, le troisième faisceau de routes, ainsi déterminées, est précisément celui des rayons réfractés en passant du premier milieu dans le second. En effet, chaque rayon réfracté est, avec son rayon incident, sur un plan normal à la surface séparatrice des milieux ; et, de plus, le sinus de l'angle d'incidence ne cesse pas d'être, avec le sinus de l'angle de réflexion, dans le rapport constant m donné par l'expérience.

Donc, lorsqu'un faisceau de rayons lumineux est décom- Théorème général. *posable en deux séries de surfaces développables qui partout se croisent à angle droit, on peut lui faire traverser un nombre quelconque de milieux homogènes, séparés par des surfaces quelconques, à simple ou à double courbure, sans que le faisceau cesse de jouir des propriétés suivantes : 1°. d'être composé des normales d'une surface ; 2°. d'être décomposable en deux séries de surfaces développables qui partout se croisent à angle droit.*

Les démonstrations sur lesquelles nous avons fondé les propriétés générales des routes, sont purement géométriques. Nous aurions pu les appliquer, immédiatement, à la recherche des lois qui constituent la corrélation des rayons d'un faisceau de lumière réfractée lors de son passage d'un milieu dans un autre, à travers des surfaces de la forme la plus générale. Mais nous avons pensé qu'au lieu de donner deux fois les mêmes démonstrations, en changeant seulement quelques dénominations, il serait plus intéressant pour la science, de présenter un rapprochement qui nous a paru remarquable, entre les lois des transports les plus avantageux, et les lois générales de la

IVᵉ. MÉMOIRE.

réfraction. C'est dans le même esprit que nous allons considérer les phénomènes de la réflexion.

§ II.

Propriétés fondamentales des routes de la lumière, dans les phénomènes de la réflexion.

Son application à la réflexion de la lu-mière.

Ainsi que nous l'apprend l'expérience, quand un faisceau
de rayons lumineux tombe sur une surface qui ne lui livre
point passage et qui ne l'absorbe pas, lorsque cette surface, en
un mot, est dans l'espace une limite que la lumière ne peut ou-
tre-passer, chaque rayon réfléchi offre, par rapport au rayon incident qui le produit, les relations suivantes : 1°. le plan qui
contient ces deux rayons est, en leur point de concours, normal à la surface réfléchissante; 2°. cette surface forme, en ce
point, le même angle avec l'un et l'autre rayon.

Nous pouvons donc considérer, dans un système de routes
les plus favorables aux déblais et aux remblais, les routes d'allée
comme des rayons incidents, les routes de retour comme des
rayons réfléchis (en admettant qu'il faille la même force pour
parcourir le même espace dans l'allée que dans le retour). Alors
les lois générales que nous avons démontrées pour de semblables systèmes de routes, s'appliquent immédiatement aux faisceaux de rayons lumineux qu'elles représentent.

Et d'abord nous en concluons ce principe :

Théorème général.

*Lorsqu'un faisceau de rayons lumineux est décomposable
en deux systèmes de surfaces développables qui se croisent à
angle droit, ce qui a lieu toutes les fois que ces rayons peuvent être considérés comme les normales d'une surface unique, si l'on reçoit ce faisceau sur un miroir d'une forme quelconque, les rayons réfléchis vont former un nouveau faisceau*

décomposable, comme le premier, en deux systèmes de sur-
faces développables qui se croisent à angle droit.

Par conséquent, le caractère d'être les normales d'une surface unique, appartenant une fois à un faisceau de rayons lumineux, ce caractère est ineffaçable, malgré toutes les réflexions
qu'il est possible de faire éprouver aux rayons de ce faisceau,
par une suite de miroirs d'une forme quelconque; de même que
malgré toutes les réfractions qu'il est possible de faire éprouver aux rayons de ce faisceau, conduit à travers des milieux
séparés par des surfaces de forme quelconque.

Si tous les rayons du faisceau primitif émanent d'un seul   Propriété d'un fai-
point lumineux, ils sont évidemment tous normaux à chaque   sceau de rayons
                                                             émanés d'un point
sphère dont le centre est en ce point. Donc un faisceau de   lumineux.
rayons émanés d'un point lumineux, et réfléchis ou réfractés
tant de fois qu'on voudra par des miroirs ou par des surfaces
séparatrices d'une forme quelconque, présentera toujours un
faisceau de rayons susceptibles d'être normaux à la même surface; et, comme tels, susceptibles de former deux systèmes
de surfaces développables, qui se croisent à angle droit.

Un faisceau de routes parallèles entr'elles peut être considéré   Propriété d'un fai-
comme produit par les normales d'un plan. Donc un faisceau   sceau de rayons pa-
                                                                   rallèles.
de rayons parallèles, réfléchis par une suite de miroirs à forme
quelconque, présentera toujours un faisceau de rayons réfléchis
ou réfractés, susceptibles d'être normaux à la même surface.

Le soleil, à raison de l'immensité de sa distance, comparati-   Application aux
vement à la grandeur des objets qu'il éclaire autour de nous,   rayons solaires.
projette des rayons dont le parallélisme semble parfait, même
à l'observateur muni des instrumens les plus délicats. Il suit
de là qu'un faisceau de rayons solaires, réfractés ou réfléchis
par une suite de miroirs ou de surface séparatrices quelconques, se transforme toujours en faisceaux dont les rayons sont

25

IVe. MÉMOIRE. susceptibles d'être à la fois normaux à une même surface, pour un même faisceau.

De la restriction trop grande que Malus avait cru devoir imposer aux principes précédents.

Malus, dans son premier mémoire sur l'optique, a fait connaître ces dernières conséquences du principe général que nous venons d'exposer. Mais il pensait que ce principe avait lieu seulement quand les rayons lumineux émanent d'un point unique ou sont parallèles, et seulement pour une première réflexion ou pour une première réfraction. Il affirme que les réflexions sur un second miroir (et à plus forte raison les réfractions à travers une seconde surface séparatrice) n'offriraient plus un faisceau de rayons décomposables en deux systèmes de surfaces développables. C'est en cela que nos résultats diffèrent avec ceux de ce géomètre dont les sciences déplorent la perte (*).

Comme Malus a fait usage d'une marche analytique extrêmement compliquée, une seule erreur de calcul aura pu lui faire croire qu'il n'est plus possible, pour les réflexions sur un second miroir (**), de satisfaire aux équations de condition desquelles il fait dépendre l'orthogonalité des surfaces développables formées par les rayons réfléchis. Mais la fausse conséquence, résultat de cette erreur en quelque sorte méchanique, n'ôte rien au mérite d'avoir découvert un des plus beaux théorèmes de la géométrie appliquée à l'optique.

Démonstration directe du principe général.

Pour mettre encore plus hors de doute l'extension que nous prétendons qu'on doit donner au théorème de Malus, nous allons démontrer directement ce principe pour la catoptrique,

---

(*) *Voyez* les Mémoires insérés dans le Journal de l'École Polytechnique, 14e. cahier; et l'ouvrage spécial, publié, plus tard, sous le titre de *Théorie de la double réfraction de la lumière*, art. 11.

(**) M. Cauchy s'en est assuré par le calcul; il a pareillement démontré que les équations de condition étaient satisfaites pour l'orthogonalité des développables formées par des rayons lumineux, après une seconde réfraction.

par le seul secours de la géométrie, et sans aucune considération tirée de la théorie des déblais et des remblais. En même
temps, nous aurons conservé l'avantage d'avoir fait connaître,
entre des questions d'une nature très-différente, des analogies
extrêmement frappantes, et plusieurs lois identiques. (Voyez
la note Iʳᵉ. *à la fin du Mémoire.*)

Considérons un faisceau de rayons incidents qui tombent
sur un miroir dont la forme est quelconque. Supposons seulement que ces rayons soient tous normaux à une même surface
(Σ), et cherchons à déterminer le faisceau des rayons réfléchis.

Supposons pour cela qu'une sphère variable de rayon ait son
centre constamment placé sur le miroir, et sa surface constamment tangente à la surface (Σ) ayant pour normales tous les
rayons incidents. Cette surface (Σ) sera l'enveloppe de l'espace
parcouru par la sphère, au-devant du miroir.

L'espace occupé par la partie des sphères qui se trouve derrière le miroir, est pareillement terminé par une surface enveloppe dont la normale, en chaque point, se confond avec le
rayon de la sphère qui touche au même point cette enveloppe.
Or, nous allons démontrer que cette nouvelle normale est, derrière le miroir, le prolongement d'un rayon réfléchi.

Lorsqu'une surface quelconque, ayant ou n'ayant pas de pa-
ramètre variable, se meut de manière qu'un de ses points parcourt une ligne directrice quelconque, l'espace que parcourt
la surface entière est terminé par une autre surface qu'on appelle *enveloppe;* tandis qu'on appelle *enveloppée*, la génératrice mobile. (Voyez la *Géométrie analytique* de G. Monge.)

Chaque enveloppée coupe celle qui la suit immédiatement,
suivant une courbe qui se trouve toute entière sur l'enveloppe : c'est la courbe de contact de ces deux surfaces.

On peut, ensuite, supposer que l'enveloppe varie de forme

et de position, de manière qu'un de ses points décrive une ligne quelconque. Alors l'espace parcouru par l'enveloppée, sera terminé par une surface enveloppe des enveloppes, laquelle n'aura plus d'autres relations avec les enveloppées primitives, que de les toucher en un point, ou en plusieurs points isolés.

Si l'on considère trois enveloppées infiniment voisines, et qui n'appartiennent pas à la même première enveloppe, les points communs à ces trois enveloppées seront leurs points de contact avec l'enveloppe des enveloppes.

Prenons pour exemple le cas particulier où les surfaces enveloppées sont des sphères dont le centre se meut sur un miroir quelconque. Si l'on considère trois sphères infiniment voisines, et n'ayant pas leurs centres sur une même droite, il y aura deux points communs à ces trois sphères, ce qui produira, sur la surface enveloppe, deux nappes bien distinctes. La première nappe sera devant le miroir et la seconde sera derrière. Les deux points trouvés, un sur chaque nappe, seront symétriquement placés par rapport au plan mené par les centres des trois sphères. Par conséquent les rayons menés du centre d'une de ces trois sphères à l'un et à l'autre de ces deux points, sont dans un plan perpendiculaire au plan des trois centres; de plus, ces deux rayons forment le même angle avec ce plan : enfin, chacun étant normal à la sphère qui lui appartient, est pareillement normal à l'enveloppe générale qui touche cette sphère au bout de ce rayon.

Les trois centres étant pris infiniment près l'un de l'autre sur le miroir, et n'étant pas en ligne droite, le plan qui les contient est tangent au miroir. Mais, des deux rayons que nous considérons, celui qui se trouve au devant du miroir est, par hypothèse, un rayon lumineux incident. Donc celui qui se trouve de l'autre côté du miroir, est le prolongement du rayon réfléchi. Donc, enfin, il suffit que les rayons incidents soient normaux à une surface quelconque (Σ), pour que les rayons réfléchis, quelle que soit la forme du miroir, soient pareillement normaux à une surface.

La propriété des corps élastiques, lorsqu'ils frappent un corps immobile, élastique ou dur, et terminé par une surface quelconque, c'est de se réfléchir de manière à ce que l'angle de réflexion soit égal à celui d'incidence, et que les deux routes soient dans un plan normal à la surface du corps dur, au point où s'opère la réflexion. Si donc on suppose qu'une infinité de molécules élastiques partent d'un point quelconque, et suivent des directions rectilignes arbitraires, ces molécules, en frappant la surface du corps immobile, se réfléchiront de manière à ce que leurs routes forment un double faisceau de surfaces développables se croisant à angle droit. Enfin, cette propriété qui rend ces routes les normales d'une surface unique, se conservera, quoique les molécules élastiques éprouvent un nombre quelconque de réflexions successives.

Application à la réflexion des corps élastiques, produite par des surfaces quelconques.

Si l'on fait vibrer un point sonore, l'ébranlement qu'il éprouve se communique de proche en proche dans l'atmosphère, avec une vitesse et une intensité qui dépendent de la densité même de l'atmosphère, et de la distance du point sonore au point où se trouve placé l'observateur. Maintenant, supposons que l'atmosphère ait la même densité dans l'étendue où peuvent se propager des rayons sonores qui ne soient pas trop étendus. Concevons qu'une suite de sphères aient pour centre commun le point sonore primitif. Les sons propagés diminueront à mesure qu'ils s'éloigneront de leur origine; mais ils auront la même intensité sur tous les points d'une même sphère. Enfin, les rayons de ces sphères seront évidemment les lignes les plus courtes qu'il soit possible de suivre,

Application aux réflexions sonores; recherche des échos.

pour passer du point sonore primitif, aux points où le son n'a plus qu'une intensité donnée. Ces rayons sont ce qu'on appelle *les rayons sonores.*

Si, dans cette propagation du son, il se présente une surface limite qui ne permette pas au son de s'étendre au delà de l'espace qu'elle définit, il se réfléchira; non pas de manière à s'étendre indifféremment sous toutes les directions possibles, à partir de chaque point de rebroussement; mais de manière, 1°. que le rayon sonore réfléchi soit, avec le rayon sonore incident, dans un plan normal à la surface réfléchissante; 2°. que ces deux rayons forment le même angle avec le plan mené tangentiellement à cette surface, par le point où s'opère la réflexion.

Il est évident, d'après cela, que les rayons sonores réfléchis forment un faisceau de droites susceptibles d'être, toutes, les normales d'une même surface. Si l'on détermine les deux surfaces qui sont respectivement le lieu des centres de plus grande et de moindre courbure de cette surface, elles seront le lieu des intersections successives des rayons sonores réfléchis. Elles seront donc le lieu des échos du point sonore, par rapport à la surface réfléchissante qui produit écho.

En général, lorsqu'un son émane d'un point unique, et qu'il est répercuté par une suite de surfaces quelconques, le lieu des échos est, pour chaque répercussion, le système de deux surfaces lieux des centres de courbure d'une troisième surface, perpendiculaire aux rayons sonores réfléchis.

Tantôt les deux surfaces lieux des centres de courbure, peuvent être situées en même temps dans la partie de l'espace remplie par l'atmosphère; alors il y a deux séries d'échos réels. Tantôt une seule de ces surfaces est ainsi placée, tandis que l'autre se trouve dans l'espace intercepté par la surface réfléchissante; alors la première surface, seule, est le lieu des échos réels, et les autres échos sont imaginaires. Enfin, les deux sur-faces peuvent être dans l'espace intercepté par la surface réflé-chissante ; alors tous les échos sont imaginaires.

Quand l'une des surfaces, lieu des échos, se réduit à une ligne, les échos acquièrent incomparablement plus d'intensité ; ils en acquièrent bien plus encore, quand cette surface se ré-duit à un point, et surtout quand les deux surfaces se réduisent à un point unique.

Revenons, maintenant, à l'objet principal de ce mémoire. La comparaison des sphères qui nous ont servi pour arriver à la démonstration du théorème général énoncé ci-dessus, p. 192, peut aussi nous faire connaître quelques propriétés remarqua-bles des faisceaux de rayons lumineux, réfléchis.

Corrélations remar-quables des fais-ceaux de rayons incidents et réflé-chis.

Supposons que le rayon de la sphère mobile devienne égal à zéro. La courbe parcourue par le centre de cette sphère, se confond alors avec la surface enveloppe de l'espace parcouru par la sphère même. Ainsi, non-seulement cette courbe est située sur le miroir où doit constamment rester le centre de la sphère ; elle est l'espace même parcouru par l'une et l'autre en-veloppe de la sphère mobile, réduite à un point.

Par conséquent, si l'on détermine d'une part toutes les sur-faces ayant pour normales les rayons incidents, de l'autre part toutes les surfaces ayant pour normales les rayons réfléchis, les surfaces de différent système se couperont deux à deux suivant une courbe qui sera toute entière placée sur le miroir.

Puisque chacune de ces courbes est à la fois sur une surface dont les rayons incidents sont autant de normales, et sur une autre surface dont les rayons réfléchis sont pareillement autant de normales, concluons-en d'abord que cette courbe même a pour normales tous les rayons incidents ou réfléchis aboutis-sant sur elle.

Si, par le rayon incident et par le rayon réfléchi qui se croisent en un point de cette courbe, on mène un plan, il sera, comme nous savons, normal en ce point au miroir; il sera, de plus, nécessairement normal à cette courbe.

Si donc, on trace sur le miroir un nouveau système de courbes qui soient les trajectoires orthogonales des premières courbes, en chaque point de celles-ci, les deux rayons incident et réfléchi se projetteront sur le miroir, tangentiellement à la trajectoire qui passe par ce même point.

Ceci nous apprend que si les rayons incidents, par exemple, aboutissant sur chacune des premières courbes, forment autant de surfaces développables, ces premières courbes sont des lignes de courbure de ces développables. Mais le faisceau des rayons incidents est décomposable en deux séries de surfaces développables qui se croisent à angle droit. Ainsi les surfaces de l'autre série passeront évidemment par les trajectoires orthogonales des premières courbes. Cependant ces trajectoires ne seront pas nécessairement des lignes de courbure des secondes surfaces développables : il faudrait pour cela qu'elles fussent des lignes de courbure du miroir même.

§ III.

Propriétés des surfaces cyclides, ainsi que des courbes et des surfaces du second degré.

Exposition prélimi-
naire de quelques
propriétés des sur-
faces cyclides, c'est-
à-dire, des surfaces
dont toutes les li-
gnes de courbure
sont des cercles.

Avant de pousser plus loin l'examen des propriétés dont jouissent les rayons lumineux ou sonores, réfléchis par des surfaces, il est nécessaire d'exposer quelques principes de géométrie générale, développés pour la première fois, dans notre *Mémoire sur le contact des cercles et des sphères* (*).

_____

(*) L'analyse des résultats de ce Mémoire se trouve.dans la *Correspondance polytechnique ;* le Mémoire même n'a pas été imprimé.

Nous allons prouver, premièrement, qu'il existe une famille de surfaces dont la propriété caractéristique est de n'avoir que des cercles pour lignes de plus grande et de moindre courbure : c'est pourquoi nous appellerons *cyclides* ces surfaces.

Remarquons d'abord que la sphère est comprise dans cette famille de surfaces, puisque deux systèmes de cercles tracés à angle droit sur elle, peuvent être considérés comme ses lignes de courbure.

Exemples particuliers de quelques surfaces comprises dans cette famille : la sphère.

Les surfaces de révolution, soit coniques, soit cylindriques font encore partie de la famille que nous voulons étudier. En effet, elles ont pour lignes de courbure : d'une part des cercles parallèles; de l'autre, des lignes droites méridiennes qu'on peut regarder comme des cercles ayant un rayon infini. Il est d'ailleurs évident qu'aucune surface développable, autre que le cylindre et le cône, ne saurait avoir de cercles pour lignes de courbure; parce que chaque point de l'arête de rebroussement de cette développable, doit être un point de rebroussement pour une des lignes de courbure, et que le cercle n'a pas de point de rebroussement.

Le cône et le cylindre de révolution.

Pour que le cercle soit, sur une surface quelconque, une ligne de courbure, il faut d'abord que les droites, menées normalement à cette surface et de chaque point d'un tel cercle, forment une surface développable; il faut, ensuite, que cette surface développable ait elle-même ce cercle pour ligne de courbure. Par conséquent cette surface développable doit être un cône droit circulaire ayant ce cercle pour base.

Génération complète des surfaces cyclides.

Ainsi les surfaces dont toutes les lignes de courbure sont des cercles, ont pour propriété caractéristique, d'être coupées normalement, suivant toute l'étendue de chaque cercle, par un cône droit circulaire.

Prenons le sommet de chacun de ces cônes, pour centre

26

d'une sphère sur laquelle ce cercle soit placé. La sphère ayant, dans toute l'étendue de ce cercle, les mêmes normales que la surface cherchée, aura mêmes plans tangents.

Par conséquent, la surface générale dont toutes les lignes de courbure sont des cercles, peut être engendrée de deux manières différentes, par le mouvement d'une sphère dont le rayon varie convenablement. La première génération donnera les lignes d'une courbure, la seconde génération donnera les lignes de l'autre courbure des surfaces cyclides.

C'est ainsi qu'un cône de révolution, par exemple, peut être engendré : *premièrement*, par une sphère dont le centre se meut en ligne droite, tandis que son rayon croît ou décroît proportionnellement à l'espace parcouru par ce centre : les lignes de courbure produites par cette génération sont des cercles ; *secondement*, le même cône de révolution peut être engendré par une sphère d'un rayon infini, c'est-à-dire, par un plan lequel fasse constamment le même angle avec l'axe du cône : les lignes de courbure produites par cette seconde génération sont les droites méridiennes qui servent d'arête au cône.

Revenons au cas général. Il faut évidemment que chaque sphère de la première génération, soit tangente à toutes celles de la seconde ; puisque chaque ligne d'une courbure des cyclides, doit être coupée par toutes celles de l'autre courbure, et qu'à chaque ligne de cette seconde courbure, appartient une sphère de la seconde génération.

Mais, si l'on se contente de prendre trois sphères de la première génération (*), elles suffiront pour déterminer toutes

(*) En général il n'y a qu'un nombre fini de sphères (16) qui puissent être à la fois tangentes à quatre sphères données ; il ne faut donc prendre que trois sphères fixes pour avoir l'infinité des sphères mobiles dont l'enveloppe est la surface cherchée.

les sphères de la seconde. Il faut donc qu'en prenant trois à trois les premières sphères, et déterminant toutes les secondes d'après cette simple donnée, les secondes sphères soient constamment les mêmes. Par conséquent, c'est la possibilité ou l'impossibilité de cette identité qui, seule, peut montrer s'il existe ou non d'autres surfaces que la sphère, le cône et le cylindre de révolution, qui n'aient que des cercles pour lignes de courbure.

Nous avons vu que deux sphères d'une génération différente, se touchent en un point placé sur la surface cyclide. Lorsqu'une sphère de la seconde génération est déterminée par la condition d'être tangente à trois des premières sphères, on a trois points de contact. Ces trois points appartiennent à la cyclyde; ils sont placés sur un même cercle, ligne de courbure. Par conséquent, ils déterminent complétement ce cercle.

Menons un plan par ces trois points de contact; il coupera la sphère génératrice suivant le cercle ligne de courbure dont nous parlons; il coupera chacune des trois sphères fixes, suivant un cercle particulier.

Regardons chacun des quatre cercles ainsi déterminés, comme la base d'un cône droit tangent à la sphère sur laquelle ce cercle est placé. Pour avoir les axes de ces quatre cônes, il faudra du centre de chaque sphère, mener une perpendiculaire au plan commun des quatre bases. Ainsi les quatre axes seront parallèles entr'eux.

Au point de contact de la première sphère avec chacune des trois autres, deux des quatre cônes seront pareillement en contact. Donc le cône circonscrit à la première sphère est touché, en un point différent, par chacun des trois autres cônes.

Or, deux cônes de révolution qui ont leurs axes parallèles, et qui se touchent en un point, sont nécessairement semblables.

En effet le même plan, tangent à ces deux cônes, fait un même angle avec les deux axes.

Ainsi les quatre cônes que nous considérons sont semblables entr'eux. Les segments sphériques qu'ils circonscrivent sont, par conséquent, d'un volume proportionnel à celui des sphères dont ils font partie. Donc les bases de ces segments, lesquelles sont aussi les bases des cônes circonscrits, sont éloignées respectivement du centre de la sphère qui leur appartient, de quantités proportionnelles aux rayons de ces mêmes sphères.

Menons, dans le plan des trois sphères fixes, une droite dont les distances à ces centres soient proportionnelles aux rayons des mêmes sphères. Tout plan mené par cette droite, interceptera sur elles, des segments proportionnels à leur volume; et nulle autre droite ne pourra jouir d'une telle propriété.

Ainsi les trois points de contact de la sphère génératrice avec les trois sphères fixes, déterminent un plan particulier, lequel passe toujours par la droite unique dont nous parlons, et que nous appellerons *droite directrice.*

Toutes les tangentes aux cercles de courbure tracés sur les sphères génératrices, par ces plans coupants, passeront évidemment par la même droite que tous ces plans où elles se trouvent respectivement placées. Parmi ces diverses tangentes, celles qui partent des divers points d'une ligne de seconde courbure, formeront par cela même une surface développable.

Mais une surface développable dont les arêtes rectilignes doivent toutes passer par une *droite directrice*, ne peut être qu'un plan ou un cône. Si elle était un plan, ce plan passant par la droite directrice, serait un de ceux qui contiennent les premières lignes de courbure. Alors les secondes lignes de courbure, loin de couper les premières à angle droit, se confondraient partout avec elles. Il suit de là que les tangentes aux lignes de première courbure, menées par chacun des points d'une ligne de seconde courbure, forment un cône.

Considérons, maintenant, la suite des points de contact des sphères génératrices avec une des sphères fixes. Ces points forment nécessairement, pour l'enveloppe des sphères génératrices, une seconde ligne de courbure ; puisque les normales communes à l'enveloppe et à chaque sphère fixe, forment une surface développable conique.

Donc la ligne de seconde courbure, tracée sur chacune des trois sphères fixes, a pour normales, des droites formant un cône. Nous démontrerons que cette ligne doit être plane et circulaire.

Deux des trois cercles de seconde courbure étant déterminés chacun sur une sphère fixe, ces deux cercles suffiront pour déterminer la position de chaque sphère génératrice ; et, par suite la surface enveloppe de toutes ces sphères génératrices.

Il est évident que les trois sphères fixes sont symétriques par rapport au plan mené par leurs trois centres. Par conséquent, 1°. les sphères génératrices sont disposées symétriquement, au-dessus et au-dessous de ce plan ; 2°. toute sphère ayant son centre sur ce plan, et touchant deux des sphères génératrices au-dessus du même plan, en touchera pareillement deux autres au-dessous.

Déterminons une nouvelle sphère fixe touchant ainsi quatre des sphères génératrices précédemment déterminées. Nous pourrons remplacer par cette nouvelle sphère une des trois anciennes. Les deux autres, conservant quatre points de contact avec quatre sphères génératrices supposées rester les mêmes, auront chacune même cercle de contact avec l'enveloppe ainsi qu'avec toutes les sphères génératrices. Par conséquent, cette surface enveloppe n'aura pas changé par la substitution de la nouvelle sphère fixe, à la place d'une des trois anciennes. Donc,

IVᵉ. MÉMOIRE.

enfin, la même surface enveloppe peut être produite par une infinité de nouvelles sphères dont chacune soit tangente à toutes les sphères génératrices, et dont chacune produise un cercle pour ligne de seconde courbure de cette enveloppe.

Conditions définitives de la génération des surfaces cyclides.

Ainsi, premièrement, il est possible de trouver d'autres surfaces.que la sphère, le cylindre et le cône de révolution, qui n'aient que des cercles pour lignes de courbure ; secondement, il suffira, pour définir ces surfaces cyclides, d'assujettir une sphère, variable de rayon, à toucher constamment trois sphères fixes quelconques ; troisièmement, il n'y a pas de génération possible qui produise d'autres surfaces de la même famille.

Propriétés des lignes lieux des centres de courbure des surfaces cyclides.

Les lignes lieux des centres de courbure des surfaces cyclides ont des propriétés remarquables : nous allons exposer celles qui peuvent être applicables au sujet que nous traitons.

Elles sont respectivement sur deux plans qui se coupent à angle droit.

Nous avons vu que les centres des sphères fixes sont tous situés dans un même plan. Nous eussions pu prendre pour génératrices les sphères que nous avons appelées fixes ; et, réciproquement, prendre pour fixes celles que nous avons regardées comme génératrices. Donc les sphères de chaque génération ont leurs centres placés dans un plan particulier unique : il est facile de voir que ces deux plans doivent se couper à angle droit.

La surface cyclide est, comme nous l'avons vu, symétrique par rapport au premier de ces plans ; elle l'est aux mêmes titres par rapport au second. Or, quand une surface est symétrique par rapport à deux plans, il faut nécessairement que ces plans se coupent à angle droit (*).

Pour distinguer les deux manières d'engendrer la surface cyclide par les intersections successives de sphères enveloppées,

_____

(*) A moins que la surface ne soit de révolution, et n'ait pour axe l'intersection des deux plans donnés.

nous appellerons les sphères d'une génération *premières sphères*, et celles de l'autre génération *secondes sphères*.

Du centre de l'une des premières sphères, menons toutes les normales possibles à la surface cyclide. Ces normales, partant d'un même point, formeront un cône. Elles aboutiront sur la cyclide, aux divers points d'un cercle de courbure qui servira de base à ce cône, lequel sera droit et circulaire. Enfin, l'axe du même cône sera tangent (*) à la courbe lieu des centres des premières sphères. Mais chaque normale arête de ce cône, passe par le centre d'une des secondes sphères. Donc le système entier des arêtes du cône, passera par la courbe lieu des centres des secondes sphères. Or, nous avons démontré que cette courbe est plane. Par conséquent, la courbe lieu des centres de seconde courbure de la surface cyclide, est une section plane du cône, c'est-à-dire, une courbe du second degré. Il est évident que la courbe plane, lieu des centres de première courbure, est pareillement du second degré.

Si nous comparons entr'eux tous les cônes qu'on peut former ainsi par des droites menées, de chaque centre des premières sphères, aux différents centres des secondes sphères, en supposant d'ailleurs chaque droite terminée par les deux centres qu'elle réunit, elle se composera, 1°. d'un rayon des premières sphères; 2°. d'un rayon des secondes sphères.

En terminant de la sorte toutes les arêtes d'un même cône, on voit qu'elles ont en commun le rayon de la première sphère dont le centre sert de sommet au cône. Par conséquent la différence de ces arêtes prises deux à deux, est égale à la différence des rayons des secondes sphères correspondantes à ces arêtes.

(*) Cette dernière propriété est générale, pour les surfaces engendrées par les intersections successives de sphères variables de rayon d'une manière quelconque.

Considérons deux de ces cônes. Traçons, sur chacun, deux arêtes aboutissant respectivement aux centres des deux mêmes sphères de la seconde génération. La différence entre les deux arêtes du premier cône et la différence entre les deux arêtes du second cône, seront respectivement égales à la différence des rayons des deux sphères de la seconde génération.

Théorème.

De là résulte ce théorème : *Dans tous les cônes dont les sommets sont placés sur la première courbe des centres, et dont la base commune est la seconde courbe des centres, la différence des deux arêtes qui aboutissent respectivement à deux points donnés de la base, cette différence, dis-je, est la même pour tous les cônes.*

On peut donc regarder les arêtes de chacun d'eux, comme formées par les arêtes d'un seul, en allongeant ou raccourcissant d'une même quantité toutes les arêtes d'un cône primitif.

Génération récipro-que des deux lignes servant de base à ces cônes, par des rayons vecteurs à différences constan-tes.

Cette propriété dont jouit la seconde courbe des centres, donne un moyen de décrire cette courbe par un mouvement continu très-simple.

Qu'on attache un fil à chaque point de la première courbe. Q'on tende tous ces fils pour les réunir en un quelconque des points de la seconde courbe. Qu'on allonge ensuite, ou qu'on raccourcisse tous les fils, d'une même quantité. En tenant tou-jours tendus trois de ces fils, ce qui suffit pour que le point qui les réunit soit déterminé de position, 1°. tous les autres fils seront également tendus; 2°. tous les fils formeront un cône droit circulaire dont le centre décrira la seconde courbe des centres ; 3°. enfin, l'axe de ce cône sera toujours tangent à cette courbe.

On peut donc regarder ces fils comme autant de rayons vec-teurs, et les points de la première courbe des centres comme autant de foyers par rapport à la seconde courbe.

Puisque toutes les propriétés de ces deux courbes sont ré-
ciproques, il faut en conclure aussi que tous les points de la
seconde courbe peuvent être considérés comme autant de foyers
de la première.

Chacune de ces courbes est symétrique par rapport au plan
de l'autre. Il suit de là que toutes deux doivent avoir un axe
placé sur la commune intersection de ces deux plans. Les sommets de la première courbe placés sur cet axe, sont les foyers
ordinaires de la seconde courbe, et réciproquement. De là résulte cette propriété générale des courbes du second degré.....

Si l'on conçoit, dans un plan horizontal, une première courbe *Nouvelles propriétés des courbes du second degré.*
du second degré; puis, dans un plan vertical mené par le grand
axe de cette courbe, une nouvelle ligne du même degré qui
ait pour sommets les foyers de la première courbe, et pour
foyers les sommets de cette même courbe :

« Tous les points de la première seront autant de foyers de *Système général de leurs foyers.*
» la seconde, et tous les points de la seconde autant de foyers
» de la première. Tous les rayons vecteurs dirigés d'un même
» point de l'une de ces courbes, à tous les points de l'autre,
» formeront un cône droit circulaire dont l'axe sera tangent
» à la première courbe, au point qui sert d'origine à tous les
» rayons. Ainsi chaque courbe fait un même angle avec tous
» les rayons vecteurs qui concourent en un de ses points. » On
voit comment ces propriétés généralisent celles qui sont connues sur les rayons vecteurs émanés de deux foyers seulement.

Jusqu'ici nous avons supposé que tous les rayons vecteurs *Génération de l'hyperbole par une infinité de foyers et de rayons vecteurs.*
fussent placés sur la même nappe de chaque cône, et nous avons
prouvé qu'alors leur différence est constante. C'est ce qui doit
avoir lieu dans la génération de l'hyperbole. En effet, dans l'hyperbole, les foyers sont en dehors des sommets. Mais pour engendrer la courbe du second degré, lieu de tous les foyers de

cette hyperbole, il faut changer les foyers en sommets, et réciproquement les sommets en foyers. Donc, la seconde courbe, a ses sommets en dehors de ses foyers; elle est par conséquent une ellipse, et cette ellipse est nécessairement sur la nappe même du cône droit circulaire dont elle est la base oblique.

Génération de l'ellipse par des rayons vecteurs *à somme*, et par d'autres rayons vecteurs à *différence constante*.

Voulons-nous, au contraire, engendrer l'ellipse par le moyen de l'hyperbole. Nous verrons que tous les rayons vecteurs qui partent de deux points de la même branche de l'hyperbole, ont une *différence* constante; tandis que tous les rayons qui partent des deux points pris sur des branches différentes ont, deux à deux, une *somme* constante. C'est évidemment ce qui a lieu pour les deux sommets de l'ellipse qui servent de foyers à l'hyperbole.

Génération de la parabole par une infinité de foyers.

Dans le cas où l'une des courbes devient parabolique, l'autre l'est pareillement. Une des paraboles a ses branches tournées vers la droite, l'autre vers la gauche. Ce sont alors les différences des rayons vecteurs qui deviennent constantes.

§ IV.

Application des propriétés exposées dans le § III, à la recherche de propriétés nouvelles des routes de la lumière, dans les phénomènes de la réflexion.

Application des propriétés précédentes à la perspective et à l'optique.

Dans une surface du second degré formée par la révolution d'une courbe du même ordre, autour de l'axe où sont placés ses foyers, les mêmes points sont, à la fois, les foyers de toute la surface; nous les appellerons *foyers généraux*.

Si nous faisons, dans cette surface, une section plane quelconque, il est évident que cette section comptera, parmi ses foyers particuliers, les deux foyers généraux de sa surface. Donc les cônes ayant cette section pour base, et l'un ou l'autre des foyers généraux pour sommet, seront droits et circulaires.

De là résulte cette propriété générale des surfaces du second degré qui ont des foyers généraux, tant des ellipsoïdes, que des paraboloïdes et des hyperboloïdes : Toutes les courbes planes qu'il est possible de tracer sur ces surfaces, regardées d'un des foyers, semblent des cercles. Ainsi, lorsqu'on prend pour tableau perspectif, la surface d'une sphère ayant son centre à l'un des foyers de la surface du second degré, toutes les sections planes tracées sur celle-ci, mises en perspective sur la surface sphérique, forment des cercles.

Considérons, maintenant, la section plane infiniment petite qui sert d'indicatrice à la courbure de la surface en un point P. Nous voyons d'abord que, dans les surfaces dont nous étudions les propriétés, toutes les indicatrices regardées de l'un des foyers généraux, paraissent être des cercles ayant pour axe le rayon visuel qui va, d'un foyer général, au point P de la surface dont l'indicatrice annonce la courbure.

Supposons que tous les éléments de cette surface grandissent, à partir du point P, proportionnellement, et dans un rapport infini. Alors l'indicatrice prend une étendue finie, et le sommet du cône de révolution dont elle est la base oblique, s'éloigne à l'infini. Ce cône devient un cylindre de révolution.

Quand l'indicatrice (base oblique de ce cylindre) se projette sur le cercle (base directe du même cylindre), les diamètres de l'indicatrice se projettent sur les diamètres du cercle. Tout parallélogramme circonscrit à l'indicatrice (courbe du second degré), et les deux diamètres conjugués respectivement parallèles aux côtés opposés de ce parallélogramme, se projettent sur le cercle, sans perdre leur parallélisme. Le parallélogramme ne cessant pas d'être circonscrit au cercle, devient un quarré. Enfin, les deux diamètres conjugués, respectivement

IVᵉ. MÉMOIRE.

Dans les surfaces du deuxième degré à *foyers généraux*, toutes les sections planes vues de ces foyers, semblent des *cercles*.

Propriétés des indicatrices de ces surfaces.

212 APPLICATIONS DE GÉOMÉTRIE ET DE MÉCHANIQUE.

Les diamètres conju-
gués de ces indica-
trices, regardés d'un
des foyers, semblent
partout se couper à
angle droit.

Même propriété des
tangentes conju-
guées des surfaces
à foyers généraux.

Application de ces
propriétés aux mi-
roirs de forme quel-
conque, qui réflé-
chissent la lumière
émanée d'un seul
point.

Fig. 1.
Pl. XV.

parallèles aux côtés de ce quarré, se croisent à angle droit dans cette projection.

Donc deux diamètres conjugués quelconques d'une indicatrice de la surface du second degré, à foyers généraux, sont sur deux plans passant par un même foyer général et se coupant à angle droit.

En exposant la théorie des indicatrices et des tangentes conjuguées des surfaces (*Développements de géométrie*, Iᵉʳ. *mémoire*), nous avons démontré que ces tangentes conjuguées étaient toujours placées sur deux diamètres conjugués de l'indicatrice. Donc les surfaces du second degré qui ont des foyers généraux, jouissent de cette propriété caractéristique et remarquable : *deux tangentes conjuguées quelconques sont respectivement sur deux plans passant par un même foyer général, et se coupant à angle droit.*

On voit par-là qu'en regardant ces surfaces du second degré, d'un de leurs foyers généraux, leurs tangentes conjuguées semblent partout se couper à angle droit.

Étendons, maintenant, ces propriétés des surfaces du second degré de révolution, aux surfaces d'une forme quelconque. Nous pouvons pour cela nous servir de la théorie des *Indicatrices* et des *Tangentes conjuguées*. Cette théorie, comme on va le voir, jette sur la question un jour très-remarquable; elle rend faciles des solutions regardées jusqu'ici comme inaccessibles à la simple géométrie.

Soit P le point que nous considérons sur la surface quelconque (S). Prenons, pour plan de projection horizontale, le plan tangent en P à cette surface. Soient, de plus, PO et PΩ les projections des deux rayons incident et réfléchi [refléchi par (S)].

Les deux rayons sont dans un plan perpendiculaire au plan

tangent P, pris pour plan de projection horizontale; par conséquent ils se projéteront horizontalement, suivant une même droite $OP\Omega_h$.

Surface du second degré à foyers généraux placés, l'un au point lumineux, l'autre sur le rayon réfléchi.

Actuellement, regardons les points O et Ω comme les foyers d'une surface du second degré de révolution qui passe en P. Cette surface sera tangente, en ce point, à la surface générale (S); puisque par hypothèse, le plan tangent à (S), en P, fait le même angle avec les deux rayons vecteurs projetés suivant OP_v et $P\Omega_v$, et qu'il est perpendiculaire au plan de ces deux rayons.

Fig. 1. Pl. XV.

On déterminera sur-le-champ, pour le point P, l'indicatrice de la surface du second degré, par la condition que cette indicatrice doit être, sur le plan horizontal de projection, la trace d'un cylindre droit circulaire ayant pour axe PO ou PΩ.

En effet, si nous prenons un plan vertical de projection parallèle aux rayons PO, PΩ, ces rayons seront respectivement égaux à leur projection verticale PO_v, $P\Omega_v$... Le grand axe de l'indicatrice étant égal à $\alpha P\gamma_h$, grandeur arbitraire, sa projection $\alpha P\gamma_v$ sera égale à $\alpha P\gamma_h$, et le petit axe $6P\delta_h$ sera double de la distance du point α_v, au rayon PO_v.

Condition pour que ces nouvelles surfaces aient plus d'un rayon réfléchi commun avec le miroir.

Maintenant, le foyer O restant le même, ainsi que le point P sur la surface (S), on peut faire varier arbitrairement de grandeur, l'indicatrice $\alpha 6\gamma\delta$ de la surface du second degré, dont le foyer Ω s'éloignera ou s'approchera convenablement du point P. Demandons-nous, parmi toutes ces courbes semblables, $\alpha 6\gamma\delta$, $\alpha' 6'\gamma'\delta'$, $\alpha'' 6''\gamma''\delta''$,.... celles qui sont, en quelque point, tangentes à l'indicatrice ABCD de la surface (S).

Pour cela, regardons $\alpha 6\gamma\delta$ et ABCD comme les traces horizontales de deux cylindres ayant PO pour axe. Par hypothèse, le premier cylindre sera de révolution; ainsi tous ses plans diamétraux seront normaux à sa surface. Donc, pour que ce cylindre soit tangent à celui dont la trace est ABCD, il faut que le plan diamétral mené par l'arête lieu du contact, soit aussi, dans toute l'étendue de cette arête, normal au cylindre dont la base est ABCD.

Lorsqu'un cylindre du second degré n'est pas de révolution, il n'a que deux plans passant par son axe qui jouissent de cette propriété : ce sont les deux plans principaux, et ces deux plans se coupent nécessairement à angle droit.

Mais nous savons que les diamètres conjugués des diverses sections planes d'un cylindre, sont placés respectivement sur des plans diamétraux conjugués de ce cylindre; donc les deux plans principaux du cylindre ayant ABCD pour base oblique, traceront sur ABCD deux diamètres conjugués M'N', M"N". C'est par l'extrémité de ces diamètres que passeront les deux courbes $\alpha'6'\gamma'\delta'$, $\alpha''6''\gamma''\delta''$, semblables à $\alpha6\gamma\delta$, et respectivement tangentes à ABCD, en M'N', M"N". (Voyez *la note* II *à la fin du Mémoire.*)

Il est facile de voir que la surface du second degré dont $\alpha'6'\gamma'\delta'$ est l'indicatrice, ayant les trois points M', P, N' communs avec la surface (S), les tangentes à l'arc M'PN' seront les mêmes en M', N', pour les deux surfaces. Mais, aux points M' et N', les indicatrices ABCD, $\alpha'6'\gamma'\delta'$ sont mutuellement tangentes; ainsi les mêmes tangentes M'm', N'n' sont communes aux deux indicatrices, et par conséquent aux deux surfaces. Donc les plans tangents à ces surfaces, soit en M', soit en N', sont identiques.

Deux surfaces du second degré satisfont à cette condition.

Par conséquent, si du point O, nous menons aux points M' ou N', un rayon incident, le rayon réfléchi sera le même pour la surface primitive, et pour la surface du second degré de révolution ayant $\alpha'6'\gamma'\delta'$ pour indicatrice. Mais, O étant un des foyers généraux de cette dernière surface, tous les rayons émanés du point O se réfléchissent à l'autre foyer Ω'. Donc les rayons réfléchis par la surface quelconque (S)., aux points M′ et N′, se réuniront au point Ω', second foyer général de la surface du second degré dont $\alpha'6'\gamma'\partial'$ est l'indicatrice.

De même, les rayons réfléchis par la surface quelconque (S), aux points M″ et N″, se rencontreront au foyer Ω'' de la seconde surface du second degré, dont $\alpha''6''\gamma''\partial''$ est l'indicatrice.

Puisqu'il n'y a pas, sur ABCD, d'autres points que M′, N′ et M″, N″ pour lesquels se confondent le plan tangent à (S) et le plan tangent à l'une des surfaces de révolution du second degré ayant O pour foyer, il n'y a pas d'autres rayons incidents que OM′, ON′, OM″, ON″ qui, réfléchis, viennent rencontrer PΩ.

Il n'y en a pas un plus grand nombre.

Nous pouvons donc poser comme principes généraux :

1°. Qu'à partir d'un point P d'une surface quelconque, il y a deux directions M′N′, M″N″ telles que les rayons qui sont émanés du point quelconque O, et qui sont réfléchis par la surface en M′, ou N′, ou M″, ou N″ infiniment près de P, rencontrent le rayon PΩ réfléchi par le point P.

Résumé des propriétés d'un faisceau de rayons émanés d'un point, et réfléchis par un miroir quelconque.

2ᵘ. Que les deux directions M′N′, M″N″ sont celles de deux *diamètres conjugués* de l'indicatrice ABCD ; et, par conséquent, sont aussi celles de deux *tangentes conjuguées* de la surface (S), au point P.

3°. Que ces deux directions sont situées sur deux plans qui se coupent à angle droit, suivant le rayon incident ; puisqu'elles sont les directions de deux plans principaux du cylindre ayant ABCD pour base, et OP pour axe.

4°. Les plans menés par ces deux directions et par le rayon réfléchi PΩ, formant entr'eux le même angle que les deux précédents, se coupent pareillement à angle droit.

Pour démontrer cette dernière propriété, concevons trois nouveaux cylindres ayant pour axe commun le rayon réfléchi PΩ, et respectivement pour bases, $\alpha'6'\gamma'\partial'$, $\alpha''6''\gamma''\partial''$, ABCD.

Les deux premiers cylindres sont encore de révolution ; ils touchent le troisième, suivant quatre arêtes qui passent respectivement par les points M′, N′, M″, N″, et qui sont placées deux à deux sur les plans principaux de ce dernier cylindre. Donc les deux plans menés par les rayons réfléchis, Ω′M′, Ω′P, Ω′N′ d'une part, Ω″M″, Ω″P, Ω″N″ de l'autre part, se coupent à angle droit suivant ΩP.

La direction du rayon incident OP restant la même, quelle que soit la position du foyer O sur ce rayon, la forme de l'indicatrice αϐγδ ne varie point. C'est pourquoi les deux directions conjuguées M′N′, M″N″ ne varient pas non plus. Supposons que, des différents points du rayon OP, partent tant d'autres rayons incidents qu'on voudra. Les rayons réfléchis ne pourront rencontrer PΩ qu'en passant par les points M′, N′ ou M″, N″ placés sur deux diamètres conjugués de ABCD, indicatrice de la surface primitive (S) ; et, par conséquent, placés sur deux tangentes conjuguées de cette surface primitive, au point P.

Nous allons montrer, à présent, quelles modifications peuvent éprouver les principes généraux que nous venons d'exposer, suivant les diverses formes que présentent les indicatrices du miroir et celles des surfaces auxiliaires du second degré.

Les surfaces auxiliaires du second degré, par cela seul qu'elles ont deux foyers généraux, ont partout leurs deux courbures dirigées dans le *même* sens. Ainsi l'indicatrice de leur courbure est partout *elliptique*.

Mais le miroir étant supposé d'une forme quelconque, son indicatrice peut être elliptique, hyperbolique ou parabolique. Examinons successivement ces trois cas qui comprennent toutes les formes générales que puisse affecter la courbure des surfaces.

IVe. MÉMOIRE.

Premier cas : où l'indicatrice de ces courbures du miroir est elliptique. Fig. 1. Pl. XV.

Dans le premier cas où l'indicatrice ABCD du miroir est une ellipse, ainsi que le représente la fig. 1, le cylindre ayant le rayon incident pour axe, et cette ellipse pour trace horizontale, est un cylindre elliptique. Il existe donc deux plans principaux passant par cet axe, et quatre arêtes principales respectivement placées sur ces plans. Ces arêtes ont pour trace horizontale, sur le plan de projection, les points M′, N′ et M″, N″. Donc, alors, on peut toujours trouver, comme nous l'avons déjà fait voir, deux indicatrices $\alpha'\beta'\gamma'\delta'$, $\alpha''\beta''\gamma''\delta''$, respectivement tangentes en M′, N′ et M″, N″, à l'indicatrice ABCD du miroir.

Recherche des points de concours de rayons réfléchis infiniment voisins. Fig. 2. Pl. XV.

Demandons-nous de déterminer la position des points Ω', Ω'' où les rayons réfléchis $M'\Omega'$, $N'\Omega'$ et $M''\Omega''$, $N''\Omega''$ rencontrent le rayon $P\Omega$ réfléchi par le point P. Les indicatrices $\alpha'\beta'\gamma'\delta'$, $\alpha''\beta''\gamma''\delta''$ étant déterminées par les moyens que nous avons exposés, leur grand axe $\alpha'P\gamma'$, $\alpha''P\gamma''$ sera pareillement déterminé. Soit R le rayon de courbure de la section normale du miroir, faite suivant la direction de cet axe. Soient r' et r'' les rayons de courbure des sections faites par le même plan, dans les deux surfaces auxiliaires du second degré ayant respectivement pour indicatrices $\alpha'\beta'\gamma'\delta'$, $\alpha''\beta''\gamma''\delta''$. Nous aurons

$$r' = R.\frac{\alpha'P^2}{AP^2};\ r'' = R.\frac{\alpha''P^2}{AP^2}.$$

Fig. 2. Pl. XV.

Maintenant, avec r' comme rayon, traçons sur la fig. 2, le cercle osculateur de la section normale faite suivant $\alpha P\gamma$, dans la surface auxiliaire ayant $\alpha'\beta'\gamma'\delta'$ pour indicatrice. Nous pouvons substituer ce cercle à cette section, sans changer le point Ω' lieu de la rencontre des rayons réfléchis par les points infiniment voisins P, M′. Mais, dans le cercle osculateur, les cordes Pp et Pr, Mm et Ms sont respectivement égales, puisqu'elles sont deux à deux le même angle avec la circonférence de ce cercle. Donc, entre les arcs soutendus par les cordes, on a les relations suivantes

$$\overline{Pp} = \overline{Pr}, \ \overline{Mm} = \overline{Ms}.$$

D'où
$$\overline{Mm} - \overline{Pp} = \overline{Ms} - \overline{Pr},$$

et, en supprimant la partie Pp commune aux deux premiers arcs, ainsi que la partie Mr commune aux deux seconds,

$$\overline{PM} + \overline{pm} = \overline{rs} - \overline{PM};$$

donc
$$\overline{rs} = 2.\overline{PM} + \overline{pm}.$$

Mais les triangles $\Omega'PM$, $\Omega'rs$ sont semblables; l'angle $P\Omega'M$ est infiniment petit, et dès lors les arcs $\overline{PM}$, $\overline{pm}$, $\overline{rs}$, sont respectivement égaux à leurs cordes PM, pm, rs. Donc on a

$$P\Omega' \cdot Pr :: PM : PM + rs = PM + 2PM + pm = 3PM + pm,$$

d'où
$$P\Omega' = \frac{PM.Pr}{3PM + pm}.$$

Les triangles semblables OPM, Opm, donnent de même,

$$PO : Pp :: PM : PM - pm;$$

d'où
$$PM - pm = \frac{PM.Pp}{PO}.$$

Mais
$$P\Omega' = \frac{PM.Pr}{3PM + pm} = \frac{PM.Pp}{4PM - (PM - pm)};$$

donc
$$P\Omega' = \frac{PM.Pp}{4PM - \dfrac{PM.Pp}{PO}} = \frac{PO.Pp}{4PO - Pp}.$$

Appelons $\;$ l'angle formé par le rayon incident PO, avec le plan tangent au miroir, en P. Le double du rayon r' multi-

plié par le sinus de cet angle, sera la corde P*p* du cercle osculateur. Nommant Δ la distance du point O au point P, nous
aurons pour valeur de PΩ′

$$P\Omega' = \frac{\Delta.2r'. \sin. \alpha}{4\Delta - 2r' \sin. \alpha} = \frac{\Delta.r' \sin. \alpha}{2\Delta - r' \sin. \alpha}$$

(*Voyez la note* III.)

Pour une même valeur de *r*′ et de *sinus* *α*, cette quantité peut
être infinie, positive ou négative, suivant la valeur de Δ; c'est-
à-dire, suivant la position du point O sur le rayon incident
PO, dont la direction est supposée constante.

1°. Lorsque $2\Delta - r' \sin. \alpha = 0$; le rayon réfléchi MΩ′ devient Condition pour que ces points soient in finiment éloigné du miroir.
parallèle au rayon PΩ′; puisque Ω′, point de rencontre des deux
rayons, se transporte à l'infini.

Donc, lorsque le rayon *r*′ projeté sur le rayon incident, a
sa projection $r'. \sin. \alpha = 2\Delta = $ le double de PO, la surface
auxiliaire ayant *α′б′γ′δ′* pour indicatrice, a ses rayons réfléchis
parallèles entr'eux; elle est un paraboloïde; et, suivant la direction M′PN′, les rayons lumineux émanés du point O et réfléchis par le miroir, à partir du point P, sont parallèles.

Lorsque la moitié P*p*′ de la corde P*p*, sera plus petite ou Condition pour que les points de con cours soient du mê me côté du miroir que le foyer duque émanent les rayons
plus grande que $2PO = 2\Delta$, les rayons réfléchis par la surface
auxiliaire ayant *α′б′γ′δ′* pour indicatrice, ne seront plus parallèles.
Dans le premier cas, 2Δ sera plus grand que *r*′. *sin*. *α*. Donc la
valeur $P\Omega' = \frac{\Delta.r' \sin. \alpha}{2\Delta - r' \sin. \alpha}$ sera de même signe que Δ (*r*′ étant
supposé positif, ainsi que le sinus *α*). Alors le point Ω sera du
même côté du miroir que le point P. Par conséquent, la surface auxiliaire du second degré ayant pour foyers généraux,
deux points O, Ω′, placés du même côté du plan tangent, cette
surface sera elliptique. Dans ce cas, l'image Ω′ du foyer O sera
du même côté du miroir que ce point O.

IVᵉ. MÉMOIRE.
Condition pour que
ces points de con-
cours passent der-
rière le miroir.

Lorsque r' est positif, si 2Δ se trouve moindre que $r'. sinus\ \alpha$, la quantité $P\Omega' = \frac{\Delta.r'\ sin.\ \alpha}{2\Delta - r'\ sin.\ \alpha}$ devient négative, et le deuxième foyer Ω passe de l'autre côté du plant tangent en P. Dans ce cas, la surface auxiliaire du second degré est hyperbolique.

Lorsque Δ devient négatif, $P\Omega' = \frac{-\Delta.r'.\ sin.\ \alpha}{-2\Delta - r'.\ sin.\ \alpha} = \frac{\Delta.r'.\ sin.\ \alpha}{2\Delta + r'.\ n.\ \alpha}$ devient nécessairement positif. Ainsi, lorsque le point O passe sur PO prolongé de l'autre côté du miroir, le point de concours Ω' reste du premier côté. Alors, encore, la surface auxiliaire du second degré devient hyperbolique.

Du cas particulier où
les rayons réfléchis
infiniment voisins,
concourent en un
même point.
Fig. 1.

Pl. XV.

Il est un cas remarquable, parmi tous ceux qu'on peut étudier, lorsque l'indicatrice ABCD est elliptique. C'est celui pour lequel cette indicatrice est semblable aux courbes $\alpha\varepsilon\gamma\delta$. Alors cette indicatrice, au lieu d'être touchée par deux des courbes $\alpha'\varepsilon'\gamma'\delta'$, $\alpha''\varepsilon''\gamma''\delta''$, comme dans la fig. 1, se confond avec une de ces dernières. Dans ce cas, tous les rayons incidents qui viennent tomber sur la courbe $\alpha\varepsilon\gamma\delta$, se réfléchissent en passant par le foyer Ω de la surface auxiliaire du second degré dont $\alpha\varepsilon\gamma\delta$ est, en P, l'indicatrice. Alors les rayons infiniment voisins de PO, émanés du point O, viennent tous, après leur réflexion, rencontrer en un même point Ω le rayon réfléchi $P\Omega$.

Second cas général,
où l'indicatrice du
miroir est hyper-
bolique.
Fig. 3.

Pl. XVI.

Passons au cas où l'indicatrice du miroir, en P, au lieu d'être une ellipse ABCD, comme dans la fig. 1, serait une hyperbole AM'B, CN'D, comme dans la fig. 3. Quelle que soit la direction du rayon incident PO, cette hyperbole ne peut être la trace que d'un cylindre hyperbolique ayant pour axe PO. Des deux plans principaux passant par l'axe, un seul coupe ce cylindre, suivant deux arêtes ayant les points M', N', pour traces sur le plan horizontal de projection. Il semble, d'après cela, quand le miroir a pour indicatrice une hyperbole, qu'il y ait seulement une direction réelle M'PN', suivant laquelle le rayon réfléchi PΩ est rencontré par les rayons réfléchis infiniment voisins.

IV⁰. MÉMOIRE.

Des deux hyberboles indicatrices qu'il faut alors considérer.

Mais l'indicatrice, au point P, n'est autre chose qu'une section faite dans le miroir, infiniment près du plan tangent en P, et parallèlement à ce plan. Cette section peut être faite au-dessus ou au-dessous du plan tangent en P, lorsque les deux courbures sont dirigées en sens contraires. Alors la première indicatrice indique la courbure convexe vers le bas, la seconde indique la courbure convexe vers le haut.

Des deux points de concours fournis par les rayons réfléchis que donnent ces deux indicatrices.

Les indicatrices n'étant déterminées que par le rapport de leurs axes, et non par leur grandeur absolue, ces axes passent en même temps : l'un du réel à l'imaginaire ; l'autre de l'imaginaire au réel, sans que leur rapport varie pour cela. C'est pourquoi leurs asymptotes sont les mêmes. Dans les indicatrices elliptiques, les deux axes passant à la fois du réel à l'imaginaire, n'expriment plus de courbe réelle. Par conséquent, elles ne doivent présenter que des courbes d'une seule et même forme.

Fig. 3.
Pl. XVI.

Le cylindre ayant pour trace la seconde hyperbole indicatrice, a deux arêtes principales, réelles. Elles marquent sur le plan tangent au miroir en P, deux points M″, N″. Ces points indiquent la nouvelle direction M″PN″, suivant laquelle le rayon émané du point O et réfléchi par le point P, est coupé (en Ω″) par les rayons réfléchis infiniment voisins. Puisque les deux hyberboles AM′B, CN′D et aM″b, cN″d, sont semblables, les parallélogrammes ayant leurs sommets sur les asymptotes communes de ces hyberboles, seront les mêmes pour l'une et pour l'autre. Par conséquent, ces deux courbes auront leurs systèmes de diamètres conjugués, exactement superposés. Mais chacune des hyberboles ne peut avoir en commun avec les ellipses semblables $α′ε′γ′δ′$, $α″ε″γ″δ″$, qu'un seul système de diamètres conjugués. Donc ce système est le même pour les deux hyberboles. Par consé--

quent les diamètres M'PN', M"PN" sont conjugués entr'eux.

Il suit de là que les deux directions M'PN', M"PN", représentent un système de diamètres conjugués par rapport à la base oblique α'ϐ'γ'δ' d'un cylindre droit circulaire ayant pour axe PO ou PΩ. Par conséquent, aussi, ces deux directions sont vues se couper à angle droit, d'un point quelconque du rayon incident PO, ou du rayon réfléchi PΩ.

Supposons que la surface du miroir, au lieu d'avoir ses deux courbures dirigées en sens contraires, ait en P l'une de ses courbures nulle, c'est-à-dire, soit développable en ce point. Son indicatrice, au même point, sera le système de deux droites M'm', N'n', parallèles à l'arête de la développable passant en P. Alors encore le problème aura deux solutions.

La première sera donnée par la courbe α'ϐ'γ'δ' tangente à ces parallèles, en M' et N'. La seconde le sera par le diamètre conjugué à M'PN'; c'est-à-dire, par M"PN", véritable diamètre du système des deux droites parallèles M'm', N'n', considérées comme les branches d'une même ligne du second degré.

Jusqu'ici nous n'avons étudié les lois de la réflexion, qu'à partir d'un point P du miroir, et infiniment près de ce point. Passons, maintenant, du rayon réfléchi par ce point P, à l'un des rayons réfléchis infiniment voisins qui se rencontrent. Passons, ensuite, et toujours dans la même direction, du second rayon réfléchi, à un troisième qui en soit infiniment voisin et qui le coupe aussi; de ce troisième à un quatrième, etc. Nous allons former une surface évidemment développable, puisqu'elle sera le système de lignes droites infiniment voisines dont chacune doit rencontrer celle qui la précède et celle qui la suit.

Nous formerons une seconde surface pareillement développable, en partant du rayon réfléchi par le point P, et passant suivant la seconde direction (conjuguée à la première), à un nouveau rayon infiniment voisin qui coupe le premier ; de ce nouveau à un troisième qui le coupe pareillement, et qui soit aussi dans la seconde direction ; de ce troisième à un quatrième, etc.

Concluons donc, premièrement, qu'une surface quelconque étant éclairée par un faisceau de rayons lumineux émanés d'un même point, se réfléchit suivant un nouveau faisceau dont les rayons forment deux systèmes de surfaces développables. De telle sorte que chaque rayon réfléchi se trouve être, à la fois, sur deux surfaces développables appartenant respectivement à chacun de ces systèmes.

IVᵉ. MÉMOIRE.

Des deux systèmes de ces surfaces développables.

Si l'on détermine, sur la surface réfléchissante ou miroir, la trace des surfaces développables de rayons réfléchis, un premier système de développables va produire une première série de courbes qui se succèderont sur le miroir, en variant infiniment peu de forme et de position ; le second système de développables va pareillement tracer une seconde série de courbes qui se succèderont sur le miroir, en variant infiniment peu de forme et de position.

Des deux systèmes de courbes tracées sur le miroir par les surfaces développables de ces deux systèmes.

La loi générale qui liera les développables du premier système aux développables du second, c'est que les premières seront coupées à angle droit par les secondes, suivant toute l'étendue des divers rayons, lieux de leurs communes intersections.

Les surfaces développables d'un système, sont coupées à angle droit par celles de l'autre système.

La loi générale qui liera les courbes tracées sur le miroir par ces deux systèmes de surfaces développables, c'est que les premières courbes croiseront constamment les secondes, suivant des directions données par des *tangentes conjuguées* de la surface du miroir. En un mot, les secondes courbes seront partout *conjuguées* aux premières.

Les courbes d'un système, croisent les courbes de l'autre système, suivant des directions toujours données par deux tangentes conjuguées.

IV⁰. MÉMOIRE.
Des deux systèmes
de cônes ayant ces
courbes pour base,
et le foyer d'où
partent les rayons
incidents pour som-
met.

Si l'on regarde les premières courbes comme bases d'autant de cônes ayant leur sommet commun au point d'où la lumière émane ; si l'on regarde, de même, les secondes courbes comme bases d'une nouvelle série de surfaces coniques ayant même sommet que les précédentes, alors tous les cônes de la première série croiseront à angle droit les cônes de la seconde série.

Conséquence tirée
de ces principes.

Des théorèmes que nous venons d'exposer, résulte une propriété générale des surfaces éclairées par des rayons lumineux. *Si deux surfaces réfléchissantes se touchent suivant une ligne qui soit, pour l'une d'elles, la trace d'une surface développable de rayons réfléchis (les rayons incidents étant supposés émaner d'un point unique), cette même développable sera pareillement un système de rayons réfléchis par la seconde surface réfléchissante substituée à la première ; toutes les surfaces développables de rayons réfléchis d'un système différent de la première développable, la traverseront sur l'un et sur l'autre miroir, suivant des courbes qui seront en chaque point tangentes entr'elles et aux tangentes conjuguées de la courbe commune aux deux surfaces.*

Des surfaces dévelop-
pables de rayons
réfléchis, lorsque
les rayons incidents
émanent d'une droi-
te unique.

Au lieu de supposer que les rayons émanent d'un seul et même point fixe, supposons que ce point avance ou recule sur le rayon incident qui passe par le point P du miroir. Nous savons que le rayon réfléchi par le point P ne changera pas. Les tangentes conjuguées de la surface, qui sont respectivement sur deux plans à angle droit passant à la fois par ce rayon incident ou par ce rayon réfléchi, ces tangentes, dis-je, ne changeront pas davantage. Ainsi les mêmes plans seront respectivement tangents : d'une part, à tous les cônes de rayons incidents ayant leur sommet sur le rayon incident qui tombe en P; de l'autre part, à toutes les surfaces développables des rayons réfléchis par le miroir où se trouve le point P.

De là résulte donc cette propriété générale des rayons lumineux. *Des divers points d'une droite regardée comme rayon incident, si d'autres rayons lumineux émanent, suivant des directions arbitraires : 1°. ces rayons, étant réfléchis par un miroir quelconque, formeront une série de surfaces développables ; 2°. toutes les développables qu'il sera possible de former ainsi, seront tangentes à l'une ou à l'autre des tangentes conjuguées qui sont vues se couper à angle droit, du rayon commun à toutes ces développables ; 3°. tous les cônes formés par les rayons incidents qui passent par les traces de ces développables sur le miroir, se croiseront pareillement à angle droit, et seront tangents à l'une ou à l'autre des tangentes conjuguées du système que nous venons de déterminer.*

Nous avons prouvé, dans le commencement de ce mémoire et par deux voies absolument indépendantes, qu'un faisceau de rayons lumineux, décomposable en deux séries de surfaces développables qui se croisent à angle droit, conservait encore, après sa réflexion par un miroir quelconque, cette propriété : d'être décomposable en deux séries de surfaces développables, telles, que toutes les surfaces d'une série coupent à angle droit celles de l'autre série.

Supposons, de plus, que les surfaces développables d'une première série de rayons incidents, correspondent aux surfaces développables d'une première série de rayons réfléchis. De manière que les mêmes courbes soient chacune, sur le miroir, la trace commune d'une surface développable de rayons réfléchis et d'une surface développable de rayons incidents. Je dis que toutes les développables de l'autre série jouiront de la même propriété. Ainsi, dans la seconde série comme dans la première, chaque surface développable de rayons incidents et une surface développable de rayons réfléchis, auront la même

IVᵉ. MEMOIRE.

trace sur le miroir. De plus, deux de ces traces, qui appartiennent à deux différentes séries de surfaces développables, seront toujours, au point de leur commune intersection, touchées par deux tangentes conjuguées de la surface du miroir.

Fig. 1.
Pl. XV.

Pour rendre plus claire la démonstration de ce principe, représentons par (D'_i) et (D''_i) les deux surfaces développables de rayons incidents qui passent par un point P du miroir; représentons par (D'_r) et (D''_r) les deux surfaces développables de rayons réfléchis qui passent par le même point P. Supposons, enfin, que (D'_i) et (D'_r) soient les deux développables (de différents systèmes) ayant la même trace sur le miroir.

Prenons, sur cette trace, deux points P, M', infiniment voisins. Les deux rayons incidents qui tombent l'un en P, l'autre en M', étant placés sur la développable (D'_i), se rencontrent en un certain point O. De même les deux rayons réfléchis par P et par M', étant placés sur la développable (D'_r), s'y rencontrent en un certain point Ω'.

Si nous regardons les points O, Ω', comme les deux foyers généraux d'une surface auxiliaire du second degré passant en P, cette surface passera pareillement en M'. Pour ces deux points, elle aura même plan tangent que le miroir; puisque sans cela les deux surfaces ne pourraient pas avoir en commun les deux rayons incidents OP, OM', et les deux rayons réfléchis PΩ', M'Ω'. Donc l'intersection de ces deux plans tangents consécutifs est commune pour les deux surfaces. Par conséquent, cette intersection et la droite menée par les deux points P, M', forment, pour l'une et l'autre surface, un système de tangentes conjuguées. (Voyez *Dévelop. de Géom.*, Iᵉʳ. *Mémoire.*)

Or deux tangentes conjuguées d'une surface du second degré à foyers généraux O, Ω', sont sur deux plans passant à la fois par un même foyer, soit O, soit Ω', et se coupant à angle

IVe. MÉMOIRE.

droit. Donc, aussi, les deux tangentes conjuguées du miroir, dont une passe par l'élément PM′, sont sur deux plans qui passent à la fois par le rayon incident OP, ou par le rayon réfléchi PΩ′, et qui se coupent à angle droit.

Un de ces plans passant par les arêtes infiniment voisines OP, OM′ de la développable (D′ᵢ), est tangent à cette développable. Donc le plan qui passe par OP, et qui lui est perpendiculaire, est tangent à la seconde développable (D″ᵢ); puisque, par hypothèse, cette seconde développable coupe la première à angle droit, dans toute l'étendue du rayon OP.

Donc la trace de la seconde développable (D″ᵢ), sur le miroir, est touchée par la tangente conjuguée à la direction PM′ de la première développable.

On démontrera, de même, que les deux plans à angle droit qui passent par le rayon réfléchi PΩ′, et respectivement par deux tangentes conjuguées du miroir en P, sont respectivement tangents aux développables (D′ᵣ), (D″ᵣ) qui passent par le rayon réfléchi PΩ′.

Ainsi les deux développables (D″ᵢ) et (D″ᵣ) sont touchées sur le miroir par la même tangente conjuguée à PM′. Par conséquent leurs traces sur le miroir y sont aussi touchées par la même tangente conjuguée. Donc elles-mêmes s'y touchent mutuellement.

Si, dans toute l'étendue du miroir, les (D′ᵢ) ont la même trace que les (D′ᵣ), comme alors les (D″ᵢ) et les (D″ᵣ) doivent avoir partout leurs traces mutuellement tangentes, il faudra que ces dernières traces soient identiques : cette conséquence complète le théorème général que nous voulions démontrer.

La réciproque de ces principes est également vraie. Quand un faisceau de rayons incidents se décompose en deux séries de surfaces développables, qui se croisent à angle droit et qui tracent sur le miroir deux séries de courbes dont les

Le second système de rayons incidents et réfléchis, trace alors sur le miroir des courbes dont la direction est partout conjuguée avec celle des courbes du premier système. Les mêmes secondes courbes sont à la fois, sur le miroir, les traces des surfaces développables du second système de rayons incidents et réfléchis.

La réciproque de ces principes est également vraie.

directions sont partout conjuguées, les mêmes courbes sont la trace des surfaces développables formées par les rayons réfléchis ; et ces surfaces développables présentent encore, comme celles des rayons incidents, deux séries telles que les surfaces d'une série sont coupées à angle droit par toutes celles de l'autre série.

Dans le cas particulier où les rayons incidents infiniment voisins du point P, rencontrent au même point O, le rayon incident qui tombe en P; tandis que ces rayons, après leur réflexion, se rencontrent en un autre point Ω' pareillement le même pour tous les rayons réfléchis, voici ce qui arrive :

L'indicatrice du miroir pour l'ombilic P, vue d'un point quelconque du rayon incident ou du rayon réfléchi qui passe en P, cette indicatrice, dis-je, semble un cercle.

Toutes les surfaces développables de rayons incidents d'une première série (D'$_i$), passent à la fois par le rayon incident qui tombe sur le point ombilical P.

Toutes les surfaces développables de rayons réfléchis d'une première série (D'$_r$), passent à la fois par le rayon que réfléchit le point ombilical P.

Chacun de ces deux rayons (incident et réfléchi) représente à lui seul une surface des secondes séries (D''$_i$), (D''$_r$). A partir de chaque rayon, ces surfaces développables offrent la forme d'un cône droit circulaire infiniment aigu, ayant respectivement pour axe l'un ou l'autre de ces rayons, et pour sommet le point lumineux ou son image. Ensuite les surfaces développables (D''$_i$), (D''$_r$) s'élargissent de plus en plus, et prennent une forme qui dépend de la courbure du miroir.

On voit donc que, sur le miroir, les traces de la première série passent toutes par le point P; tandis que celles de la seconde série sont : 1°. le point P; 2°. à une distance infiniment petite, l'indicatrice de la courbure du miroir au point P ; 3°. des courbes plus ou moins différentes de cette indicatrice, et dont la figure dépend de la forme même du miroir.

Ainsi les points du miroir qui ne fournissent qu'un seul point de concours pour les rayons réfléchis après être émanés d'un seul foyer, ces points du miroir sont, par rapport au système des traces conjuguées communes aux surfaces développables incidentes et réfléchies, ce que les *ombilics* des surfaces sont pour les lignes de courbure. Il y a plus, ces derniers ombilics ne sont qu'un cas particulier des systèmes de traces conjuguées. C'est celui où les rayons sont perpendiculaires au miroir, et où il faut non-seulement que les traces soient conjuguées, mais encore qu'elles se coupent à angle droit (*).

Analogie des ombilics catoptriques avec les ombilics des lignes de courbure.

On pourrait comprendre tous les points ombilicaux fournis par la réflexion de la lumière, sous la dénomination générale *d'ombilics catoptriques.*

Une surface réfléchissante quelconque étant éclairée par un point lumineux O, proposons-nous de déterminer les points P de ce miroir, autour desquels les rayons infiniment voisins du rayon réfléchi par chacun de ces points P rencontrent en un point unique Ω, ce même rayon réfléchi.

Recherches des ombilics catoptriques d'une surface réfléchissante quelconque, éclairée par un point lumineux.

Puisque, pour le point ombilical P, l'indicatrice du miroir doit paraître un cercle lorsqu'on la regarde du foyer O ou du point Ω', il faut premièrement que le grand axe de cette indicatrice soit dans un plan normal au miroir et passant par le point O d'où partent les rayons incidents.

Mais le grand axe de l'indicatrice du miroir, en P, est tan-

(*) Dans le troisième et le cinquième des Mémoires qui composent les *Développements de géométrie*, nous avons donné avec beaucoup de détails, la théorie des diverses espèces d'ombilics des surfaces. Cette théorie peut trouver ici son application.

gent en ce point à la ligne de moindre courbure du miroir. Donc le plan normal au miroir, en P, et qui de plus passe par le grand axe de l'indicatrice, est tangent à la surface développable qui, formée par les rayons de moindre courbure du miroir, passe par le point P.

Par le point O, menons un plan qui soit assujéti à toucher la surface lieu des centres de plus grande courbure du miroir. Ce plan touche pareillement une des surfaces développables formées par les rayons de moindre courbure du miroir. Cette surface développable trace sur le miroir une ligne de moindre courbure. Enfin l'arête, lieu des contacts de cette développable avec son plan tangent qui passe par le point O, marque sur cette ligne de courbure, un point où elle est évidemment touchée par le plan qui est à la fois normal au miroir et tangent à cette développable.

La suite des points déterminés ainsi sur chaque ligne de moindre courbure, va former une ligne sur laquelle se trouvent nécessairement les points ombilicaux cherchés.

En chaque point ombilical, le cylindre ayant pour base l'indicatrice, et pour axe le rayon incident, est un cylindre de révolution. Le grand axe de l'indicatrice, projeté sur un plan perpendiculaire au rayon incident, est par conséquent égal au petit axe. Donc le rapport de ces deux axes égale le sinus de l'angle formé par le grand axe avec le rayon incident : c'est le cosinus de l'angle d'incidence.

Ainsi le rapport du quarré des deux axes de l'indicatrice, est égal au quarré de ce cosinus. Mais un tel rapport est celui des rayons de courbure du miroir pour le point auquel appartient l'indicatrice.

Concluons : Tout ombilic catoptrique d'un miroir de forme quelconque, jouit des propriétés suivantes : 1°. *le plan normal qui contient le grand axe de l'indicatrice appartenante au point ombilical, passe par le foyer duquel émanent les rayons incidents ; 2°. le rapport des deux rayons de courbure du miroir, en ce point, est égal au quarré du cosinus de l'angle d'incidence.*

Avec le secours des diverses méthodes exposées dans le cours de ce Mémoire, on voit qu'il devient facile de réduire aux simples opérations graphiques de la géométrie descriptive, les questions les plus compliquées de la catoptrique. Cette marche a, de plus, l'avantage, de faire connaître plusieurs lois générales auxquelles sont soumis les faisceaux de rayons lumineux, dans les phénomènes de la réflexion opérée par des miroirs de forme quelconque.

NOTES PRINCIPALES

DU QUATRIÈME MÉMOIRE.

NOTE PREMIÈRE.

Sur l'orthogonalité des intersections de surfaces développables formées par des rayons incidents et par des rayons réfléchis, sur un miroir de forme quelconque.

Dans cette note, nous allons traduire en analyse la démonstration donnée dans notre Mémoire. Pour cela représentons par a, b, c, les coordonnées rectangulaires de la surface du miroir,
et par $c = \varphi(a, b)$, l'équation de cette surface.

Une sphère ayant r pour rayon, et son centre en a, b, c, a pour équation

$$(x - a)^2 + (y - b)^2 + (z - c)^2 = r^2 = \overline{\pi(a, b)}^2.$$

Équation dans laquelle π est une fonction quelconque de a et b.

Pour avoir l'équation de la surface enveloppe de l'espace parcouru par cette sphère, lorsque son centre passe successivement par les différents points du miroir, il faut d'abord supposer r et a, c, puis r et b, c seules variables, dans l'équation de la sphère. Il faut ensuite différencier par rapport à ces quantités, ce qui donne :

$$x - a + (z - c)\frac{dc}{da} = -r.\frac{dr}{da}.$$

$$y - b + (z - c)\frac{dc}{db} = -r.\frac{dr}{db}.$$

Ces équations sont, en x, y, z, celles de deux plans perpendiculaires au plan tangent à la surface du miroir au point a, b, c.

La droite intersection de ces deux plans est donc, elle-même, per-

pendiculaire à ce plan tangent. Enfin, c'est sur cette droite que se
trouve le point x, y, z de l'enveloppe, qui correspond au point
a, b, c.

Pour opérer plus rapidement, soit, suivant les notations reçues,

$$\frac{dc}{da} = p \; ; \quad \frac{dc}{db} = q.$$

$$\frac{dr}{da} = m \; ; \quad \frac{dr}{db} = n.$$

Si nous combinons, maintenant, les trois équations,

$$(x - a)^2 + (y - b)^2 + (z - c)^2 = r^2,$$
$$(x - a) + \qquad\qquad p(z - c) = -r.m,$$
$$(y - b) + q(z - c) = -r.n,$$

il nous sera facile d'en tirer $x - a$, $y - b$, $z - c$.

Pour cela substituons d'abord, dans la première équation, la
valeur de $x - a$ et celle de $y - b$, tirées des deux autres; nous aurons

$$(rm + p.\overline{z - c})^2 + (rn + q.\overline{z - c})^2 + (z - c)^2 = r^2;$$

ou bien en développant,

$$(z - c)^2 (1 + p^2 + q^2) + 2r(z - c)(pm + qn) = r^2(1 - m^2 - n^2).$$

Cette équation, résolue par rapport à $(z - c)$, donne

$$z - c = -r \left[\frac{pm + qn}{1 + p^2 + q^2} \pm \sqrt{\frac{1 - m^2 - n^2}{1 + p^2 + q^2} + \left(\frac{pm + qn}{1 + p^2 + q^2}\right)^2} \right]$$

Et, en réduisant tous les termes au même dénominateur,

$$z - c = -r. \frac{pm + qn \pm \sqrt{(1 + p^2 + q^2)(1 - m^2 - n^2) + (pm + qn)^2}}{1 + p^2 + q^2}$$

Soit, pour abréger,

$$pm + qn = A, \quad (1 + p^2 + q^2)(1 - m^2 - n^2) + (pm + qn)^2 = B.$$

Alors $\qquad\qquad z - c = -r. \dfrac{A \pm \sqrt{B}}{1 + p^2 + q^2}.$

Ce qui donne, au moyen des équations précédentes,

$$x - a = - rm - p(z - c) = - r\left[m - p.\frac{A \pm \sqrt{B}}{1+p^2+q^2}\right]$$

$$y - b = - rn - q(z - c) = - r\left[n - q.\frac{A \pm \sqrt{B}}{1+p^2+q^2}\right]$$

Puisque les valeurs de $x{-}a$, $y{-}b$, $z{-}c$ sont doubles, elles donnent, pour la surface enveloppe, deux points sur chaque sphère. Par conséquent, cette enveloppe doit avoir deux nappes bien distinctes.

Pour connaître les rapports de la position de ces nappes avec la surface du miroir, cherchons la distance des deux points x, y, z, au plan tangent du miroir en a, b, c : plan dont l'équation, donnée par

$$dc = pda + qdb,$$

est

$$Z - c = p(X - a) + q(Y - b).$$

Cette équation, combinée avec ces deux-ci,

$$X - a = - rm - p(Z - c),$$
$$Y - b = - rn - q(Z - c),$$

donnera

$$Z - c = - rmp - p^2(Z - c) - rnq - q^2(Z - c),$$

ou

$$(Z - c)(1 + p^2 + q^2) = - r(mp + nq).$$

Donc

$$Z - c = - r.\frac{mp + nq}{1 + p^2 + q^2} = \frac{- r.A}{1 + p^2 + q^2}.$$

D'où

$$X - a = - r\left[m - p.\frac{A}{1 + p^2 + q^2}\right]$$

$$Y - b = - r\left[n - q.\frac{A}{1 + p^2 + q^2}\right]$$

Remarquons, maintenant, que ces valeurs sont respectivement la demi-somme des doubles valeurs de $x - a$, $y - b$, $z - c$, trouvées pour les deux nappes de la surface enveloppe. Nous en conclurons que les deux points de l'enveloppe, indiqués par ces doubles valeurs, non-seulement sont équidistants du point a, b, c, mais qu'ils sont sur une perpendiculaire au plan tangent au miroir, et placés à la même distance de ce plan : l'un en avant, l'autre en arrière.

Il est évident, d'après cela, que les deux rayons de la sphère, menés du centre a, b, c aux doubles points x, y, z, font le même angle avec le plan tangent au miroir, et sont tous deux dans un plan normal à ce plan tangent.

C'est d'ailleurs ce qu'on peut vérifier, *à posteriori*, en calculant le cosinus de cet angle. En effet, ce cosinus est égal à

$$\sqrt{\left[\frac{(X-a)^2+(Y-b)^2+(Z-c)^2}{(x-a)^2+(y-b)^2+(z-c)^2}\right]} = \frac{\sqrt{[(X-a)^2+(Y-b)^2+(Z-c)^2]}}{r},$$

Par conséquent il est égal à

$$\sqrt{\left[\left(m-\frac{pA}{1+p^2+q^2}\right)^2+\left(n-\frac{qA}{1+p^2+q^2}\right)^2+\frac{A^2}{1+p^2+q^2}\right]};$$

c'est-à-dire, à

$$\sqrt{\left(m^2+n^2-2.\frac{(mp+nq)A}{1+p^2+q^2}+\frac{(1+p^2+q^2)A^2}{(1+p^2+q^2)^2}\right)}$$

ou

$$\sqrt{\frac{(m^2+n^2)(1+p^2+q^2)-(mp+nq)^2}{1+p^2+q^2}}.$$

Expression qui, simplifiée, donne enfin

$$\sqrt{\frac{m^2+n^2+(mq-np)^2}{1+p^2+q^2}}.$$

Cette quantité présente deux valeurs. L'une appartient à l'angle formé par le rayon de la sphère mené du point a, b, c au premier point x, y, z où cette sphère touche l'enveloppe. L'autre valeur appartient au second point où la même sphère touche cette enveloppe. Par conséquent les deux rayons menés de a, b, c, à ces deux points, font le même angle avec le plan tangent. D'ailleurs ils sont tous deux dans un plan perpendiculaire au plan tangent, comme nous l'avons fait voir il n'y a qu'un moment. *Donc un des deux rayons étant con-*

sidéré comme incident, l'autre sera le rayon réfléchi, au point a, b, c, *par la surface du miroir.*

Mais tous les rayons incidents sont normaux à l'enveloppe des sphères. Cette enveloppe a d'ailleurs la plus grande généralité possible, puisque nous avons supposé la fonction $r = \pi(a, b)$, parfaitement arbitraire : enfin, les rayons réfléchis sont pareillement normaux à la seconde nappe de la même enveloppe.

Donc, en général, si un faisceau de rayons lumineux, normaux à une première surface quelconque, tombe sur un miroir de forme pareillement quelconque, ces rayons se réfléchiront de manière à former un nouveau faisceau qui, généralement, sera normal à la même surface que les rayons incidents.

Souvent, les doubles valeurs que nous avons trouvées pour les coordonnées de l'enveloppe des sphères, perdent leur forme radicale, parce que les quantités sous le signe sont des quarrés parfaits. Alors les deux nappes de la surface enveloppe lesquelles ont, respectivement, pour normales les rayons incidents et les rayons réfléchis, ces deux nappes, dis-je, appartiennent à deux surfaces essentiellement distinctes.

Pour offrir un exemple du cas général, nous pouvons supposer qu'un demi-ellipsoïde lumineux, éclaire par des rayons normaux à sa surface, un miroir placé dans le plan principal qui sert de base à ce demi-ellipsoïde. Alors, chaque rayon réfléchi doit être normal à l'autre moitié de l'ellipsoïde que l'on considère.

Poursuivons les recherches analytiques commencées dans cette note. Afin d'obtenir les équations relatives aux rayons mêmes, incidents et réfléchis, reprenons les équations

$$(x-a)^2+(y-b)^2+(z-c)^2=r^2$$
$$(x-a) \qquad\qquad +p(z-c)=-r.m$$
$$(y-b)+q(z-c)=-r.n.$$

Si, dans ces équations, nous faisons

$$\frac{x-a}{z-c}=F, \frac{y-b}{z-c}=f,$$

F, et f étant des fonctions convenables de a, b, c, nous aurons

$$\frac{x-a}{r} = \frac{F}{\sqrt{[F^2+f^2+1]}}$$

$$\frac{y-b}{r} = \frac{f}{\sqrt{[F^2+f^2+1]}}$$

$$\frac{z-c}{r} = \frac{1}{\sqrt{[F^2+f^2+1]}}.$$

Lorsque nous aurons déterminé F et f, leurs doubles valeurs donneront respectivement les directions des rayons incidents et des rayons réfléchis.

Or, en combinant les trois équations que nous venons d'obtenir, avec les précédentes, nous avons

$$\frac{F}{\sqrt{[F^2+f^2+1]}} + \frac{p}{\sqrt{[F^2+f^2+1]}} = -m \ldots F+p = -m\sqrt{[F^2+f^2+1]}$$

$$\frac{f}{\sqrt{[F^2+f^2+1]}} + \frac{q}{\sqrt{[F^2+f^2+1]}} = -n \ldots f+q = -n\sqrt{[F^2+f^2+1]}.$$

Ces équations vont nous donner F et f en p, q, m, n.

Pour cela divisons les deux équations, membre à membre, l'une par l'autre; il viendra

$$\frac{F+p}{f+q} = \frac{m}{n} \ldots F = \frac{mf+mq-np}{n}, f = \frac{nF+np-mq}{m},$$

donc

$$F+p = \sqrt{[(nF+np-mq)^2+m^2F^2+m^2]}.$$

$$f+q = \sqrt{[(mf+mq-np)^2+n^2f^2+n^2]}$$

En résolvant par rapport à F et à f, ces deux équations du second degré, on obtient en p, q, m, n, la valeur des fonctions F et f. Cette valeur devient nécessairement explicite, dès que l'on connaît l'équation du miroir $c = \varphi(a, b)$ et l'équation $r = \pi(a, b)$ appartenante aux sphères qui coupent les rayons *incidents*.

NOTE II.

Conditions analytiques nécessaires pour que deux surfaces qui se touchent en un point, aient des tangentes conjuguées qui leur soient communes : application à la catoptrique.

Nous avons prouvé (*Développements de géométrie*, p. 147), qu'une surface ayant ses éléments différentiels du second ordre, représentés par

$$d^2z = rdx^2 + 2sdxdy + tdy^2,$$

l'équation de son indicatrice, au point x', y', z', se présente sous la forme $r(X - x')^2 + 2s(X - x')(Y - y') + t(Y - y')^2 = C :$

C étant une constante arbitraire quelconque. Si, maintenant, on représente l'équation différentielle de la projection des tangentes conjuguées, sur le plan des x, y, par $\frac{dy}{dx} = \varphi$; $\frac{dy}{dx} = \psi$, l'équation entre ces tangentes, sera $r + s(\varphi + \psi) + t\varphi\psi = 0.$ (a)

Soit pareillement $r' + s'(\varphi' + \psi') + t'\varphi'\psi' = 0.$ (a')

l'équation entre les tangentes conjuguées d'une seconde surface qui touche la première en x', y', z'. (*Développements de géométrie*, p. 95.)

En ce point x', y', z', les tangentes conjuguées se trouvant placées sur le même plan tangent à la fois aux deux surfaces, il suffit évidemment d'exprimer que les projections de deux tangentes conjuguées sur le plan des x, y sont identiques, pour exprimer l'identité de ces tangentes, dans leur propre plan.

En supposant que les équations (a), (a') aient lieu en même temps, soient Φ et Ψ les valeurs qui satisferont à la fois à ces deux équations; nous aurons

$$\left. \begin{array}{l} r + s(\Phi + \Psi) + t\Phi\Psi = 0 \\ r + s'(\Phi + \Psi) + t'\Phi\Psi = 0 \end{array} \right\} (A),$$

d'où nous tirerons immédiatement,

$$-\Psi = \frac{r + s\Phi}{s + t\Phi} = \frac{r' + s'\Phi}{s' + t'\Phi}.$$

En faisant disparaître les dénominateurs, il vient

$$rs' - r's + (rt' - r't)\,\Phi + (st' - s't)\,\Phi^2 = 0. \quad (1).$$

Comme cette équation offre pour Φ deux valeurs, on pourrait croire qu'il y a deux systèmes de tangentes conjuguées. Mais, si l'on observe que les deux équations (A) sont symétriques par rapport à Φ et Ψ, on verra que les valeurs de Ψ en r, s, t et r', s', t', doivent être identiques avec celles de Φ. Ainsi les deux valeurs de Φ, tirées de l'équation précédente, sont précisément celles qui appartiennent aux deux tangentes conjuguées.

De là nous concluons, d'abord, qu'en général deux surfaces qui se touchent en un point x', y', z', ne peuvent avoir de commun, pour ce point, qu'un seul système de tangentes conjuguées.

Si nous voulons qu'au même point x', y', z', les deux surfaces aient plus d'un système de tangentes conjuguées qui leur soit commun, il faut satifaire aux équations de condition

$$\frac{rs' - r's}{st' - s't} = \frac{0}{0}, \; \frac{rt' - r't}{st' - s't} = \frac{0}{0}, \; \text{qui donnent} \; \frac{r}{r'} = \frac{s}{s'} = \frac{t}{t'}.$$

Alors, il est évident que les indicatrices des deux surfaces, ayant respectivement pour équation

$$r\,(X - x')^2 + 2s\,(X - x')\,(Y - y') + t\,(Y - y')^2 = C,$$
$$r'\,(X - x')^2 + 2s'\,(X - x')\,(Y - y') + t'\,(Y - y')^2 = C',$$

deviennent des courbes semblables, concentriques, et de plus ayant leurs lignes homologues parallèles. Par conséquent, tous leurs diamètres conjugués correspondants sont superposés; et les tangentes conjuguées sur lesquelles ils se trouvent placés, sont les mêmes pour l'une et pour l'autre surface. Ainsi, dans ce cas, et dans ce cas seulement, tous les systèmes de tangentes conjuguées sont communs aux deux surfaces. Si nous reprenons l'équation

$$rs' - r's + (rt' - r't)\,\Phi + (st' - s't)\,\Phi^2 = 0, \quad (1)$$

nous verrons que les deux racines, en Φ, seront à la fois réelles ou imaginaires. Pour rendre plus facile la distinction de ces deux cas, observons que, par une simple transformation de coordonnées, nous pouvons toujours faire disparaître s', dans l'équation

$$r'(X-x')^2 + 2s'(X-x')(Y-y') + t'(Y-y')^2 = C$$

Ainsi, dans cette même équation, nous pouvons, sans nuire à la généralité des résultats, supposer $s' = 0$. Alors nous avons, au lieu de l'équation (1),

$$-r's + (rt' - r't)\Phi + st'\Phi^2 = 0. \ (2);$$

équation dont les deux racines seront réelles, lorsque la quantité

$$\frac{r'}{t'} + \tfrac{1}{4}\left(\frac{rt' - r't}{st'}\right)^2, \text{ sera positive};$$

ou, lorsque la quantité

$$4s^2 r't' + r^2 t'^2 + r'^2 t^2 - 2rr'tt', \text{ sera positive}.$$

Par conséquent, si l'on parvient à rendre négative cette quantité, l'équation (2) n'aura que des racines imaginaires. Il suffit pour cela de faire

$$4s^2 r't' \text{ négatif et} > (rt' - r't)^2, \quad \blacktriangleleft$$

c'est-à-dire,

$$r't' \text{ négatif et} > \left(\frac{rt' - r't}{2s}\right)^2.$$

Il faut donc, premièrement, que r' et t' soient de signe différent; et, par conséquent, que l'indicatrice

$$r'(X-x')^2 + 2s'(X-x')(Y-y') + t'(Y-z')^2 = C$$

soit une hyperbole.

Si, au lieu de cette indicatrice, on eût pris l'autre pour faire disparaître s de son équation, on serait arrivé de même à cette conséquence : *les valeurs de* Φ *ne peuvent être imaginaires, à moins que les deux indicatrices ne soient en même temps des* HYBERBOLES.

Maintenant, supposons qu'un miroir d'une forme arbitraire, reçoive les rayons émanés d'un point lumineux. Considérons le rayon incident qui va de ce foyer au point quelconque P du miroir, comme l'axe d'un cylindre circulaire. La trace de ce cylindre sur le plan tangent au miroir, en P, sera l'indicatrice de la surface auxiliaire du second degré, ayant le foyer lumineux pour un de ses foyers généraux, et pour second foyer général le point où le rayon réfléchi, en P, est rencontré par un rayon réfléchi en P', point du miroir infiniment près de P. On trouvera deux surfaces auxiliaires qui donneront, sur le miroir, deux points P', P", infiniment voisins de P. Ces points P', P" sont placés sur deux diamètres conjugués, communs à l'indicatrice du miroir, et à celle des surfaces auxiliaires pour le point P. Or, cette dernière indicatrice étant la trace d'un cylindre elliptique sur un plan, est une ELLIPSE. Donc, quelle que soit l'indicatrice du miroir, elle a *toujours* en commun, avec cette ellipse, un système de tangentes conjuguées *réelles*. Donc il y a toujours deux directions conjuguées, pour lesquelles un rayon réfléchi par le miroir, infiniment près de P, rencontre le rayon réfléchi par le point P.

Soient X, Y, Z, les coordonnées du foyer lumineux; soient x', y', z' celles du miroir dont l'indicatrice est définie par l'équation

$$r(x-x')^2 + 2s(x-x')(y-y') + t(y-y')^2 = C.$$

Demandons-nous, pour le point x', y', z' de cette surface, la direction des deux tangentes conjuguées qui touchent respectivement les deux surfaces développables formées par des rayons réfléchis, et passant toutes deux par le point x', y', z'.

Nous connaissons déjà l'équation générale des tangentes conjuguées,

$$r + s(\varphi + \psi) + t\varphi\psi = 0.$$

Il nous suffit donc d'exprimer que deux plans menés, l'un par la première tangente, l'autre par la seconde, se coupent à angle droit. Pour plus de facilité, supposons le plan des x, y, parallèle au plan tangent du miroir en x', y', z'. L'équation des deux plans sera

$$\varphi(x-x') - (y-y') + m(z-z') = 0,$$
$$\psi(x-x') - (y-y') + n(z-z') = 0,$$

31

m, n étant deux constantes arbitraires à déterminer par la condition que les deux plans passent par le foyer X, Y, Z; ce qui donne

$$\varphi(X-x')-(Y-y')+m(Z-z')=0\ldots m=-\frac{\varphi(X-x')-(Y-y')}{Z-z'}$$

$$\psi(X-x')-(Y-y')+n(Z-z')=0\ldots n=-\frac{\psi(X-x')-(Y-y')}{Z-z'}.$$

En substituant ces valeurs de m et de n, dans les deux équations précédentes, elles deviennent

$$\varphi(x-x')-(y-y')-\frac{\varphi(X-x')-(Y-y')}{(Z-z')}(z-z')=0$$

$$\psi(x-x')-(y-y')-\frac{\psi(X-x')-(Y-y')}{(Z-z')}(z-z')=0.$$

Pour que ces deux plans se coupent à angle droit, il faut qu'on ait

$$1+\varphi\psi+\frac{\varphi(X-x')-(Y-y')}{Z-z'}\cdot\frac{\psi(X-x')-(Y-y')}{Z-z'}=0.$$

Pour plus de simplicité, représentons $X-x'$ par ξ, $Y-y'$ par υ, $Z-z'$ par ζ; l'équation précédente devient

$$\zeta^2+\varphi\psi\cdot\zeta^2+(\varphi\xi-\upsilon)(\psi\xi-\upsilon)=0,$$

ou

$$\zeta^2+\upsilon^2-\xi\upsilon(\varphi+\psi)+(\zeta^2+\xi^2)\varphi\psi=0.$$

Cette équation est de la forme

$$r'+s'(\varphi+\psi)+t'\varphi\psi=0,$$

en faisant

$$\zeta^2+\upsilon^2=r', \quad -\xi\upsilon=s', \quad \zeta^2+\xi^2=t'.$$

Donc elle appartient aux tangentes conjuguées d'une certaine surface; et ces tangentes conjuguées sont toutes vues se couper à angle droit, lorsqu'on les regarde du foyer X, Y, Z. Elles appartiennent donc aux surfaces du second degré de révolution, ayant X, Y, Z pour foyer, et touchant le miroir en x', y', z'.

L'équation $(1)\ldots rs'-r's+(rt'-r't)\Phi+(st'-s't)\Phi^2=0,$

en y substituant pour r', s', t', leur valeur, donnera les deux directions cherchées. Il suffira pour cela de résoudre à la manière ordinaire, cette équation du second degré

$$-r.\xi\upsilon - s.(\zeta^2+\upsilon^2)+[r(\zeta^2+\xi^2)-t(\zeta^2+\upsilon^2)]\Phi+[s(\zeta^2+\xi^2)+t.\xi\upsilon]\Phi^2=0,$$

laquelle aura toujours deux racines réelles.

Si l'on regarde r, s, t comme des fonctions de x', y', z', point du miroir où s'opère la réflexion, si l'on met, ensuite, pour Φ sa valeur $\frac{dy'}{dx'}$, l'équation précédente devient aux différences ordinaires. Alors elle représente les deux systèmes de courbes tracées, sur le miroir, par les rayons réfléchis.

C'est ainsi que les deux systèmes de lignes de courbure des surfaces, nous sont donnés par une équation du second degré, en $\frac{dy}{dx}$, exprimée avec des coefficients aux différentielles partielles p, q; r, s, t, du premier et du second ordre.

NOTE III.

Méthode graphique pour déterminer les points de concours des rayons réfléchis infiniment voisins.

Rien n'est plus facile, au moyen des résultats obtenus dans le cours de ce Mémoire, que de déterminer les points de concours des rayons réfléchis par un miroir, autour d'un point P de la surface réfléchissante; lorsque les rayons incidents partent d'un foyer unique O.

Fig. 1.
Pl. XV.

Les directions de plus grande et de moindre courbure du miroir, en P, étant données, ces directions seront celles des axes de l'indicatrice ABCD du miroir. On pourra donc, immédiatement, tracer cette indicatrice; en employant les moyens faciles que nous avons exposés dans nos *Développements de géométrie*.

Il faut tracer, ensuite, une des ellipses αβγδ, assez grande pour couper ABCD. Nous avons indiqué, dans le cours du Mémoire, comment on peut déterminer les axes de cette courbe.

L'ellipse αβγδ coupe ABCD indicatrice du miroir, en quatre points qui, joints deux à deux par des droites, forment un parallélogramme dont les côtés opposés sont respectivement parallèles aux diamètres conjugués M'PN', M''PN''. Ces deux diamètres coupent chacun en deux points M, N; m, n, l'ellipse $\alpha \varepsilon \gamma \delta$. Les ellipses $\alpha' \varepsilon' \gamma' \delta'$, $\alpha'' \varepsilon'' \gamma'' \delta''$ étant semblables à celle-ci, et de plus ayant leurs lignes homologues parallèles ou superposées, on a

$$Pm : PM' : : P\alpha : P\alpha' : : P\varepsilon : P\varepsilon'.$$
$$PM : PM'' : : P\alpha : P\alpha'' : : P\varepsilon : P\varepsilon''.$$

Ces proportions feront connaître immédiatement les demi-axes $P\alpha'$, $P\varepsilon'$; $P\alpha''$, $P\varepsilon''$ des deux indicatrices auxiliaires $\alpha' \varepsilon' \gamma' \delta'$, $\alpha'' \varepsilon'' \gamma'' \delta''$ qui touchent respectivement l'indicatrice ABCD du miroir, en M', N' et M'', N''.

Maintenant, nous allons déterminer les points Ω', Ω'' lieux de la rencontre des rayons réfléchis $M'\Omega'$, $N'\Omega'$; $M''\Omega''$, $N''\Omega''$, infiniment voisins de $P\Omega$.

Fig. 2.
Pl. XV.

Pour cela, prenons la figure 2, pour nouvelle projection verticale correspondante à la figure 1; afin de ne pas rendre trop confuse la première projection verticale.

Au moyen du quart de cercle $\Gamma' \gamma'$, portons $P\gamma'_v = P\gamma'_h$, en $P\Gamma'_v$. Prenons PC_v égal à PC_h demi-diamètre de ABCD, placé sur le grand axe des indicatrices auxiliaires.

Soit, pour le point P, PR la grandeur du rayon de courbure de la section faite, en P, dans le miroir, par un plan normal dirigé suivant la droite APC. Nous déterminerons immédiatement, en P, le rayon de la section faite par le même plan, dans la surface du second degré dont $\alpha' \varepsilon' \gamma' \delta'$ est indicatrice, au moyen de cette proportion :

$$PC^2 : P\Gamma'^2 = P\gamma'^2 : : R : \text{rayon cherché } r' = \frac{P\gamma'^2}{PC^2}. R.$$

Pour construire cette valeur, ayant rapporté PC_h (figure 1), en PC_v (fig. 2), menons la droite $C\Gamma'$, et la perpendiculaire PF à cette droite. Alors nous aurons... $PC^2 : P\Gamma'^2 = P\gamma'^2 : : CF : \Gamma'F$.

Prolongeons FC, de manière à pouvoir prendre sur cette droite $FK = R$; puis, par le point K, menons KK' parallèle à PF. Du point G où KK′ rencontrera l'horizontale PCG, nous mènerons GIL parallèle à KF. Les triangles semblables PFC, PIG; PFΓ′, PIL, donneront

$$PC^2 : P\Gamma'^2 = P\gamma'^2 : : FC : F\Gamma' : : GI = FK = R : LI = \frac{P\gamma'^2}{PC^2}. R = r'.$$

Donc LI est le rayon cherché.

Actuellement, avec PL′=LI comme rayon, et du point L′ comme centre, nous allons tracer le cercle MPQ, osculateur de la section normale faite suivant α′Pγ′, dans la surface auxiliaire ayant α′6′γ′δ′ pour indicatrice.

En déterminant le point p où ce cercle coupe le rayon incident OP, nous pourrons construire immédiatement la valeur

$$P\Omega' = \frac{PO.Pp}{4PO - Pp}$$

donnée dans le Mémoire, page 218.

Pour cela, mettons $\dfrac{PO.Pp}{4PO - Pp}$, sous la forme $\dfrac{\frac{1}{2}PO.\frac{1}{2}Pp}{PO - \frac{1}{4}Pp}$, nous aurons

$$PO - \tfrac{1}{4}Pp : \tfrac{1}{2}PO : : \tfrac{1}{2}Pp : P\Omega'.$$

Prenons le point O′ au milieu de PO, le point p' au milieu de Pp, et p'' au milieu de Pp'. Portons Op'' = PO − $\tfrac{1}{4}$Pp, de P en Z; et Pp' en Pp, sur la verticale PZ. Enfin, menons la droite p,s parallèle à la droite qui passera par les points O′ et Z. Nous aurons

$$Ps = \frac{\frac{1}{2}PO.\frac{1}{2}Pp}{PO - \frac{1}{4}Pp} = P\Omega'.$$

Portant donc Ps sur le rayon réfléchi, de P en Ω′, nous détermine- rons immédiatement le point Ω′ où concourent les rayons réfléchis M′Ω′, PΩ′, N′Ω′.

En employant la même méthode, on déterminerait avec une égale facilité, le second point Ω″ où concourent les rayons réfléchis M″Ω″, PΩ″, N′Ω″.

CINQUIÈME MÉMOIRE.

EXAMEN THÉORIQUE DE LA STRUCTURE DES VAISSEAUX ANGLAIS.

LU A LA SOCIÉTÉ ROYALE DE LONDRES, LE 19 DÉCEMBRE 1816.

§ Iᵉʳ.

INTRODUCTION.

ATTIRÉ dans la Grande-Bretagne par le désir de rendre plus complet et moins imparfait, mon ouvrage intitulé : *Tableau de l'Architecture navale, aux* 18ᵉ. *et* 19ᵉ. *siècles* (*), j'ai trouvé dans beaucoup d'officiers militaires et civils de la marine, et dans les membres de la Société royale qui me les ont fait connaître, cette obligeance éclairée, et, si je puis parler ainsi, cette hospitalité littéraire, qui n'appartient qu'aux cœurs bien nés et aux esprits supérieurs. Je désire que cet écrit, par lequel je voulais me rendre, auprès de mes compatriotes, l'apologiste de travaux honorables pour l'Angleterre, soit jugé par les savants et par les artistes de cette contrée, comme un gage anticipé de ma reconnaissance.

(*) Cet ouvrage, approuvé par l'Institut de France, en 1815, n'a pas encore été publié. On peut en voir l'analyse, ainsi que le compte rendu par une commission que le Ministre de la marine avait instituée en 1814 pour juger l'utilité de cet écrit, dans les *Mémoires sur la marine et les ponts et chaussées de France et d'Angleterre.*

Un géomètre dont les découvertes, les vues, et les conseils ont fait faire les plus grands pas aux sciences physiques et mathématiques, M. de Laplace, a porté son attention sur les perfectionnements que les Anglais ont introduits dans la structure de leurs vaisseaux. Il a pensé que ces perfectionnements pouvaient avoir des conséquences importantes pour les progrès de l'art, et pouvaient conduire à de nouvelles vues théoriques, qui devinssent la source d'améliorations plus grandes encore. Il a bien voulu m'inviter à faire un examen raisonné des innovations accueillies par un gouvernement étranger qui voit, en général, si sainement sur ses vrais intérêts. Tel est l'objet du travail dont je me suis occupé. Je me borne à publier les seuls résultats qui puissent être d'un intérêt commun aux marines des différents peuples. *V. MÉMOIRE.*

M. l'ingénieur Seppings (*) , l'un des inspecteurs de la marine anglaise, a fait adopter un moyen de donner à la charpente des vaisseaux une force nouvelle, tant pour résister à la flexion que pour résister à la rupture. Il ne s'agit point ici d'une spéculation vague, appuyée sur des raisons plus ou moins spécieuses ; l'expérience a prononcé de la manière la plus positive. Une vétusté produite par l'âge et par un service continuel, avait rendu nécessaire le radoub complet des vaisseaux, le *Trémendous*, le *Ramillies* et l'*Albion*. Ces bâtiments ont été réparés d'après le nouveau système, et remis en mer. Ils ont acquis plus de rigidité, plus de solidité qu'ils n'en avaient étant neufs. *Perfectionnements dus à M. Seppings.*

Déterminés par le succès de ces premières tentatives, les *Approbation de l'amirauté d'Angleterre.*

(*) M. Seppings, créé chevalier héréditaire depuis l'époque où ce mémoire a paru, porte en conséquence, le titre de *sir* Robert Seppings : c'est une juste récompense des grands et nombreux services qu'il a rendus à la marine britannique.

Lords de l'Amirauté d'Angleterre, ont fait construire, d'après
le nouveau mode de structure, plusieurs vaisseaux et plusieurs
frégates. Ces nouveaux essais n'ont pas été moins heureux que
les premiers.

Je crois devoir rapporter une note que j'ai découverte, lors
des recherches que j'ai faites pour composer mon *Tableau de
l'architecture navale.* Elle porte en marge ces mots : *Paris, le
5 décembre* 1811. *Renvoyé par ordre de l'empereur, au ministre de la marine.*

« *Londres, 29 novembre* 1811. M. Seppings, ingénieur con-
» structeur du chantier de Chatham, a découvert un nouveau
» mode de construction pour les vaisseaux de guerre, qui pro-
» met plusieurs avantages importants. Son plan a été soumis
» mercredi dernier, à l'Amirauté, à l'examen d'un comité par-
» ticulier, composé des hommes les plus distingués par leurs
» connaissances théoriques ou pratiques dans l'art de la con-
» struction, et parmi lesquels se trouvaient sir J. Banks, le
» docteur Wollaston, le docteur Young, M. Rennie, ingé-
» nieur, le général Bentham, M. Smirke, architecte, le capi-
» taine Huddart, etc., qui ont en général approuvé les prin-
» cipes du nouveau mode et ont, nous n'en doutons pas, indi-
» qué à l'auteur les améliorations qu'ont pu leur suggérer leurs
» connaissances et leur expérience scientifique. Par ce nou-
» veau mode de construction, on se procure une économie
» très-considérable de bois de chêne (de 100 à 190 gros arbres
» pour la construction d'un vaisseau de 74); et l'on obtient
» plus de force et plus de durée dans la construction. L'essai
» en a été fait sur le *Trémendous* et a parfaitement répondu
» à l'attente de l'inventeur. Non-seulement ce vaisseau s'est
» montré le meilleur voilier de tous ceux qui composaient
» notre escadre du nord ; mais il a éprouvé plusieurs coups de

» vent très-violents, sans que sa carène en ait souffert. Pendant   V°. MI
» toute la saison, ce vaisseau s'est conservé parfaitement sain ;
» il n'a été sujet ni aux voies d'eau, ni aux avaries d'aucun genre.

« Nous considérons le plan de M. Seppings comme étant
» de la plus haute importance pour la marine, et nous ne
» doutons pas qu'il ne soit suivi d'autres améliorations dans
» notre architecture navale. »

Les *Transactions philosophiques de la Société royale de*   Mémoires
Londres, pour l'année 1814, contiennent un mémoire où   pings et
l'auteur a décrit les perfectionnements dont l'avantage est ainsi   Young.
reconnu. A la suite de ce mémoire, on trouve un rapport étendu,
fait pour l'Amirauté d'Angleterre, par le docteur Young l'un
des secrétaires de la Société royale. Le savant géomètre auquel est dû ce rapport, approfondit plusieurs points importants de la théorie qui sert de base au nouveau système (*).

Sans égards pour les préjugés nationaux, je m'efforcerai de   Esprit d.
rendre une entière justice à toutes les innovations, à toutes les   nous en
reproductions qui me paraîtront avantageuses. J'honorerai les   notre tr:
services rendus à l'art, chez un peuple étranger, comme s'ils
eussent été rendus pour mon pays, et par un de mes conci-
toyens. Mais, fidèle à cette impartialité, je revendiquerai pour
les puissances maritimes autres que l'Angleterre, le droit
qu'elles peuvent avoir à la priorité d'invention et de pratique,
dans plusieurs idées essentielles aux perfectionnements dont
je dois faire l'examen.

Je vais commencer par expliquer le principe, d'après lequel   Division
s'est guidé M. Seppings; je vais montrer les droits que nous

_____

(*) La séance citée ci-dessus, eut lieu le 26 novembre 1811, et le Rapport du doc
teur Young est souscrit *Welbeck street*, 30 décembre 1811 ; c'est-à-dire, trente-
quatre jours après la séance, à la suite de laquelle il fut composé.

avons à revendiquer la découverte et la priorité d'application de ce principe. Ensuite je donnerai la description du système proposé par l'ingénieur britannique. J'en ferai l'examen, en établissant, d'après des calculs mathématiques et des considérations fondées sur l'expérience, les avantages et les inconvénients de ces innovations. Je tâcherai quelquefois d'indiquer les moyens qui peuvent augmenter ces avantages et diminuer ces inconvénients.

Structure actuelle de la charpente de nos vaisseaux.

Si nous examinons la charpente d'un plancher ordinaire, nous distinguons facilement les deux systèmes de pièces qui le composent. Nous voyons, dans une première direction, des solives parallèles entr'elles, et placées à distances égales; puis, dans une seconde direction, perpendiculaire à la première, des planches dirigées aussi parallèlement et fixées sur les solives.

Bordure longitudinale. Membrure transversale.

La charpente actuelle des vaisseaux est combinée d'une manière analogue. Les flancs du navire offrent deux systèmes de pièces; les unes d'un fort équarrissage, placées à distances égales, comme les solives des planchers et dirigées en travers du vaisseau pour former l'ossature, ou, suivant le langage de l'architecture navale, la *membrure* de l'édifice; les autres pièces sont des planches appelées *bordages*, appliquées à l'extérieur de la membrure, et dirigées longitudinalement. Telle est l'enveloppe extérieure du vaisseau.

Bordure intérieure. Vaigres longitudinales.

Pour la rendre plus forte, nous couvrons aussi le dedans de la membrure, avec des bordages appelés *vaigres;* ces vaigres sont dirigées à peu près parallèlement aux bordages extérieurs.

Membrure intérieure. Porques transversales.

Enfin, pour donner à cette charpente une solidité plus grande encore, nous posons, en dedans de ce bordage intérieur ou vaigrage, une nouvelle membrure formée de pièces aussi fortes que les premiers membres, semblablement dirigées, mais beaucoup plus espacées : ce sont les *porques*. Il faut considérer cette nouvelle membrure comme les contreforts par lesquels on consolide les murs, et comme les nervures saillantes par lesquelles on renforce les voûtes d'un édifice.

Quant aux ponts des vaisseaux, ce sont de véritables planchers. La légère courbure qu'ils présentent, dans les deux sens de leur largeur et de leur longueur, ne change rien à la combinaison des solives transversales appelées *baux*, et des planches longitudinales ou bordages qui les recouvrent.

Voilà donc, d'une part, la première et la seconde membrure du navire et les baux ou solives de ses ponts, qui sont placés dans des plans *transversaux*, parallèles entr'eux ; de l'autre part, les bordages extérieurs, les bordages intérieurs (les vaigres) qui couvrent les flancs du vaisseau, et les bordages qui couvrent les ponts, suivent une direction *longitudinale*.

Les bordages consécutifs et les membres consécutifs forment ainsi, par leur juxta-position, des quadrilatères très-peu différents du parallélogramme. Vers le milieu du navire, ces parallélogrammes deviennent presque rectangles ; parce qu'en cette partie, la surface du vaisseau devient presque cylindrique.

Donnons l'idée générale des avantages et des inconvénients d'une semblable structure.

Les avantages sont : 1°. De décomposer les formes du navire en éléments dont la figure est soumise à la loi de continuité, et dès lors exactement exécutable par des procédés géométriques, simples et faciles. 2°. De donner à ces éléments la figure la plus rapprochée de celle des bois, tels qu'ils nous sont offerts par la nature. Cette facilité permet d'apporter une grande économie dans la consommation d'une matière première aussi chère que précieuse.

Pour connaître les inconvéniens de la structure actuelle de

nos vaisseaux, il suffit d'une considération bien simple. Si nous clouons ensemble quatre pièces de bois (avec un clou à chaque point d'aboutissement), afin de former un quadrilatère ; il suffira, pour altérer la figure de ce quadrilatère, de vaincre le frottement que les clous, ou les chevilles qui les remplacent, éprouvent de la part des pièces de bois qu'ils traversent.

Dans cette altération de formes ; une des diagonales du parallélogramme s'allongera nécessairement, tandis que l'autre se raccoucira.

Par conséquent, si nous unissons aux quatre premières pièces de bois, une cinquième pièce qui soit dirigée suivant une de ces diagonales, le quadrilatère ne pourra plus changer de figure, sans que cette pièce ne s'allonge ou ne se raccourcisse, ou sans que les clous qui l'attachent au quadrilatère, ne déchirent le fil du bois de la pièce transversale.

Cette nouvelle résistance, ajoutée aux précédentes, est de beaucoup la plus considérable ; elle augmente, en proportion , la rigidité du quadrilatère.

Tel est le principe que M. Seppings reproduit, et sur lequel il fonde les changements qu'il a proposés et fait exécuter.

Les anciens constructeurs français avaient si bien connu la vérité du principe sur lequel s'appuie cet ingénieur, qu'ils l'avaient mis en usage, précisément pour parvenir au même résultat; c'est-à-dire, pour fortifier les navires et pour les empêcher de *s'arquer.* Au lieu de diriger les bordages intérieurs ou vaigres parallèlement aux bordages extérieurs, voici ce qu'ils faisaient : dans toute la partie de la cale qui s'étend du faux-pont jusqu'aux serres d'empature , ils avaient soin de diriger obliquement leurs vaigres, suivant les diagonales des parallélogrammes formés par les membres et les bordages. Ensuite ils couvraient les vaigres obliques avec des porques. Enfin, ils plaçaient des *pièces trans-*

versales, allant d'une porque à l'autre, suivant la direction de la seconde diagonale de ces mêmes parallélogrammes.

Ce système, maintenu par un fort chevillage, offrait certainement une très-grande rigidité. Mais il avait l'inconvénient d'être plus dispendieux que le système ordinaire. Les traverses obliques, situées entre les porques, diminuaient la capacité de la cale déjà fort encombrée par ces mêmes porques. On croyait aussi, mais à tort, que la force longitudinale du navire était diminuée par l'obliquité des vaigres. Telles sont probablement les raisons pour lesquelles les Français renoncèrent à leur ancien système.

J'ai eu entre mes mains la projection verticale de l'intérieur d'une cale, où l'on voit représentés les détails de construction que nous venons d'indiquer. Le dessin original a plus d'un siècle d'antiquité ; j'en dois la connaissance et la communication à M. Rolland, inspecteur adjoint du génie maritime (*).

On a proposé, vers le milieu du siècle passé, de croiser le vaigrage ordinaire de nos vaisseaux, par des porques *obliques* en fer : c'est ce qu'on peut voir dans l'*Architecture navale* de Duhamel.

A peu près vers cette époque, l'Académie des sciences de Paris, inspirée par des vues supérieures de bien public et de prospérité nationale, voulut diriger les efforts des savants et des artistes, vers le perfectionnement de la marine. Elle proposa trois fois pour sujet de ses prix, l'examen des oscillations de roulis et de tangage, et la recherche des moyens de rendre la charpente des vaisseaux plus propre à résister aux effets destructeurs que produisent ces mouvements alternatifs.

(*) Et maintenant inspecteur général.

Vᵉ. MÉMOIRE.
Mémoire de Chau-
chot.

Chauchot, ingénieur de la marine française, remporta le prix de 1755. Dans le mémoire trop peu connu, qui lui valut cette distinction, il renouvela l'idée de substituer des porques obliques aux porques ordinaires.

Moyens proposés par
Groignard.

Groignard, ingénieur plus célèbre, qui put encore concourir avec honneur pour le prix de 1759, sans l'obtenir, puisque la pálme fut décernée au grand Euler, Groignard proposa, pour la proue seulement, un système de bordage, de membrure et de vaigrage, qui présente des parallélogrammes fortifiés par leurs diagonales. Cette idée ne resta point une pure spéculation. En effet, dès 1772, Clairon des Lauriers, autre ingénieur français très-estimé, la mit en pratique lorsqu'il construisit la frégate l'*Oiseau.*

Moyens proposés par
Bouguer et par
Chapman.

Bouguer, dans son *Traité du navire*, et, plus tard, Chapman, ingénieur suédois, dans son *Architectura navalis mercatoria*, ont établi sur le principe reproduit par M. Seppings, les moyens qu'ils imaginaient pour donner aux vaisseaux plus de rigidité. Nous allons en fournir la preuve évidente.

Les ponts d'un navire, vu leur faible courbure longitudinale, peuvent être regardés, dans la plus grande partie de leur longueur, comme parallèles à la pièce intérieure placée au-dessus de la quille (la carlingue). Les étançons verticaux (les épontilles) qui supportent les ponts, à l'aplomb de la carlingue, forment donc avec elle et la ligne du milieu des ponts, des quadrilatères qui sont à peu près des parallélogrammes. Il fallait empêcher ces parallélogrammes de se déformer, et par conséquent, empêcher le vaisseau de s'arquer.

Pour produire cet effet, Bouguer a placé, suivant la direction des diagonales qui tendent à *s'allonger*, des barres de fer fortement unies, par leurs extrémités, à la carlingue et au premier pont. Ces barres ressemblent aux *tirants* des édifices ordinaires. Chapman, au contraire, a placé suivant la direction des diagonales qui tendent à se raccourcir, des pièces de bois bien contenues sur la carlingue et sous le premier pont. Ces pièces de bois, qui résistent en s'opposant à toute compression, font office d'*arcs-boutants*.

Il faut conclure des développements historiques dans lesquels nous venons d'entrer, que le principe employé par M. Seppings, n'est nouveau ni dans la pratique, ni dans la théorie. Mais nous n'en devons pas moins beaucoup de reconnaissance à l'homme ingénieux qui, régénérant d'anciennes idées, les a dégagées de leurs inconvénients les plus graves, en se les rendant propres par des modifications essentielles. Reproduire ainsi, c'est créer une seconde fois. Un autre service qui, certes, n'était pas moins difficile à rendre, c'était de parvenir à triompher de tous les obstacles qui pouvaient entraver, empêcher même, la mise en pratique de ces utiles conceptions.

§ II.

Description du système de M. Seppings.

Nous avons vu que les flancs du vaisseau sont formés par une muraille qui nous présente, à partir du dehors pour aller vers l'intérieur, une première couche de planches ou bordages, une première rangée de membres, une seconde couche de planches appelées vaigres, et une seconde rangée de membres appelés porques.

M. Seppings supprime cette seconde couche et cette seconde rangée, c'est-à-dire les vaigres et les porques ou membres intérieurs. Cependant, entre le faux-pont et le premier pont, il conserve le vaigrage ordinaire.

V^e. MÉMOIRE.
Remplissage entre
les mailles.

Depuis le niveau du faux-pont jusqu'au fond de la cale, il remplit toutes les mailles entre les membres (*). Dans le cas où la maille n'a pas plus de huit décimètres en largeur, il enfonce, du dedans et du dehors, des tranches de bois taillées en coin : chacun de ces coins a pour épaisseur, sur le tour, la moitié de l'épaisseur de la membrure. Dans le cas où la maille a plus de huit décimètres en largeur, il la remplit avec des pièces travaillées comme des membres ordinaires, et qui seulement sont moins épaisses.

Addition de porques
obliques.

Pour remplacer le vaigrage et les anciennes porques, M. Seppings applique immédiatement sur la membrure ainsi rendue massive, une suite de pièces transversales que nous appellerons *porques obliques*.

Leur direction.

Ces porques obliques font, avec les membres, un angle à peu près égal à 45 degrés. Elles prennent naissance de chaque côté de la carlingue, et s'élèvent jusqu'au premier pont. Ainsi les porques obliques de tribord sont absolument séparées de celles de bas-bord, par la carlingue.

A partir du milieu, pour aller vers la poupe, les porques obliques s'élèvent en se rapprochant de la proue. A partir du milieu pour aller vers la proue, les porques obliques s'élèvent en se rapprochant de la poupe.

L'intervalle entre les porques immédiatement consécutives soit d'avant, soit d'arrière, est de deux mètres, ou quelque peu plus : l'épaisseur de ces pièces, sur le tour, est d'environ quatorze centimètres.

Listeaux dirigés longitudinalement, entre les porques obliques.

Pour consolider ce nouveau système, deux files de listeaux sont ajustées longitudinalement entre les porques consécutives;

(*) M. Seppings calfate les joints des membres et du remplissage de chaque maille, ensuite il goudronne le tout avant d'appliquer le bordage extérieur.

savoir, une première file sur l'extrémité des varangues, une
seconde sur l'extrémité supérieure des premières allonges.

Deux fortes ceintures sont fixées contre la muraille ; l'une
sous le premier pont ; l'autre sous le faux-pont, mais par-dessus
les porques obliques. Elles présentent, de chaque bord, deux
lignes continues dont l'effet est analogue à celui des listeaux
dirigés suivant deux files longitudinales.

Ces liaisons longitudinales réunies aux rangées des porques
obliques divisent, tribord et basbord, la surface intérieure de
la carène, en parallélogrammes ou du moins en quadrilatères
peu différents de cette figure.

Pour consolider les deux files de parallélogrammes qui sont
immédiatement au-dessous du faux-pont, on ajuste deux rangées de traverses suivant la direction d'une diagonale de chaque
parallélogramme. Lorsqu'on part de la quille pour s'élever jusqu'au faux-pont, on trouve ces traverses placées sur la diagonale qui va vers la proue si l'on est du côté de la proue, et
vers la poupe si l'on est du côté de la poupe.

Afin de lier tout ce système avec le faux-pont, chaque porque
oblique est garnie, tribord et basbord, d'une console sur laquelle repose immédiatement la ceinture du faux-pont.

Afin d'unir le même système avec le premier pont, chaque
porque oblique aboutit sous la ceinture de ce pont, à côté d'un
poteau vertical qui se trouve à l'aplomb d'un des baux. Ce poteau descend jusque sur le faux-pont.

Les porques obliques, les listeaux longitudinaux, les traverses
diagonales, sont cloués et chevillés sur la membrure. Il en
est de même des ceintures du faux-pont et du premier pont,
ainsi que des consoles qui portent cette ceinture, et des poteaux qui sont à l'aplomb des baux du premier pont.

Enfin, pour unir les ponts à ce système, on emploie des

courbes de fer ayant : 1°. une branche unique plaquée et chevillée sur ces poteaux, ainsi que sur la ceinture du premier
pont ; 2°. une double branche pour emboîter l'avant et l'arrière du bau correspondant au poteau. Des chevilles chassées
de l'avant à l'arrière, et de l'arrière à l'avant, traversent à la fois
cette double branche et le bau qu'elle embrasse.

Telles sont les innovations apportées dans la charpente, au-
dessous du premier pont.

OEuvres mortes. Vaigrage entre les sabords, remplacé par une traverse diagonale.

Depuis le premier pont jusqu'aux gaillards et aux passavants, M. Seppings supprime le vaigrage entre les sabords.
Il le remplace, dans chaque entre-sabord, par une pièce
transversale inclinée dans le même sens que les traverses diagonales qui sont placées entre les porques obliques. C'est-à-
dire que, du côté de la proue, les traverses s'élèvent en s'avançant vers la proue ; tandis que du côté de la poupe les traverses s'élèvent en s'avançant vers la poupe.

Dans chaque batterie, les deux ou trois entre-sabords du
milieu, ont une traverse en croix de saint André. Il est inutile
de dire que ces traverses sont clouées sur les membres qu'elles
croisent, et chevillées à leurs extrémités sur les membres qui
servent de montants aux sabords.

Liaison des ponts supérieurs avec la muraille.

Les baux des ponts supérieurs sont liés à la muraille du
navire, comme ceux du premier pont, par une ceinture et des
poteaux montants. Ceux-ci ne descendent qu'à fleur de la serre
gouttière (*spirkittin*) du pont immédiatement inférieur.

Ponts. Leur bordure au milieu, longi-tudinale ;

Le bordage des ponts (excepté celui des gaillards et de la
dunette), est formé comme le nôtre, entre les deux hilloires
qui sont adjacentes à la grande écoutille ; mais, depuis ces
hilloires jusqu'à la serre gouttière, les bordages sont dirigés de
manière à croiser les baux sous un angle d'environ 45 degrés.

A tribord et bâsbord, oblique.

Tous les bordages, en partant du milieu pour aller où vers

tribord ou vers basbord, s'avancent en même temps vers la pouppe, ou tous ensemble vers la proue.

Dans le premier cas, les derniers bordages de l'arrière sont disposés en éventail, pour faire avec les baux un angle qui croît régulièrement depuis 45 degrés jusqu'à 90 degrés. De sorte que le dernier bordage à l'arrière est tangent à l'hilloire qui se prolonge contre la grande écoutille.

Les bordages extrêmes de l'avant, au lieu de se rapprocher de la direction perpendiculaire aux baux, se rapprochent de la direction parallèle.

Les bordages sont supportés par les baux, et par les lattes qui font avec ces baux un angle de 45 degrés, mais en sens opposé de la direction des bordages.

Lattes obliques qui supportent les bordages des ponts.

L'extrémité des bordages la plus voisine du milieu, est chevillée sur de fortes traverses dirigées parallèlement à la quille, entre les baux consécutifs.

Chevillage.

L'extrémité qui touche au bord du navire est chevillée sur des entremises ordinaires, adossées à la muraille et reposant sur la serre bauquière. Cette serre est traversée sans doute par les mêmes chevilles (on sait que les Anglais n'ont pas de fourrure de gouttière comparable à la nôtre).

Le tableau d'arrière est soutenu, tribord et basbord, par une courbe en fer logée dans la membrure de la voûte; et par deux armatures en fer que fortifient deux traverses en bois qui croisent obliquement les jambettes de voûte. Par ce moyen l'on parvient à se passer de la barre du pont, pièce que ses dimensions rendent si difficile à trouver.

Liaisons du tableau d'arrière.

Les innovations dont nous venons de présenter une énumération détaillée, se réduisent à quatre points principaux, 1°. remplissage de toutes les mailles au-dessous du faux-pont; 2°. suppression du vaigrage; 3°. remplacement des porques di-

Résumé.

V⁰. MÉMOIRE.

rectes, par des porques obliques et croisées; 4°. liaison des ponts avec le bord, par des poteaux montants, une ceinture, et des courbes en fer; obliquités opposées du bordage des ponts, et des lattes qui le supportent entre les baux.

Nous allons examiner séparément chacun des trois premiers articles qui sont tout-à-fait indépendants du quatrième. Ce dernier étant beaucoup moins important que les autres, nous en supprimerons l'examen.

§ III.

Du Remplissage des mailles.

Groignard a proposé ce remplissage.

Remplir la membrure entre les mailles, afin de fortifier la charpente des navires, n'est point une idée nouvelle. Groignard a proposé ce moyen dans son mémoire. Cet habile ingénieur fait très-bien sentir les avantages de tout ce qu'a d'utile une telle disposition, pour le *petit fond* de la carène. On peut même dire que M. Seppings, en exposant les avantages de son système, dans les *Transactions philosophiques*, ne reproduit que les motifs développés par Groignard, sur le même sujet.

Seulement, l'ingénieur français se borne à remplir les mailles dans la partie la plus basse de la carène. L'ingénieur anglais continue ce remplissage jusqu'à la hauteur du faux-pont. J'avoue que je voudrais l'étendre jusqu'au plat-bord, afin de rendre la muraille des vaisseaux moins facile à traverser par les boulets. En cela je remplirais le vœu des marins les plus habiles, et dans la théorie, et dans la pratique.

Comparaison du remplissage selon Groignard et selon M. Seppings.

M. Seppings garnit chaque maille avec des languettes de bois frappées, les unes en dedans, les autres en dehors de la membrure. Groignard ne voulait qu'une seule pièce de remplissage, ayant sur le tour l'épaisseur de la membrure, introduite toujours du dehors au dedans du navire, un peu taillée en coin, et frappée avec force pour la faire arriver à sa place. Par ce moyen, il donnait à la surface inférieure de la carène une tendance à se courber en sens contraire de l'arc que le vaisseau prend ordinairement lorsqu'il flotte sur la mer.

Quelle que soit la dessiccation des bois employés pour la membrure et le remplissage des mailles, si l'on ne se hâte d'appliquer les bordages, il est à craindre que les bois de ce remplissage et de cette membrure ne se dessèchent encore plus, par leur contact avec l'air. Si donc le remplissage n'a-vait juste que la dimension de la maille, au moindre retrait causé par la dessiccation, il y aurait vide entre les membres et le remplissage. On aurait ainsi perdu le principal avantage qu'on s'était proposé d'atteindre. Au contraire, si les bois sont fortement comprimés, ils pourront tendre à se resserrer sur eux-mêmes, sans cesser de se toucher, et de former une masse continue partout également résistante.

Voulons-nous prendre une idée juste des avantages du remplissage, pour conserver aux vaisseaux leur forme longitudi-
nale primitive? Observons, quand le vaisseau prend de l'arc dans le sens de sa longueur, que la partie inférieure de sa ca-
rène se raccourcit. Il est donc d'une grande utilité de ne laisser aucun vide entre les membres, dans cette partie. Alors, en effet, le raccourcissement qui résulte de l'arc, au lieu de s'o-
pérer sans obstacle, aux dépens des mailles inoccupées, s'o-
père par la compression de pièces de bois contiguës; ce qui présente à vaincre une résistance beaucoup plus grande.

En outre, le boisage du petit fond produisant par sa masse une telle résistance, son chevillage n'est plus fatigué par la production d'un grand arc. Dès lors la membrure et les bor-

Avantages généraux du remplissage des mailles : contre l'arc;

dages ne sont plus déchirés par les clous, les chevilles, et les gournables qui les unissent.

Si l'on remplissait les mailles, au-dessus de la flottaison, ce nouveau remplissage s'opposerait au contre-arc, avec la même efficacité que le remplissage des mailles inférieures s'oppose à l'arc. Mais, par ce moyen, on chargerait trop les hauts du vaisseau. Il faudrait peut-être se borner à remplir les mailles, selon notre usage, par le travers des diverses préceintes.

Pour concevoir l'utilité des forces qui s'opposent au contre-arc, il faut se figurer, dans une mer fortement houleuse, un vaisseau qui se présente debout à la lame. Lorsque cette lame soulève la proue, elle tend à produire en cette partie, elle y produit effectivement un contre-arc. Or, ce contre-arc s'avance avec la lame, et ne disparaît que quand elle a cessé de soulever la pouppe. Ainsi le vaisseau lui-même a des ondulations analogues à celles de la mer, mais qui, seulement, sont beaucoup moins grandes.

Contre les accidents
qui résultent d'un
échouage :

Il est évident que, dans un échouage, une membrure pleine doit se rompre avec beaucoup moins de facilité, qu'une membrure à mailles vides.

M. Seppings ayant l'attention de calfater les coutures entre les mailles et le remplissage, c'est une seconde barrière qu'il oppose aux filtrations de l'eau. Par conséquent, lors même qu'un des bordages de la carène viendrait à larguer, non-seulement l'eau ne pourrait plus entrer avec cette effrayante abondance que permet la largeur des mailles actuelles; l'eau trouverait autant de difficultés à passer dans les mailles, qu'elle en trouve maintenant à pénétrer entre les bordages. *Concluons donc que, grâce au remplissage employé par M. Seppings, les pompes ordinaires du vaisseau suffiront pour épuiser les eaux, dans beaucoup de cas où le bâtiment serait perdu sans ressources, si la voie d'eau tombait par le travers de quelque maille vide* (*).

Observons, en outre, que le bordage extérieur, s'appuyant partout sur du plein bois, est plus fort et mieux assuré. Son calfatage a plus de tenue; parce que l'étoupe, avec quelque vigueur qu'on l'enfonce, éprouve une résistance qui l'empêche de s'échapper, en dépassant l'intérieur de la couture. Cet avantage augmente, à mesure que le desséchement des bordages, ou le *jeu* du bâtiment, rend plus larges les coutures.

Comment le remplissage est avantageux au calfatage.

Mais pourquoi M. Seppings termine-t-il son remplissage à la hauteur du faux-pont? C'est, à coup sûr, dans la crainte de charger son vaisseau par de nouveaux poids; et, par-là, d'en diminuer la capacité, ainsi que la stabilité. Cependant, ces inconvénients sont-ils balancés par les graves dangers que l'on éviterait, si l'on poussait le remplissage seulement jusqu'à la hauteur du premier pont?

Avantages du remplissage au - dessus du faux-pont:

La ligne du faux-pont est presque d'un mètre au-dessous de la flottaison. Par conséquent, toutes les voies que l'eau pourra

1°. Dans le cours ordinaire des navigations;

(*) Depuis l'époque où nous avons présenté ce mémoire au ministère de la marine française, l'expérience n'a malheureusement que trop prêté son appui à nos démonstrations.

Le bâtiment que montait M. de Freycinet, durant son voyage autour du monde, a fait naufrage; ayant échoué sur un banc de sable, il s'est perdu sans ressource, uniquement parce qu'un des bordages de la carène s'est détaché de la membrure. L'eau est entrée par les mailles ainsi mises à découvert, avec une si grande abondance, que, malgré les pompes très-puissantes dont on avait pourvu le navire afin de parer aux dangers possibles d'une circonnavigation, les efforts de l'équipage n'ont jamais pu suffire pour remettre à flot le bâtiment, et le sauver des coups de mer qui l'ont enfin détruit.

Si l'on eût adopté le remplissage des mailles, ainsi que je le demandais, dès la fin de 1815, on aurait évité cette perte qui n'est pas seulement déplorable sous le point de vue pécuniaire. Plusieurs collections précieuses, fruit d'un si beau voyage, n'auraient pas été perdues.

s'ouvrir entre les bordages, dans cette hauteur, trouveront des mailles qui leur offriront une entrée immédiate.

2°. Dans un combat. C'est surtout pendant la durée d'un combat que les voies d'eau dont nous parlons peuvent être dangereuses : arrêtons-nous sur cet objet important.

Il est évident qu'un bordage dont tous les points sont soutenus par une membrure résistera plus à un choc donné, qu'un bordage soutenu par des membres isolés : surtout si la direction du choc passe par quelque maille.

Il est évident, par exemple, qu'un boulet ayant encore assez de force pour percer un bordage vis-à-vis une maille, pourrait n'en avoir plus assez, si le bordage était soutenu derrière le point choqué. A plus forte raison, si le boulet, après avoir traversé le bordage, trouvait un remplissage massif, deux fois à deux fois et demie plus épais que le bordage même.

Considérons un vaisseau qui combat sous le vent et qui donne fortement à la bande. Toute la ligne de son faux-pont, du côté de l'ennemi, se trouve émergée. Les boulets qui frappent depuis cette ligne jusqu'à la première batterie, trouvant peu de résistance par la viduité des mailles, cribleront à jour cette partie. Lorsqu'ensuite le vaisseau sera forcé de virer de bord, ces ouvertures s'enfonçant tout à coup dans l'eau, le navire coulera bas, sans qu'il soit possible de le sauver.

Il faudrait remplir les mailles jusqu'au premier pont. Ce danger n'est point imaginaire. Malgré notre vaigrage entre le faux-pont et le dernier pont, on a vu fréquemment des vaisseaux couler ainsi, en virant de bord après avoir été maltraités lorsqu'ils combattaient sous le vent. Donc *il faut continuer le remplissage des mailles, au moins, jusqu'au premier pont.*

Alors les voies d'eau que les boulets pourront ouvrir, étant des trous cylindriques percés partout en plein bois, ces voies se refermeront plus aisément par la réaction d'un plus grand nombre de fibres ligneuses comprimées dans un espace donné. Or, il suffit que ces trous soient bouchés dans une seule partie de leur longueur, par l'effet d'une telle réaction, pour que le passage de l'eau soit intercepté.

Nous nous proposons d'examiner, avec détail, l'influence du remplissage des mailles et celle des autres innovations, sur la stabilité du navire, et sur ses qualités principales. Maintenant il nous suffit de dire que, tout en continuant ce remplissage jusqu'au premier pont, son centre de gravité se trouve encore de beaucoup moins élevé que le centre de gravité du vaisseau. C'est un poids additionnel avantageusement placé, qui permet d'augmenter là stabilité qu'ont à présent les bâtiments de guerre : même après avoir diminué la quantité de lest dont on les charge, suivant le système actuel.

Effet du remplissage sur la stabilité.

Dans la structure ordinaire de ces bâtiments, on remplit à très-peu près la membrure des parties extrêmes de la pouppe et de la proue. Par conséquent nous n'ajouterons rien aux parties qu'il importe le plus de ne point surcharger. Mais, par le nouveau remplissage, nous augmenterons la force de la charpente, en ses parties les plus faibles. Nous suivrons ainsi le principe de toute bonne architecture.

Sur l'égale répartition de la solidité, dans la longueur des vaisseaux.

A présent, il faut considérer les mailles dans leurs rapports avec la durée et la salubrité du navire (*).

Effets des mailles sur la durée et la stabilité des bâtiments.

Les mailles, lorsquelles sont ouvertes, disent leurs partisans,

Avantages.

___

(*) Dans la deuxième partie des *Voyages dans la Grande-Bretagne*, *Force navale*, nous avons rapporté tout ce que l'expérience a démontré de positif en faveur du remplissage des mailles, relativement à la salubrité. L'énumération de ces faits serait trop étrangère aux considérations générales d'un ouvrage consacré spécialement à des applications mathématiques. C'est pourquoi nous nous contentons de renvoyer à l'ouvrage que nous venons de citer.

permettent à l'air de la cale d'y circuler comme en des canaux libres, et par-là de se renouveler. L'air, par ce mouvement et par son contact avec les bordages, et les membres, et les vaigres, empêche l'échauffement des bois, auxquels il donne une plus grande durée. Doit-on se priver d'aussi précieux avantages?

Inconvéniens.

On répond à ces objections : lorsqu'un navire a servi quelque temps, les mailles s'obstruent, l'air cesse d'y circuler librement. Les gaz qui s'en exhalent sont imprégnés des miasmes fournis par les immondices accumulés dans ces véritables égoûts. Ainsi, dans la cale et les entre-ponts, se forme bientôt un atmosphère fétide qui ne peut qu'altérer la santé de l'équipage.

La cause la plus puissante du dépérissement des bois, est leur contact alternatif avec l'air et l'eau. Mais les mailles ne sont que rarement exemptes d'infiltrations plus ou moins abondantes. Cette alternative doit donc tendre à la destruction du bois, dans les mailles vides, au moins autant qu'un contact parfait.

Opinion de M. Seppings sur le contact des bois.

M. Seppings cherche à prouver que des bois contigus se conservent aussi bien que des bois isolés. Cela peut être, quand ils sont bien desséchés et parfaitement sains. Mais, aussitôt qu'une pièce de charpente, en contact avec quelqu'autre, contient un germe de dépérissement, la corruption se communique à toutes les parties adjacentes.

Moyens que nous proposons pour conserver les bois qui sont en contact.

Pour éviter un tel inconvénient, il faudrait qu'on laissât sécher assez long-temps la membrure du vaisseau, monté en bois tors. Il faudrait préparer d'avance les garnitures des mailles, en leur laissant un surplus d'épaisseur, suffisant pour fournir au retrait que produit la dessiccation. On ne placerait ces garnitures qu'au moment de border le vaisseau; on les sécherait d'abord dans une étuve donnant à peu près 50 à 60 degrés de chaleur; on les plongerait tout chauds dans le goudron, puis on les laisserait refroidir très-lentement.

Au moyen de semblables précautions, qu'il serait facile de rendre peu dispendieuses, et qu'il ne faudrait d'ailleurs employer que pour garnir les mailles, depuis deux mètres au-dessus du faux-pont, jusqu'à deux mètres au-dessous, je suis persuadé qu'on préviendrait les dangers de la fermentation des bois, produite par l'effet du contact des pièces.

Avant de terminer cette première discussion, je crois devoir citer un fait intéressant que le docteur Young a consigné dans son rapport (*Transactions philosophiques* de 1814, p. 335).

Fait remarquable, cité par le docteur Young, sur le contact du bois.

« Il ne semble pas qu'il y ait le plus léger fondement à
» craindre que le remplissage rende la membrure des vais-
» seaux plus sujette à dépérir. Au contraire, les membres du
» *Sandwich* ont été trouvés parfaitement sains, dans la *moitié*
» *inférieure* de leur longueur : partie où ces membres sont en
» contact avec les coins qu'on a chassés entr'eux; tandis que les
» mêmes membres étaient complétement gâtés dans la moitié
» *supérieure* qui avait été exposée, selon la méthode ordinaire,
» à l'action de l'air humide emprisonné, et de l'eau. Ce résultat
» est parfaitement d'accord avec le petit nombre de faits qui
» ont été certifiés, relativement aux causes générales du dépé-
» rissement des bois. »

§ IV.

Suppression du vaigrage.

En supprimant tout-à-fait les vaigres, au-dessous du faux pont, M. Seppings met à découvert la face des membres qui se trouvait en contact avec elles. Une semblable disposition permet d'ailleurs de s'assurer, à tout instant, si les pièces de la membrure ne sont ni mal liées, ni brisées, ni détériorées, etc.

Avantages de la suppression du vaigrage.

Les travaux de radoub deviennent en même temps beaucoup plus faciles, lorsqu'il faut toucher à ces pièces. Il suffit d'enlever

Pour la facilité des radoubs.

la garniture des mailles, dans la partie qu'on veut réparer : opération bien plus tôt exécutée que celle de *dévaigrer* dans une grande étendue, après avoir ôté les porques ordinaires.

Pour conserver la membrure.

La superficie des membres, mise à découvert par la suppression des vaigres, est au moins égale à la superficie enlevée au contact de l'air par le remplissage entre les mailles. Or, les inconvénients qui pourraient résulter du contact des bois, sont en raison des surfaces en contact. Ces inconvénients ne sont donc pas augmentés, quant à la membrure.

Mais, dès qu'on désarrimera le vaisseau construit sur le nouveau système, l'air frappera directement toute la face concave des couples : ce qui vaut beaucoup mieux que de circuler avec lenteur entre des mailles si rarement désobstruées.

Observons, d'ailleurs, que les clefs frappées dans les mailles, au raz des vaigres d'empature, empêchent tout courant d'air de s'établir entre les membres du petit fond ; et, néanmoins, on avoue que cette partie est celle où la membrure se conserve le mieux.....

Pour alléger le vaisseau ou pour accroître sa stabilité.

Le poids du vaigrage étant considérable, sa suppression produit, sur le déplacement et sur la stabilité, des effets importants que nous expliquerons ; ils tendent tous à donner au vaisseau des qualités nouvelles.

Pour découvrir et pour étouffer des voies d'eau.

La suppression du vaigrage permet de trouver immédiatement le lieu d'une voie d'eau, dont l'existence est manifestée par l'accroissement subit des eaux de filtration parvenues dans la cale. Actuellement, au contraire, il faut d'abord deviner dans quelle maille est la voie ; puis dans quelle partie de la maille : enfin, il reste la difficulté assez grande, de boucher une ouverture qu'on ne peut atteindre immédiatement.

Motifs pour conserver le vaigrage entre le premier pont et le faux-pont.

Si l'on prolonge le remplissage des mailles jusqu'à la hauteur du premier pont, ainsi que nous le proposons, alors le vaigrage entre ce pont et le faux-pont n'aura plus un tel in-convénient.

Déjà les marins les plus habiles se plaignent amèrement de la faiblesse d'échantillon de nos vaisseaux. Que ne diraient-ils pas, s'ils voyaient qu'on diminuât d'un sixième environ l'épais-seur de la maille, dans toute la partie exposée aux boulets en-nemis? C'est surtout vers la flottaison qu'il importe de ne point affaiblir cette muraille, afin de ne pas exposer le bâtiment au malheur affreux de couler bas dans une action, et souvent au moment de remporter la victoire.

Nous avouons qu'il nous paraît nécessaire de laisser subsister cette partie du vaigrage; mais sans lui conserver, comme le fait M. Seppings, une direction longitudinale. Nous voudrions qu'on lui donnât une direction parallèle à celle des porques obliques, prolongées jusqu'au premier pont. On ferait des-cendre ces vaigres obliques, jusqu'à 2 mètres sous la flottaison. Pour un vaisseau de soixante-quatorze, par exemple, on leur donnerait seulement 11 centimètres d'épaisseur : ainsi qu'à la partie correspondante des porques obliques.

Nouvelle direction de ce vaigrage.

Ensuite, pour renforcer ce système, en considérant les pa-rallélogrammes que forment ces vaigres entre deux porques obliques immédiatement consécutives, on poserait, suivant la direction de la petite diagonale de ces parallélogrammes, une bande de fer ayant un décimètre de largeur sur deux centi-mètres d'épaisseur. Enfin, cette bande fortement unie par ses extrémités aux porques contre lesquelles elle aboutit, serait fixée avec un clou sur chaque vaigre, puis avec une cheville à écrou vers le milieu de la bande.

Plates-bandes en fer, pour le renforcer.

Sur ce vaigrage, entaillé de deux centimètres, on applique-rait la ceinture du premier pont et celle du faux-pont. Chaque vaigre oblique, dans la seule étendue de trois mètres de lon-

Solidité de ce nou-vel assemblage.

gueur, serait donc invariablement engagée; à chaque bout, par ces ceintures; à son milieu, par une traverse en fer. Aucun boulet ne pourrait arracher des pièces ainsi contenues. Elles présenteraient une résistance incomparablement plus grande que les vaigres du système actuel, qui ne s'opposent à l'effort des projectiles que par l'adhérence du clouage. En effet, un boulet ayant assez de force pour vaincre cette adhérence, s'il n'en a pas assez pour percer la vaigre qu'il frappe, la détache et l'enlève en éclats. C'est ce qui nous explique ce fait d'expérience, que les boulets qui font le plus de mal, à bord des bâtiments, sont ceux qui viennent avec une vitesse suffisante pour traverser le bordage extérieur ainsi que la membrure, et s'amortir contre les vaigres.

Des vaigres presques droites, et longues seulement de trois à quatre mètres, sont des bois de troisième et de quatrième espèce; c'est-à-dire, des bois beaucoup moins chers, et beaucoup plus faciles à trouver que les vaigres principales appelées *vaigres de diminution*. Le surcroît de dépense, résultant d'une addition de quarante ou cinquante bandes de fer, serait bien plus que compensé par une telle économie.

§ V.

Remplacement des porques ordinaires par des porques obliques, et discussion générale des innovations introduites dans la structure de la coque, au-dessous du premier pont.

Le remplacement des porques ordinaires par des porques obliques, complète le nouveau système de la charpente de la carène.

Nous pouvons maintenant nous élever aux considérations

les plus générales ; elles vont nous servir à comparer les avan- tages et les inconvénients de ce système, envisagé dans les rapports de ses diverses parties.

Afin d'apporter de l'ordre dans nos recherches, nous avons traité séparément les questions suivantes, qui semblent renfermer toutes les raisons essentielles, pour ou contre les perfectionnements dont nous proposons l'adoption.

1°. D'après le nouveau système, le poids du navire est-il diminué ?

2°. La construction du navire est-elle rendue moins dispendieuse ?

3°. Les capacités de la cale sont-elles augmentées, et quel usage peut-on faire de cet accroissement d'espace ?

4°. La stabilité du navire peut-elle être rendue plus grande qu'elle n'est actuellement ?

5°. Les forces latentes qui contribuent à la solidité sont-elles augmentées ?

6°. La durée du vaisseau se trouve-t-elle pareillement augmentée ?

La solution des quatre premières questions ne dépend que de calculs simples et faciles, établis sur les données de la Marine pour laquelle on opère. Nous supprimons ici ces détails ; parce que nous sommes forcés d'abréger notre examen, pour le réduire à l'étendue d'un Mémoire ordinaire. Nous nous contentons de dire que les résultats de ces calculs sont généralement favorables au système de M. Seppings, pour les vaisseaux français, aussi-bien que pour les vaisseaux anglais.

Maintenant, nous allons présenter la discussion théorique des deux dernières questions. On peut les regarder comme n'en faisant qu'une seule, tant est grande leur connexion.

§ VI.

Par le nouveau système, les forces latentes du vaisseau sont-elles augmentées ?

Définition des *forces latentes.*

J'appelle *forces latentes* d'un vaisseau, les résistances qu'il oppose à tout changement d'état. Elles ne manifestent leur existence qu'à l'instant même où quelque partie tend à changer soit de forme, soit de position par rapport aux autres parties.

Ainsi l'*inertie* est une des forces latentes du vaisseau. La *rigidité*, cette résistance qu'il oppose à toute flexion, est encore une des forces latentes, ou plutôt le résultat d'une espèce particulière de forces latentes. La *durée* est l'expression du résultat de ces forces, en fonction du temps.

Comment on peut apprécier leur action.

Pour bien connaître la nature et l'action des forces latentes d'un navire quelconque, il faut le supposer soumis aux forces extérieures qui peuvent agir sur lui. Alors on verra, par la répartition et l'équilibre des pressions et des tensions intérieures, comment ces nouvelles forces sont contre-balancées par les forces latentes.

Force extérieure de l'attraction.

La première des forces extérieures est l'attraction que le globe exerce sur le vaisseau. Cette attraction est directement proportionnelle à la masse de chaque partie. Par conséquent, elle entraînerait le système entier du navire, sans mettre en action d'autre force latente que l'inertie, si le bâtiment n'était retenu par aucun obstacle.

Force répulsive de l'eau.

Mais, lorsqu'un navire est à flot sur une mer tranquille, et qu'il n'est pas sollicité par d'autre force extérieure que sa pesanteur, il se met bientôt en équilibre. Dans cet état les répulsions du fluide, dirigées de bas en haut, détruisent les pressions de la pesanteur, exercées de haut en bas.

V°. MÉMOIRE.
Équilibre de ces for
ces avec les forces
latentes du vais-
seau.

Si chaque élément du vaisseau reposait immédiatement sur la mer, il en déplacerait une partie dont le poids serait égal à son poids propre. Chaque élément, dans cette hypothèse, n'aurait à supporter que la pression infiniment petite exercée sur lui par le fluide.

Mais, une partie seulement de la surface extérieure du vaisseau se trouve en contact avec la mer. Il faut donc que cette partie supporte, de la part de l'eau, une pression susceptible de contre-balancer le poids de la masse toute entière.

Donc, premièrement, la surface extérieure du navire supporte des pressions verticales équivalentes au poids du navire même.

Cette surface éprouve, en chaque point, des pressions normales qui sont proportionnelles à l'étendue de ses éléments. Il faut, par conséquent, regarder la carène d'un vaisseau comme une voûte dont tous les éléments sont poussés normalement, par des forces d'autant plus grandes que l'élément est plus étendu, et qu'il est plus éloigné de la base de cette voûte renversée : la base est ici le plan de flottaison.

Actuellement le problème général qui doit nous occuper est celui-ci. Quel effet les forces opposées, de la pesanteur du navire, et des pressions du fluide, produisent-elles pour se mettre en équilibre avec les forces latentes de ce navire ?

Ne considérons, d'abord, que la pesanteur et les pressions verticales. Si l'on pouvait diviser le bâtiment en prismes verticaux infiniment petits, ayant chacun pour poids celui de la colonne d'eau qu'ils déplacent, chacun de ces prismes serait par lui-même en équilibre. Il ne tendrait ni à s'écarter ni à s'approcher des autres prismes. Les forces latentes qui s'opposent à ces mouvements ne seraient donc pas mises en jeu. La seule action qui s'exercerait alors, dans l'intérieur de chaque

35

prisme, serait la pression verticale des éléments supérieurs sur les inférieurs.

Il n'en est pas ainsi dans nos bâtiments de guerre; ni lorsqu'ils n'ont encore aucun chargement, ni lorsqu'ils sont armés. Pour découvrir suivant quelles lois varient les différences de déplacement et de pesanteur des éléments d'un navire, considérons-le d'abord dans le sens longitudinal, et ensuite dans le sens transversal.

Pour cela, divisons-le par tranches verticales d'une épaisseur constante infiniment petite, et supposons que les plans coupants soient tous perpendiculaires au plan vertical longitudinal. Partons de la poupe, afin d'avancer graduellement vers la proue. Les premières tranches comprendront le tableau d'arrière, la voûte, une portion des bouteilles, etc. Or, ces parties sont toutes hors de l'eau. Par conséquent, ces premières tranches n'éprouvent aucune répulsion de la part du fluide.

Cette répulsion commence à la partie extrême de la flottaison. Elle est d'abord infiniment plus petite que le poids de la tranche dont le déplacement produit cette réaction. Bientôt la répulsion de l'eau s'augmente par degrés rapides; elle approche de plus en plus d'égaler le poids de la tranche qui lui correspond. La répulsion de l'eau croissant toujours, devient égale au poids d'une certaine tranche placée entre la poupe et le milieu du vaisseau. Au delà de ce terme, le poids de l'eau déplacée l'emporte sur le poids de la tranche.

Si l'on part de l'extrémité la plus avancée de la proue, pour rétrograder vers la poupe, on trouvera de même que le poids des tranches est d'abord infiniment plus grand que le poids de l'eau déplacée. Ces deux poids diffèrent ensuite de moins en moins. Ils deviennent égaux pour une certaine tranche placée entre la proue et le milieu du vaisseau. Enfin, si l'on s'ap-

proche encore plus du milieu, la répulsion de l'eau déplacée
l'emporte sur le poids des tranches.

Cette inégalité qui se trouve entre les poids et les répulsions
qui leur correspondent, met en jeu les forces latentes du navire et
produit des effets dont l'examen est de la plus haute importance.

Puisque chaque tranche est sollicitée par deux forces dirigées
en sens contraires, il y a d'abord tendance à la contraction dans
l'intérieur de cette tranche. La seule rigidité de la tranche peut
s'opposer en partie à cette contraction.

La résultante des deux forces opposées est égale à leur différence, et se trouve dirigée dans le sens de la plus considérable.

Si nous voulons connaître l'effet des diverses résultantes de
cette espèce, il faut partir de la poupe, par exemple, et
prendre la somme de leurs moments par rapport à l'une des
sections transversales. Cette somme égalera celle qu'on aurait
obtenue en considérant toutes les tranches qui sont de l'autre
côté de cette section; c'est-à-dire du côté de la proue. En effet,
ces deux sommes représentent deux actions opposées qui se
font équilibre.

Que le vaisseau soit lége, ou qu'il ait son chargement complet, toutes les sommes des moments obtenus ainsi, représentent des actions totales exercées de haut en bas, c'est-à-dire que
le vaisseau, dans tous les points de sa longueur, est sollicité à
se courber en tournant vers le bas la concavité de cette courbure. Ainsi l'arc des vaisseaux règne dans toute leur longueur.

Le vaisseau n'étant pas un corps parfaitement rigide, chacun
de ces moments aura son effet, et la courbure que nous venons
de définir s'étendra de la poupe à la proue.

Cette courbure s'é-
tend de la poupe à
la proue.

Mais, ces moments n'ayant pas une valeur constante, on doit
se demander par rapport à quels plans il faut les prendre, afin
qu'ils soient un *maximum* ou un *minimum*. Si l'on veut, en

Dans quels points de
la longueur les mo-
ments qui la pro-
duisent sont-ils un
maximum ou un
minimum ?

V⁻. MÉMOIRE.

effet, proportionner les forces latentes aux forces déforma-trices, il faut accroître les moyens de solidité, dans les pre-mières tranches, beaucoup plus que dans les secondes.

Solution analytique de ce problème.

Soit x (*) la distance de chaque partie du navire, au plan

Fig. 3.
Pl. XVII.

(*) Pour faciliter la complète intelligence de ce Mémoire, aux personnes qui ne se-raient pas familières avec l'analyse infinitésimale, nous allons procéder à la même recherche par la seule géométrie. Soit Dk un axe horizontal mené dans le vaisseau, depuis la pouppe jusqu'à la proue. Supposons la courbe D$baon$ telle que les verti-cales Aa, Bb,... comprennent, à partir de Dk des espaces AabB qui représentent le poids des tranches verticales du vaisseau. Supposons, de même, que Aα, Bε,... prolon-gements de Aa, Bb,... se terminent à la courbe E$\varepsilon\alpha\omega\nu$ telle que chaque aire A$\alpha\varepsilon$B représente le poids de l'eau déplacée par la tranche dont le poids propre est repré-senté par l'aire correspondante AabB. Enfin soit oOω la droite qui représente le plan vertical par rapport auquel il faut que les moments soient un *maximum* ou un *minimum* : évaluons ces moments.

G, Γ, étant les centres de gravité des aires DOo, EOω, le moment des poids du vaisseau (à gauche de oOω) sera ... Surf. DOo × GG'; et le moment de l'eau déplacée (à gauche de Oo) sera ... Surf. EOω × ΓΓ' : expressions où GG', ΓΓ' représentent les distances de oOω, aux centres G et Γ.

Le moment de la force qui tend à rompre le vaisseau dans le plan oOω, à gauche de oOω (et par conséquent aussi à droite de oOω), est donc

$$\text{Surf. DO}o \times \text{GG}' - \text{Surf. EO}\omega \times \Gamma\Gamma'.$$

Pour que cette valeur soit un *maximum* ou un *minimum*, il faut qu'en prenant les moments par rapport au plan nNν, parallèle à oOω, et infiniment près de lui, la différence soit nulle. Or cette différence est évidemment,

$$\text{ON (surf. DO}o - \text{surf. EO}\omega) + \tfrac{1}{2}\text{ON (surf. O}on\text{N} - \text{surf. O}\omega\nu\text{N}).$$

Les surfaces OonN, O$\omega\nu$N, étant infiniment petites, ainsi que ON, les deux derniers termes de cette valeur disparaissent devant les deux premiers. On a donc, enfin, pour condition du *maximum* ou du *minimum* des moments,

$$\text{ON (surf. DO}o - \text{surf. EO}\omega) = o, \text{ ou, surf. DO}o = \text{surf. E}o\omega,$$

ce qui veut dire que le poids de la partie du vaisseau, à gauche de oOω, doit être égal au poids de l'eau déplacée par cette partie.

vertical quelconque pris pour plan des moments. Soit dx l'é-
paisseur constante des tranches infiniment minces et parallèles
à ce plan.

Soit $\varphi(x).dx$ le poids de ces tranches,

Et $\psi(x).dx$ le poids de l'eau qu'elles déplacent.

Le moment total de ces deux poids sera...

$$x.\varphi(x).dx - x.\psi(x).dx.$$

Par conséquent, l'intégrale totale de ces moments sera

$$\int \{ x.\varphi(x).dx - x.\psi(x).dx \}.$$

D'après les principes du calcul infinitésimal, pour que
cette grandeur soit un *maximum* ou un *minimum*, il faut
qu'en faisant varier infiniment peu l'origine des x, la somme
des moments ne change pas pour cela : lorsqu'on néglige les infiniment petits d'un ordre supérieur à la quantité dont on fait
avancer ou reculer cette origine des abscisses.

Soit δx cette dernière quantité, c'est-à-dire, la variation que
toutes les ordonnées horizontales éprouvent à la fois. Nous aurons immédiatement

$$\delta \int \{ x.\varphi(x).dx - x.\psi(x).dx \} = 0.$$

Dans cette expression, chacune des anciennes tranches ne
changeant ni de poids ni de figure, $\varphi(x)$ et $\psi(x)$ restent constantes, ainsi que l'épaisseur dx de ces tranches. Seulement,
lorsqu'on recule de δx le plan par rapport auquel se prennent
les moments, on ajoute la tranche infiniment mince dont $\varphi(\delta x)$
représente le poids, et $\psi(\delta x)$ le déplacement.

On a donc

$$0 = \partial \int \{ \varphi(x) - \psi(x) \} x.dx$$
$$= \int \{ [\varphi(x) - \psi(x)] dx + \tfrac{1}{2} [\varphi(\partial x) - \psi(\partial x)] \partial x \} \partial x.$$

Observons que $\varphi(x)$ et $\psi(x)$ deviennent nuls lorsqu'on fait $x = 0$, puisque ces expressions correspondent au poids et au déplacement d'une tranche dont l'épaisseur devient zéro. Il suit de là que $\varphi(\partial x) - \psi(\partial x)$ est un infiniment petit par rapport à.......... $\varphi(x) - \psi(x)$.

Le produit $\tfrac{1}{2}[\varphi(\partial x) - \psi(\partial x)] \partial x . \partial x$ doit donc être négligé, lorsqu'on s'arrête aux infiniment petits de l'ordre le moins inférieur. Donc, enfin, nous avons pour condition du *maximum* ou du *minimum* des moments qui tendent à produire l'arc,

$$0 = \int \{ \varphi(x) - \psi(x) \} dx . \partial x,$$

ou

$$0 = \int \{ \varphi(x) - \psi(x) \} . dx ;$$

Or, $\int \varphi(x).dx$ est le poids total des tranches que nous considérons.

$\int \psi(x).dx$ est le poids du déplacement total des mêmes tranches.

Ainsi, l'équation de condition que nous venons d'obtenir, nous apprend que la somme des moments qui tendent à produire l'arc, est un *maximum* ou un *minimum*, lorsque le poids de la partie du navire située en avant ou en arrière du plan pris pour origine des moments, est égal au poids de l'eau déplacée par la même portion du navire.

Rien n'est plus aisé que de distinguer les *maxima* des *minima*. En effet, la somme des moments par rapport au plan déterminé, doit être un *minimum* ou un *maximum* ; dans les cas où le terme négligé se trouve de même signe ou de signe différent que le moment total

$$\int [\varphi(x) - \psi(x)]\, x \cdot dx.$$

Mais $\varphi(\partial x) . \partial x$ est le poids de la tranche ayant ∂x pour épaisseur. De même, $\psi(\partial x) . \partial x$ est le poids de l'eau déplacée par cette tranche. La quantité $\frac{1}{2}[\varphi(\partial x) - \psi(\partial x)] . \partial x . \partial x$ sera donc positive ou négative, suivant que le poids de la tranche infiniment mince, à partir du plan pris pour origine des moments, sera plus grand ou plus petit que le poids de l'eau déplacée par cette tranche. De là nous concluons les théorèmes suivants.

Conditions particulières du *maximum* et du *minimum*.

I. Supposons qu'un plan vertical parallèle à un plan fixe donné de position, coupe un navire en deux parties telles que le poids de chacune égale le poids de l'eau qu'elle déplace, le moment de ces parties par rapport à ce plan, pour produire ou flexion ou rupture, est un *maximum* ou un *minimum*.

Théorèmes généraux sur l'équilibre des corps flottants.

II. Ce moment est un *maximum*, lorsque la tranche infiniment mince, contiguë au plan des moments, a son moment propre dirigé en sens contraire du moment total.

III. Ce moment est un *minimum*, lorsque la même tranche a son moment propre dirigé dans le même sens que le moment total.

Ces résultats, remarquables par leur généralité comme par leur simplicité, peuvent s'appliquer immédiatement au vaisseau divisé par tranches parallèles au maître couple, dès que l'on connaît le poids et le déplacement de ces tranches. Afin d'en donner un exemple, nous choisirons le vaisseau anglais de 74, pour lequel le docteur Young présente les données suivantes.

Application des résultats précédents, au vaisseau anglais de 74, sur lequel le docteur Young a fondé ses calculs.

Équilibre sur la mer, d'un vaisseau anglais de 74, ayant 176 pieds de long sur 47,5 pieds de large.

LONGUEUR prise à partir de l'arrière de la flottaison.	POIDS des tranches qui correspondent à ces longueurs.	DÉPLACEMENT de ces tranches.	DIFFÉRENCE entre les poids et les déplacements.
49	+ 699	— 627	+ 72
20	+ 297	— 405	— 108
50	+ 1216	— 1098	+ 118
20	+ 290	— 409	— 119
37	+ 498	— 461	+ 37
176	+ 3000	— 3000	= 000

Pour répartir uniformément les différences positives et né-gatives, entre le poids de ces tranches et leur déplacement, le docteur Young fait diverses hypothèses que nous allons rendre sensibles par le moyen d'une figure géométrique. Supposons que la droite AO ait en étendue les 176 pieds de longueur du vaisseau, mesurés à la flottaison; que de plus on ait,

Fig. 4.

Pl. XVII.

$$AC = 49^{pi.}$$
$$CE = 20 \qquad AE = 69$$
$$EG = 50 \qquad AG = 119$$
$$GH = 6,6 \qquad AH = 125,6$$
$$HK = 13,4 \qquad AK = 139$$
$$KM = 17,5 \qquad AM = 156,5$$
$$MO = 19,5 \qquad AO = 176$$

Surf. ABC = + 72
Surf. CDE = — 108
Surf. EFG = + 118
Surf. HIK = — 119
Surf. IKM = — 155
Surf. MNO = + 192

$$Ab = \tfrac{1}{3}AC = \tfrac{1}{3}49 = 16,3$$
$$Ad = AC + \tfrac{1}{2}CE = 49 + 10 = 59$$
$$Af = AE + \tfrac{1}{2}EG = 69 + 25 = 94$$
$$Ar = AH + \tfrac{2}{3}HK = 125,6 + 8,9 = 134,5$$
$$As = AK + \tfrac{1}{3}KM = 139 + 5,8 = 144,8$$
$$An = AM + \tfrac{2}{3}MO = 156,5 + 13 = 169,5$$

Par ces hypothèses et ces calculs, ainsi qu'il est facile de le voir, les triangles ABC, CDE, EFG, HIK, IKM, MNO, re-présentent les différences positives et négatives, du poids des tranches au poids de l'eau déplacée; et les distances A*b*, A*d*, A*f*, A*r*, A*s*, A*n*, sont les distances respectives de l'origine des

ordonnées horizontales aux centres de gravité des divers trian- V^e. MÉMOIRE.
gles (*).

Cette construction donne immédiatement pour condition
d'équilibre, entre les pressions et les répulsions :

$$0 = 72^T \times 16,3 - 108^T \times 59^{pi} + 118^T \times 94^{pi} - 117^T \times 134^{pi},5$$
$$- 155^T \times 144^{pi},8 + 192^T \times 169^{pi},5.$$

Par ce moyen, les aires des triangles, divisés en tranches verticales de telle épaisseur que l'on voudra, représenteront la continuité des différences que l'on trouve, entre le poids des tranches et le poids de l'eau déplacée par ces tranches.

Observons, néanmoins, que le triangle EFG, dont la base
est de 50 pieds, ne doit pas être isocèle comme le suppose le
docteur Young. Le sommet de ce triangle étant le point où le
poids l'emporte le plus sur le déplacement, ce point correspond évidemment à la position du grand mât qui se trouve dans
cette tranche et qui fait peser sur un seul point, son gréement,
ses mâts supérieurs, les vergues et les voiles qui en dépendent.
Or, le milieu Φ du navire est à $\frac{176}{2} = 88$ pieds du point A :
donc $A\Phi - AE = 88 - 69 = 19$; mais le grand mât est en
arrière du milieu, et par conséquent plus voisin du point A
que le point Φ. Le sommet du triangle EFG se trouve trop
en avant d'au moins 13 pieds anglais.

Encore une observation : pour rendre nulle la valeur des
moments qu'il a calculés, le docteur Young est obligé de trans-
former la différence $+ 37$ *tonn.*, du poids de la proue à son
déplacement, en $- 155 + 192 = 37$. Une telle hypothèse démontre l'inexactitude des données qu'on a fournies à ce savant.

(*) Il est évident que nous déterminons ces centres de gravité d'après l'hypothèse
que ABC, HIK, KIM et MON, sont rectanglés; et que CDE, EFG, sont isocèles.

Quoi qu'il en soit de ces données, servons-nous des hypothèses du docteur Young, pour montrer avec quelle facilité
peuvent s'appliquer les théorèmes que nous avons fait connaître.

Fig. 4.
Pl. XVII.
Reprenons les différences $ABC = 72$, $CDE = -108$;
$EFG = 118$; $HIK = -119$, $IKM = -155$, $MNO = 192$.
Pour trouver les plans par rapport auxquels les moments des
forces exprimées par ces valeurs sont en somme un *maximum*
ou un *minimum*, il faut (dans la figure citée) mener à AO
des perpendiculaires, telles qu'elles interceptent, à droite, par
exemple, des aires positives et des aires négatives égales.

Premier plan, par
rapport auquel les
moments longitudi-
naux sont un *maxi-
mum*.
Et d'abord puisque $CDE = -108$, et que $ABC = 72$, je
puis mener dans CDE, la droite Pp telle que $CDPp = 72$.
J'aurai donc immédiatement $EPp = 36$; et, par suite,

$$D dE = \frac{108}{2} : PpE = 36 :: dE^2 = (10)^2 : Ep^2 = 2 \cdot \frac{36.100}{108} \ldots$$

Et..... $\qquad Ep = 6 . 10 \sqrt{\frac{1}{54}} = 8,15.$

Donc $Ap = AE - 8,15 = 69 - 8,15 = 60,85.$

Maintenant, prenons les moments de ABC et de $CDPp = CDE - EPp$, par rapport à Pp, nous aurons.....

$pb = Ap - Ab = 60,85 - 16,3 = 44,55 \ldots \times + 72^T = + 3207,60$		
$pd = dE - pE = 10 - 8,15 = 1,85 \ldots \times -108 =$		$-199,80$
$\frac{1}{2}pE = 2,72 \ldots$	$\ldots \times - 36 =$	$-97,80$
Résultat	$= 3207,60 - 297,60.$	

On voit qu'ici le moment définitif est
$3207,60 - 297,60 = 2910$, quantité positive. Donc ce moment agit pour faire tomber l'extrémité de la poupe.

Mais les tranches infiniment voisines de Pp pèsent moins
que leur déplacement. Il suit de là que le moment produit par

ces tranches, tend au contraire à relever la poupe. Ce moment, agissant en sens opposé au précédent, il faut d'abord en conclure que le moment positif 2910 est un *maximum*.

Passons aux tranches comprises depuis E jusqu'en G. Puisque l'excès du poids de ces tranches sur leur déplacement égale $+ 118^T > 108 - 72$, il en résulte que nous pouvons couper le triangle EFG, par une perpendiculaire Qq, telle que $EQq = 108 - 72 = 36^T$.

En observant que $EFf = \frac{1}{2} EFG = 59$, nous aurons immédiatement cette proportion,

$$EFf = 59 : EQq = 36 :: Ef^2 = (25)^2 : Eq^2 = \frac{36 \times (25)^2}{59} ;$$

d'où $\qquad Eq = \frac{6.25}{\sqrt{59}} = 19,5;$ et $Aq = 88,53.$

Prenons la somme des moments par rapport à Qq, elle sera,

$$qb = Aq - Ab = 88,53 - 16\tfrac{1}{3} = 72,2 \dots \times + \quad 72 = + 5198,4$$
$$dq = Aq - Ad = 88,53 - 59 = 29,53 \dots \times - 108 = \qquad\qquad - 3189,24$$
$$\tfrac{1}{3} Eq = \tfrac{19,5}{3} \dots \qquad\qquad = 6,5 \dots \times + 36 = + \quad 234$$

$$qb \times 72^T + dq \times - 108^T + \tfrac{1}{3} Eq \times 36 = \dots \qquad = +5432,4 - 3189,24 ,$$

quantité dont la différence est positive, et égale à 2243,16.

Mais le poids des tranches infiniment voisines de Qq, l'emporte sur leur déplacement; il tend à courber le navire dans le même sens que ce moment. Donc les moments qui agissent pour arquer le navire dans le sens de sa longueur, en Qq, à $88^{pi},5$ de l'arrière, sont un *minimum*.

Passons, ensuite, aux tranches comprises depuis H jusqu'en M. Le déplacement de ces tranches l'emporte sur les poids correspondants, d'une quantité égale à $+ 119 + 155 = 274$, quantité plus grande que $72 - 108 + 118 = 82$. Il faut en conclure qu'on peut couper le triangle HIM, par une perpendiculaire à la base, telle que

$$ABC + EFG - CDE - HRR' = o:$$

ce qui donne $72 - 108 + 118 = HRR' = 82.$

Nous aurons donc cette proportion,

$$HIK = 119 : HRr = 82 :: \overline{HK}^2 = \overline{13,4}^2 : \overline{HR}^2 = \overline{13,4}^2 \times \tfrac{82}{119}$$

donc $\overline{HR}^2 = \overline{13,4}^2 \times 0,689,$ d'où $Hr = 12,37.$

Par conséquent

$$AR = AH + HR = 125,6 + 12,37 = 137,97.$$

Prenons la somme des moments par rapport à RR′, elle sera

$$R b = RA - Ab = 137,97 - 16,3 = 121,67 \dots \times + \ 72 = \quad 8760,24$$
$$R d = RA - Ad = 137,97 - 59 \ = \ 78,97 \dots \times - 108 = \qquad\qquad -8528,76$$
$$R f = RA - Af = 137,97 - 94 \ = \ 43,97 \dots \times + 118 = \quad 5188,46$$
$$\tfrac{1}{2}rH = \qquad\qquad = \quad 4,12 \dots \times - \ 82 = \qquad\qquad -\ 337,84$$

Sommes positives et négatives $= 13948,70 - 8866,60.$

Ce qui donne, en résultat définitif, 5082,10.

Ici, comme pour le plan mené par la verticale Pp, les tranches infiniment voisines du plan par rapport auquel se prennent les moments, ont un poids inférieur à la répulsion de l'eau qu'elles déplacent. Donc le moment de ces tranches agit en sens contraire du moment total. Ainsi la somme + 5082,10 est un *maximum* de moments.

Il est évident qu'aux extrémités A et O, la somme des moments étant nulle, est un *minimum*. Voici donc, enfin, quelle est la série des valeurs *minima* et *maxima* des moments qui tendent à faire arquer le vaisseau que nous avons pris pour exemple de nos calculs.

à zéro, en A.	à 60,85=Ap.	à 88,53 =Aq.	à 137,97 = Ar	à 176 = AO.	
Minimum	*Maximum*	*Minimum*	*Maximum*	*Minimum*	V°. MÉMOIRE.
‖	‖	‖	‖	‖	Tableau complet des moments *ma-*
o	2,910	2,243,16	5082,10	o	*xima* et *minima*.

Le docteur Young ayant calculé les moments, de 22 pieds
en 22 pieds, depuis l'arrière jusqu'à l'avant, a trouvé les résultats suivants :

à zéro	à 22 pi.	à 44 pi.	à 66 pi.	à 88 pi.	à 110 pi.	à 132 pi.	à 154 pi.	à176p.	
‖	‖	‖	‖	‖	‖	‖	‖	‖	Tableau des mo-ments calculés par
o	605,000	1993,000	2815,000	2244,000	2665,000	4610,000	1875,000	. o	le docteur Young.

Si nous comparons nos résultats avec ceux-ci, nous voyons
d'abord que, à 88 pieds, la somme des moments indiqués par
le docteur Young est plus forte que celle qui nous donne, à
88^{pi},53, le *minimum* des moments; ce qui doit être en effet.

La valeur que nous avons trouvée pour les deux *maximum*,
est pareillement plus considérable que les valeurs qui les
avoisinent.

Le docteur Young, en calculant la valeur d'un seul *maximum* (du dernier), trouve qu'il a lieu par rapport au plan
qui est à 141 pieds $\frac{1}{3}$ de l'arrière de la flottaison. Cette valeur
est plus forte que la nôtre, et la différence ne peut provenir
que d'une erreur de calcul.

Effectivement, si nous déterminons la somme des moments,
à 141 pieds $\frac{1}{3}$ de l'arrière de la flottaison, nous trouvons pour
résultat 4920,3; tandis que le docteur Young trouve 5261 tonneaux supposés agir à la distance d'un pied.

Afin de nous conformer aux hypothèses de ce savant, nous
avons admis qu'aux deux extrémités de la flottaison, les moments fussent nuls pour faire arquer le navire : hypothèse qui
serait vraie, si les œuvres mortes du vaisseau n'avaient pas un
élancement à la proue, et une quête à la pouppe. Ces parties

tendent à s'affaisser par l'effet de leur poids. Par conséquent l'arc des vaisseaux n'est pas nul aux deux extrémités de leur flottaison; il est seulement beaucoup moindre que dans les parties intermédiaires.

Observations sur la distribution des poids, tirée de l'arrimage des vaisseaux de M. Missiessy.

J'aurais cherché à faire l'application de cette théorie au vaisseau français de 74, si les résultats offerts par M. Missiessy, dans son *Traité de l'arrimage*, eussent été de nature à se soumettre au calcul. Ce général présente, pour résultats définitifs du balancement des poids:

DÉSIGNATIONS.	ARRIÈRE.				AVANT.			
	4ᵉ.	3ᵉ.	2ᵉ.	1ᵉʳ.	1ᵉʳ.	2ᵉ.	3ᵉ.	4ᵉ.
Excès du poids sur le déplacement.	ᵀ60,1028	. . . .	. . . .	ᵀ39,1431	ᵀ26,401	. . . .	. . . .	ᵀ57,1188
Excès du déplacement sur le poids.	. . . .	ᵀ31,1036	ᵀ7,239	. . . .	. . . .	ᵀ39,1849	ᵀ60,384	

Si l'on adoptait ces données, la charge serait de 184ᵀ,48 ᶫⁱᵛ·, plus forte que le déplacement d'une part, et plus faible de 138ᵀ,1508 ᶫⁱᵛ· de l'autre. Il est impossible que de telles différences aient lieu, dans un état d'équilibre pour lequel la somme des poids égale toujours la somme des déplacements.

Cependant, à moins de supposer que les calculs de M. Missiessy diffèrent extrêmement de notre arrimage actuel, ce qui n'est pas, on doit voir que le point où les moments qui tendent à produire l'arc exercent leur *maximum* d'action, est dans la troisième tranche : à l'avant, et fort près de la seconde tranche.

Du point le plus faible dans la longueur de nos vaisseaux.

Si l'on réfléchit que, vers ce point, le gaillard d'avant commence, et les passavants finissent, on verra que ce doit être dans cette partie que la coque du navire, par sa forme et par

sa structure, présente la moindre résistance à l'arc; et, par conséquent, se courbe davantage. C'est donc ce point qu'il faut
fortifier par tous les moyens de l'art; soit en augmentant la
solidité de la coque en cette partie, soit en y accumulant une
plus grande quantité de poids.

Nous arrivons, par conséquent, à ce résultat bien remar- Conséquence remarquable et qui semble paradoxal : pour rendre l'arc plus uni- quable.
forme, et pour en diminuer la courbure totale, il est avantageux de ramener dans la position intermédiaire entre le maître
couple et l'étrave, non-seulement les poids qui sont le plus
vers l'avant, mais une partie de ceux qui sont voisins du
maître couple.

Examinons, à présent, l'effet général des mouvements qui Examen des défor-
sollicitent les deux extrémités du navire à s'abaisser. Cette mations longitudi-
déformation peut s'opérer 1°. par le raccourcissement de la résultat de son élas-
quille et des parties inférieures du vaisseau; 2°. par l'allonge- ticité.
ment des parties supérieures.

Dans chaque tranche verticale, la somme des résistances produites par cet allongement et par ce raccourcissement, aura
pour expression mathématique, les moments que nous avons
évalués. Il y faudra joindre encore une autre action qu'on a
coutume de négliger comme trop peu sensible : c'est la pression horizontale et longitudinale de l'eau. Cette pression qui
tend à raccourcir la quille et les parties inférieures du vaisseau,
tend, par cela même, à rendre l'arc plus considérable : c'est
ce qu'a parfaitement fait voir le docteur Young.

Puisque, par l'effet de l'arc, les parties longitudinales du
bâtiment s'allongent d'autant plus qu'elles sont plus élevées,
et se raccourcissent d'autant plus qu'elles sont plus basses, on
doit en conclure qu'à une certaine hauteur elles ne sont ni raccourcies ni allongées.

Il faudrait des calculs immenses et des expériences nombreuses pour déterminer, dans chaque tranche verticale, la
position de ces points où les parties longitudinales restent d'une
longueur constante, malgré la courbure que prend le vaisseau.
Mais, sans entreprendre un pareil travail, il est facile d'avoir
des limites suffisamment approchées de la vérité.

Il me semble que le plan de flottaison est à peu près celui
qui contient les parties invariables dans leur longueur, malgré
l'effet de l'arc. Si d'une part, en effet, nous supposons que la
carène entière est refoulée, tandis que l'œuvre morte est tirée
pour s'étendre, ces forces se balanceront sensiblement.

Quelques observations bien faites, avant et après le lance-
ment et l'armement des vaisseaux, donneraient à ce sujet de
très-grandes lumières. Quoi qu'il en soit, on voit que la force
des matériaux de la coque vers la flottaison, pour résister soit
à l'allongement, soit au racourcissement, sont d'un effet presque nul sur l'arc des navires. Tandis qu'il importe infiniment d'employer, vers la quille et vers le plat-bord, des matières telles que les unes résistent beaucoup au raccourcissement, les autres beaucoup à l'allongement.

Réfutation d'une
opinion erronée
sur l'élasticité
des vaisseaux. Nous pouvons, maintenant, refuter une opinion de M. Seppings, qui nous paraît erronée. Commençons par citer l'auteur.

« Jusqu'ici l'on a généralement admis l'opinion que la roi-
deur ou l'inflexibilité d'un navire n'est pas ce qui fait sa force;
mais que la contractibilité et l'extensibilité de sa charpente
sont des qualités essentielles pour l'empêcher d'être détruit
par les chocs qu'il doit supporter.

» Cette fausse conception est le résultat d'une idée également
inexacte. C'est de regarder le navire comme un corps élastique, parce que les matériaux qui le composent ont un
grand degré d'élasticité. Mais, il faut observer que cette élas-

licité des matériaux ne doit pas être considérable, attendu que *jusqu'au moindre degré d'élasticité* de chaque pièce, est né-cessairement neutralisé dans le bâtiment, par la variété des directions et des tensions qu'éprouvent les nombreuses parties dont il se compose. Ainsi le navire, quelle que soit sa construc-tion, ou relâchée, ou solide, *n'est élastique dans aucun cas.* »

Si, par les combinaisons de la structure d'un navire, les ma- Les vaisseaux sont nécessairement élastiques. tériaux perdaient la faculté de résister à l'allongement et au raccourcissement, à coup sûr le vaisseau n'aurait pas d'é-lasticité. Mais la propriété d'être élastiques est inhérente aux matériaux qu'on emploie. Ces matériaux présentent en tous sens deux résistances, quoique avec plus ou moins d'intensité. Il en résulte que, dans les efforts exercés sur le navire, suivant une direction quelconque, les parties sollicitées à l'allonge-ment doivent en effet s'allonger, tandis que les parties sollici-tées au raccourcissement doivent se raccourcir.

Lorsque cette action vient à cesser, les forces d'élasticité des pièces de bois, de fer, ou de cuivre, qui sont allongées, et de celles qui sont raccourcies; ces forces, dis-je, agissent pour restituer à ces pièces leurs dimensions primitives. Le vaisseau se trouve sollicité par un système général de puissances dirigées en sens contraire de celles qui l'avaient momentanément dé-formé. Ces nouvelles puissances ont leur effet comme l'ont eu les premières, et le bâtiment revient vers sa forme primitive.

Si les matériaux dont est composé le navire étaient assemblés Infériorité de la réaction. de manière à former comme un seul corps homogène, et s'ils avaient une élasticité parfaite, ils exerceraient une réaction égale à l'action. Ils reprendraient leurs dimensions primitives, aussitôt que la cause perturbatrice aurait cessé d'agir.

Mais ces matériaux ne sauraient être assemblés de manière à présenter dans toutes leurs parties, l'adhérence et la conti-

37

290 APPLICATIONS DE GÉOMÉTRIE ET DE MÉCHANIQUE.

V°. MÉMOIRE. nuité d'un corps unique; ils sont loin d'avoir l'élasticité mathématique dont nous parlons. C'est pourquoi le vaisseau dont ils sont les éléments, ne reprend qu'une partie de sa forme primitive, après l'action des puissances déformatrices. Cependant il n'en faut pas moins considérer le bâtiment-même comme un corps dont l'élasticité, imparfaite sans doute, est encore très-réelle et très-efficace.

Sensibilité de l'arc des vaisseaux, aux poids variés dont on les charge. En cela l'expérience se montre d'accord avec la théorie. Si l'on change la distribution des poids qui chargent le navire, si l'on ajoute d'autres poids ou si l'on supprime quelques-uns des premiers, les variations que ces dérangements amènent dans la valeur des moments qui font arquer le vaisseau, produisent aussi des variations très-sensibles sur cette déformation.

Variations de cet arc, dans un mâtage; J'ai relevé l'arc d'un vaisseau, d'abord, quand il était encore démâté; ensuite, lorsqu'on eut placé son grand mât; enfin, après qu'on eut placé son mât de misaine, puis son beaupré, puis son mât d'artimon. Le poids du grand mât diminua la flèche de cet arc; mais les autres mâts, placés ou vers la poupe ou vers la proue, augmentèrent cette flèche. Or, ici, l'effet des derniers mâts résulte de la flexibilité longitudinale du vaisseau, tandis que l'effet produit par le grand mât résulte de la réaction de l'élasticité.

Dans une entrée au bassin de Toulon. J'ai fait des observations d'un genre analogue sur le vaisseau à trois ponts l'*Austerlitz*, au moment de son entrée dans le bassin de Toulon. Un bâtiment du premier rang tire trop d'eau vers son arrière pour qu'on puisse, sans l'émerger, l'introduire dans ce bassin. En conséquence, on soulève la poupe, au moyen d'un ponton rempli d'eau, qu'on fixe, dans cet état, à l'arrière du vaisseau. Lorsqu'on pompe l'eau du ponton, il s'allégit, et soulève l'arrière du bâtiment. Cette action équivaut à supprimer une partie du poids de la poupe; et,

par conséquent à diminuer, les moments qui tendent à produire
l'arc : aussi l'arc diminue-t-il d'une quantité très-notable, durant cette opération.

Ve. MEMOIRE

On a cru long-temps que la courbure considérable que prennent les vaisseaux lorsqu'on les lance, provenait des efforts
violents qu'ils avaient à supporter au moment de leur mise à
l'eau, en descendant sur une calle rapide. Cela est vrai lorsque
cette calle ne se prolonge pas assez au-dessous du niveau
de la mer, pour que le navire se mette de lui-même à flot,
avant de quitter cette calle. Dans tout autre cas, la grandeur
de l'arc n'est due qu'à l'extrême différence qui se trouve entre
la distribution des poids, et des déplacements qui correspondent à ces poids.

L'arc du vaisseau lé-
ge ne provient pas
seulement de sa mi-
se à l'eau.

En effet, dans l'armement des vaisseaux, les tranches suivant
lesquelles on conçoit leur longueur divisée, augmentent toutes
de poids en même temps, mais beaucoup plus vers le milieu
que vers les extrémités. A mesure que ce chargement avance,
le déplacement des tranches extrêmes croît d'une quantité qui
se rapproche de l'augmentation éprouvée par le déplacement
des tranches du milieu. La différence entre les poids et les
déplacements, diminue donc de plus en plus vers les extrémités ; les moments diminuent dans un même rapport.

Effets avantageux de
l'armement.

Il faut, par conséquent, poser en principe que, dans le système d'armement de nos vaisseaux, leur arc est un *maximum*
lorsqu'ils sont léges, et un *minimum* lorsqu'ils sont complétement armés.

Parallèle des arcs des
vaisseaux armés et
léges.

C'est pour diminuer la valeur *maximum*, qu'on a soin de
lester beaucoup le navire vers le milieu de sa longueur, avant
de le mettre à la mer, et tant qu'il reste lége.

Les perfectionnements introduits depuis quelques années
dans l'arrimage des vaisseaux, ont surtout eu pour but de di-

Vᵉ. MÉMOIRE.

minuer la valeur *minimum* de l'arc; c'est-à-dire, celle qui a lieu lorsque le bâtiment est armé et prêt à faire voile.

Parallèle des arcs des vaisseaux qui consomment graduellement leurs munitions.

Dès qu'un navire a complété son armement, sa charge diminue par degrés, au moyen des consommations journalières. Alors les moments qui tendent à produire l'arc, varient tous les jours : cette courbure elle-même varie avec ces moments.

Une des améliorations les plus sensibles de l'arrimage, est d'avoir placé vers les extrémités, la majeure partie des objets consommables et dont le poids ne peut être remplacé pendant le cours de la navigation. Par ce moyen, les moments diminuent, au lieu d'augmenter, lorsque le vaisseau s'allégit.

Ainsi, dans le système actuel de notre arrimage, les forces qui tendent à produire l'arc sont à leur *maximum*, lorsque le chargement est complet : si l'on compare ces moments avec ceux qui résultent des consommations journalières d'approvisionnements de toute espèce.

Question importante. Quels sont les effets de l'arc sur toutes les qualités du vaisseau ?

Ici se présentent plusieurs questions importantes, et dont on n'a pas encore tenté de faire un examen approfondi. Quel est l'effet général de l'arc des vaisseaux, sur leurs qualités à la mer? L'arc est-il avantageux ou nuisible? Doit-on chercher à le diminuer ou à l'augmenter? Doit-on le laisser tel qu'il résultera de la nature des matériaux employés, et de la perfection ou de l'imperfection de la structure et de la construction? Essayons de répandre quelque jour sur des recherches qui nous semblent du plus haut intérêt pour le perfectionnement de l'architecture navale.

1°. Sur sa solidité.

Ainsi que nous l'avons vu par ce qui précède, lorsque le navire est en repos, sa partie inférieure n'en éprouve pas moins une contraction, et sa partie supérieure une extension. L'effet de ces changements est, 1°. d'allonger ou de raccourcir les fibres du bois, 2°. de détruire les assemblages de la charpente;

3°. de plier ou de briser les clous et les chevilles qui lient les pièces en contact.

A mesure que les moments des forces déformatrices augmentent, ces effets augmentent pareillement. Mais, ensuite, ils ne diminuent pas dans le même rapport, quand ces moments diminuent; parce que les déformations dont nous venons d'indiquer l'existence, sont produites sur des corps imparfaitement élastiques.

Ce qui arrive lorsque l'arc d'un vaisseau croit et décroit alternativement.

Ainsi, lorsque l'arc diminue, les clous et les chevilles se redressent, mais trop peu ; les assemblages disjoints ne se rejoignent qu'en partie ; enfin, les fibres allongées ne se retirent pas assez, et les fibres foulées ne reprennent point leur longueur primitive.

Il n'y a donc pas connexion intime entre les éléments de l'édifice. Un tel défaut de connexion produit des effets d'une énergie extraordinaire sur la charpente des vaisseaux.

La déliaison de ces éléments permet à chacun d'eux, de prendre un mouvement libre, plus ou moins considérable, par rapport à ceux auxquels il était, dans l'origine, invariablement uni. L'ensemble de ces petits mouvements est ce qu'on appelle le *jeu* de la charpente.

Définition du jeu de la charpente des vaisseaux.

Supposons qu'un édifice, ayant du *jeu* dans ses diverses parties, soit sollicité par des puissanes déformatrices quelconques ; elles auront pour premier effet, de déplacer les éléments de cet édifice, suivant les directions qu'ils peuvent prendre en vertu de leur *jeu*. Ces éléments n'opposent à ce premier déplacement que la résistance de leur inertie. Jusqu'alors la quantité de forces vives dont le système est animé, n'est en rien diminuée.

Des déformations libres, permises par ce jeu.

Mais chaque élément, lorsqu'il éprouve de la sorte un déplacement libre, acquiert une certaine vitesse. Dès qu'il

Des chocs qui en résultent.

éprouve la résistance efficace des autres parties du système, cette vitesse produit un choc.

Alors, ce n'est plus par une simple pression que les éléments de l'édifice agissent les uns sur les autres, pour s'allonger ou se raccourcir. Le choc augmente prodigieusement l'énergie de la force perturbatrice. C'est pourquoi, toutes choses égales d'ailleurs, et les puissances déformatrices restant les mêmes, le jeu des pièces doit sans cesse augmenter pour produire des effets de plus en plus dangereux.

Les chocs dont nous parlons sont imprimés par une vitesse pour ainsi dire insensible, lorsqu'ils résultent de variations lentes, opérées dans le chargement du vaisseau; mais ils sont violents et rapides, dans les perturbations produites par les forces de la nature.

Il ne faut pas appliquer, à la structure d'un vaisseau, les idées qu'on pourrait se former de la structure d'un édifice établi sur un sol immuable, et sans qu'aucune puissance déformatrice vienne ajouter son action à celle de la pesanteur des éléments de ce même édifice. Il faut surtout considérer le vaisseau, lorsqu'il flotte sur une mer plus ou moins agitée, lorsqu'il est battu par des vents plus ou moins forts, plus ou moins constants, plus ou moins brusques.

Alors on reconnaît que les moments qui tendent à produire l'arc du vaisseau varient, pour ainsi dire, à chaque instant : ils deviennent même, vers la pouppe et vers la proue, alternativement positifs ou négatifs. Il faut donc regarder un vaisseau battu par la mer et les vents, comme une espèce de reptile qui, nageant à la superficie d'une mer ondulée, se courbe et se recourbe sans cesse, dans le plan vertical de sa route; et s'avance, en formant de la sorte une ligne sinueuse.

Lors même qu'on regarderait l'élasticité des bois comme une force que le temps ne peut point altérer, ce qui n'est pas, il est facile de voir qu'en divisant la durée des navires par intervalles égaux, le jeu de leur charpente, et par conséquent l'arc qui en résulte, doit croître suivant une marche accélérée. Ainsi, toutes choses égales d'ailleurs, l'arc des vaisseaux augmente plus à leur seconde campagne qu'à leur première, plus à leur troisième qu'à leur seconde, et ainsi de suite. C'est aussi ce que confirme l'expérience. Une première campagne n'augmentera pas l'arc d'un bon bâtiment, de plus de 3 ou 4 centimètres. L'arc s'accroîtra de 10 ou de 15 à la quatrième ou à la cinquième campagne ; et, souvent, cette seule augmentation du jeu de la charpente d'un vaisseau, nécessitera d'en faire un grand radoub.

V^e. MÉMOIRE.
De plus en plus grands, même avec des forces pertubatrices constantes.

D'après ces détails, on doit voir que la durée des bâtiments, toutes choses égales d'ailleurs, est directement proportionnelle à leur inflexibilité virtuelle ou primitive. Or, cette inflexibilité est en raison inverse de la flèche de l'arc longitudinal. La durée des vaisseaux, considérée sous ce point de vue, est, comme on voit, en raison inverse de l'arc qu'ils prennent au moment de leur mise à l'eau : leur construction étant totalement finie, ou du moins également avancée.

Que la durée des vaisseaux est en raison inverse de leur arc primitif.

Aussi les ingénieurs regardent-ils comme un indice de la faiblesse de leurs constructions, la grandeur de l'arc, au moment de la mise à l'eau. J'en ai vu plusieurs cacher ce véritable arc, et le déclarer plus petit qu'il n'était réellement. Mais un semblable charlatanisme est indigne d'un corps aussi éclairé que celui du Génie Maritime. Ajoutons que des erreurs de fait, ainsi présentées d'une manière positive, doivent conduire à des conséquences pareillement erronées, et tout-à-fait contraires aux progrès de l'architecture navale.

Ce résultat est conforme aux opinions reçues.

V^e. MÉMOIRE.
Opinion favorable à
la flexibilité qui
fait arquer les vais-
seaux.

Tout en convenant que la flexibilité virtuelle des vaisseaux est contraire à leur durée, beaucoup de marins ont pensé qu'elle leur procurait certaines qualités, et spécialement une plus grande vélocité. C'est dans cette persuasion qu'on a vu des capitaines, chassés par un ennemi supérieur, essayer tous les moyens possibles pour délier leur navire, dans l'espoir de lui procurer une marche plus avantageuse. Comme ils employaient ces moyens, en même temps qu'ils jetaient à la mer les poids les plus élevés dont ils pouvaient se débarrasser, la stabilité se trouvait augmentée plutôt que diminuée, malgré l'émergement. Ces capitaines pouvaient ainsi, dans un gros temps, conserver toute leur voilure, et même l'augmenter pour forcer de marche. Par la réunion de ces diverses causes, leur navire pouvait acquérir des qualités nouvelles et prendre une plus grande vitesse, sans qu'on fût en droit de conclure qu'un tel accroissement de vélocité fût produit par *la déliaison* du vaisseau.

Faits qui semblent
appuyer cette opi-
nion.

D'autres faits, cependant, semblent venir à l'appui de cette conclusion. On a vu des bâtiments dont la marche était très-médiocre dans leurs premières navigations, en acquérir une supérieure lorsqu'ils devenaient considérablement arqués.

Il faut observer au sujet de ces exceptions, qu'à chaque nouvelle campagne, un nouveau capitaine faisait un arrimage qui souvent n'avait plus aucune similitude avec l'arrimage primitif; souvent aussi le nouveau capitaine cherchait à varier la différence des tirants d'eau. Ces causes diverses ont pu donner à d'anciens vaisseaux des qualités inespérées.

Faits contraires.

Si l'on cite quelques bâtiments dont la marche est devenue moins désavantageuse, à mesure qu'ils ont vieilli, disons aussi que le plus grand nombre des navires perdent au contraire, avec le temps, une partie sensible de leur vélocité.

Il nous semble possible d'expliquer ces contradictions; au lieu d'en nier la réalité, comme l'a fait Bouguer, dans son *Traité du navire*.

Les anciens vaisseaux sur lesquels on a remarqué cette augmentation graduelle de vélocité, ayant leurs plans conçus d'après les principes adoptés alors, présentaient en général une proue beaucoup trop fine. Cette proue devait donc s'enfoncer beaucoup, en s'avançant à travers la lame; et s'émerger d'autant, aussitôt que cette lame était passée. Ainsi les tangages étaient plus étendus, à chaque rechute de la proue qui, par son enfoncement considérable dans le fluide, faisait éprouver une plus grande retardation dans la vitesse progressive. C'est pourquoi le vaisseau ne pouvait pas, dès le principe, avoir une marche excellente. Mais, par l'effet de l'arc, le déplacement diminue vers le maître couple, tandis qu'il augmente vers les extrémités. La proue, trop exiguë d'abord, augmentait donc peu à peu de capacité. Les défauts du bâtiment qui tenaient à cette exiguité, devaient progressivement diminuer, et la vélocité s'accroître.

Au contraire, lorsque la proue a déjà tout le volume qui convient à la navigation la plus avantageuse, l'effet de l'arc étant d'augmenter encore ce volume, doit le rendre trop considérable; alors la marche est nécessairement diminuée.

De là résulte cette conséquence singulière et remarquable : *l'arc peut être favorable à des vaisseaux dont les formes sont mauvaises, il est toujours contraire aux bons navires.* Aussi, maintenant que l'architecture navale a fait des progrès sensibles, on ne peut plus citer de ces bâtiments dont la marche devient supérieure avec le temps, par l'effet de leur déformation.

Il faut bien se garder de croire que l'augmentation du volume des extrémités de la carène, produite par l'arc, soit une quantité toujours peu considérable. Pour un arc d'un demi-

38

mètre, par exemple (et l'on a vu des vaisseaux naviguer avec un arc plus considérable encore), le volume de la proue augmente *de plus de* 100 *tonneaux*; il en est de même du volume de la pouppe, et le volume de la carène vers le maître couple diminue d'autant. On voit qu'une pareille augmentation équivaut à un renflement considérable de ces extrémités.

Les tranches qui s'élèvent par l'effet de l'arc sont celles du milieu. Elles s'élèvent beaucoup moins que ne s'abaissent les extrémités qui sont plus chargées sur les hauts, à cause de la tonture générale des ponts, à cause de l'exhaussement des gaillards et de la dunette, etc. Il en résulte que l'effet de l'arc est d'accroître la stabilité. Cet effet présentait encore un grand avantage pour les anciens vaisseaux, qui généralement n'étaient pas assez stables.

Les bâtiments ayant alors une excessive tonture, pouvaient en perdre beaucoup par la courbure de l'arc dirigée en sens contraire, avant que leur batterie fût noyée vers l'avant ou vers l'arrière. Il était donc très-utile que l'arc diminuât cette tonture, et fît émerger la batterie vers le maître couple où la hauteur des sabords, au-dessus de la flottaison, n'était pas suffisante.

A présent, considérons le vaisseau par rapport à ses lignes d'eau. Nous verrons que ces lignes, assez peu changées par l'arc, vers la surface de la mer, le sont beaucoup plus vers les parties inférieures de la carène. La différence est telle, que si l'arc surpassait le quart de la différence de tirant d'eau, ce qui n'est pas rare, la ligne d'eau tangente au-dessus de la quille, aurait la forme d'un ∞ allongé. Elle serait plus large à l'avant et à l'arrière qu'au milieu. Or une telle forme ne peut être favorable à la marche du bâtiment.

Plus les lignes d'eau sont parfaites, plus la marche sera

troublée par cette déformation ; plus, par conséquent, l'arc aura des effets pernicieux. C'est la conséquence à laquelle nous étions déjà parvenus, par des considérations tirées des effets du tangage.

Après avoir déterminé l'influence directe de l'arc, sur la marche progressive des vaisseaux, il faut examiner son influence sur leur marche latérale, c'est-à-dire, sur leur *dérive*.

Si nous concevons le vaisseau coupé par tranches parallèles au maître couple, les tranches du centre étant émergées par l'effet de l'eau, leur résistance à la dérive diminue. Au contraire, les tranches de la poupe et de la proue s'immergeant, leur résistance à la dérive est accrue. Ainsi la résistance à la dérive, au lieu d'être augmentée le plus possible vers le centre, est au contraire accumulée vers les extrémités, par l'effet de l'arc.

Donc *l'arc des vaisseaux a pour effet immédiat, de rendre leurs évolutions plus difficiles et plus lentes.*

Sans doute, l'arc augmentant le tirant d'eau vers l'avant et vers l'arrière, aux dépens du tirant d'eau du milieu, la partie du gouvernail plongée dans le fluide, augmente de surface et peut balancer en partie cet effet pernicieux. Mais il résulte de là, que pour opérer la même évolution, il faut faire d'autant plus de force sur la roue du gouvernail, que l'arc devient plus considérable. Ainsi le gouvernail et les timoniers seront d'autant plus fatigués que le vaisseau sera plus arqué.

Encore une autre observation : la partie émergée par l'effet de l'arc auprès du maître couple, étant sensiblement verticale et parallèle à la quille, avait la plus grande efficacité possible pour résister à la dérive. Mais les parties immergées vers la poupe et vers la proue, formant un angle de plus en plus aigu, avec la direction latérale, s'opposent beaucoup moins à la dérive. De là nous concluons qu'un second effet de l'arc est de diminuer la résistance totale à la dérive.

Présentons, maintenant, dans leur ensemble, les divers résultats auxquels nous venons de parvenir.

Résumé général des effets de l'arc sur les qualités des vaisseaux.

1°. Tous les vaisseaux ont de l'arc.

2°. L'arc est à son *maximum* dans un vaisseau lège, comparativement au même vaisseau complétement armé.

3°. L'arc d'un bâtiment de guerre armé complétement, est à son *maximum*, par rapport aux variations de courbure longitudinale, qui résultent des consommations journalières.

4°. La forme de l'arc varie, ainsi que son amplitude, suivant la distribution des poids qui composent l'armement.

5°. Le point de la plus grande courbure, ou le sommet de l'arc, correspond entre les deux gaillards par le travers des passe-avants : beaucoup plus près de la proue qu'on ne le suppose ordinairement.

6°. La durée des vaisseaux, toutes choses égales d'ailleurs, est en raison inverse de leur arc primitif.

7°. L'arc augmente beaucoup les capacités de la carène, vers la poupe et vers la proue, aux dépens des capacités du milieu.

8°. Il augmente un peu la stabilité.

9°. Il ne peut être favorable qu'à de mauvais vaisseaux.

10°. Dans les autres navires, il diminue la marche directe.

11°. Dans tous, il diminue la résistance latérale qui s'oppose à la dérive.

12°. Dans tous, il augmente la difficulté d'évoluer : particulièrement avec les voiles.

13°. L'arc augmentant les capacités de la poupe et de la proue, aux dépens des capacités du milieu, diminue l'énergie des forces qui tendent à faire croître de plus en plus cet arc.

Mais la diminution d'élasticité, dont cet arc est le signe visible, fait que le navire n'en est pas, pour cela, plus susceptible de résister à des efforts devenus moins énergiques. C'est ce que démontre l'expérience. En effet, durant une suite de temps égaux et dans les mêmes circonstances, l'accroissement de l'arc procède par degrés de plus en plus grands : jusqu'à un certain terme où l'on ne pourrait plus se servir du vaisseau, tant il serait cassé.

D'après les principes que nous venons d'établir, il est évident que les vaisseaux modernes perdent nécessairement de leurs qualités, en prenant de l'arc. Ainsi, tout moyen qui pourra tendre à diminuer cette courbure, sera pour ces vaisseaux un véritable perfectionnement, ou du moins, un préservatif de dégénération. Voyons donc si le système de M. Seppings est plus propre que le système actuel, à préserver les vaisseaux du danger de prendre un arc trop considérable.

Dès le commencement de ce Mémoire, nous avons rapporté l'expérience fondamentale sur laquelle cet ingénieur a fondé tout son système. Il faut avouer que cette expérience n'est pas présentée d'une manière assez concluante. M. Seppings aurait dû considérer une charpente massive et continue comme celle des vaisseaux; tandis qu'il se borne à comparer les forces de deux assemblages à claires voies, l'un composé de pièces parallèles qui forment des parallélogrammes (fig. 1), l'autre (fig. 2), composé de pièces obliques qui forment une suite de triangles.

Pour obtenir de l'expérience une conviction pleine et entière, il conviendrait de faire l'épreuve suivante, aussi simple que peu dispendieuse.

On exécuterait, sur une échelle de dix ou neuf pour cent, deux murailles droites ayant un échantillon proportionnel à

Vᵉ. MÉMOIRE.

Les vaisseaux modernes sont au nombre de ceux qui gagnent à n'être pas arqués.

Influence du système de M. Seppings sur l'arc longitudinal. Fig. 1 et 2. Pl. XVII.

Expérience que je proposerais de faire, si elle était jugée nécessaire.

celui des vaisseaux. Si l'on adoptait l'échelle de dix pour cent,
il suffirait de donner 6 mètres de long sur 1 mètre de haut,
à ces murailles qu'on percerait de deux rangées de sabords,
dans leur partie supérieure. On ferait l'une suivant le système
ordinaire de membrure, de vaigrage et de bordage. On ferait
l'autre suivant le système de M. Seppings, avec des porques
obliques au-dessous des batteries, et des traverses obliques
entre les sabords.

Pour mesurer, avec une grande exactitude, l'arc pris par
ces deux murailles tenues verticalement et chargées du même
poids, on fixerait aux quatre angles de la muraille, des pro-
longes de 3 mètres seulement. Cela donnerait une longueur
totale de 12 mètres, et produirait des flèches beaucoup plus
grandes que si l'on n'eût pas allongé les deux murailles.

Dans le Mémoire approuvé par l'Institut, où j'ai présenté
mes expériences sur la flexibilité des bois (*), j'ai démontré que
les systèmes de charpente composés de pièces d'un échantillon
proportionnel, et portant des charges proportionnelles à leur
propre poids, doivent prendre des arcs *dont le rayon de courbure soit constamment le même.*

On sait que les flèches des arcs très-peu courbés, sont entre
elles comme les quarrés des cordes de ces arcs. Mais la corde de
l'arc pris par le modèle, est le dixième de la corde du vaisseau
même. Donc, les flèches des arcs pris par les modèles seront,
pour une même courbure, cent fois plus petites que la flèche
du vaisseau. Maintenant si nous chargeons nos deux murailles modèles, dix fois plus que la réaction de l'eau ne tend
à courber le vaisseau, proportionnellement, la flèche de l'arc
sera rendue dix fois plus considérable. Mais, en doublant la

(*) Voyez *Journal de l'École Polytechnique*, 17ᵉ. cahier, tome X.

longueur proportionnelle de la muraille, la flèche de l'arc est rendue huit fois plus grande; puis, en accumulant la charge au milieu, cette flèche est accrue dans le rapport de 5 : 8. Par là les flèches des courbures qui seront prises par les murailles modèles, seraient aux flèches de l'arc du vaisseau même, comme $\frac{10 \times 8 \times 8}{5}$: 1, ou comme 128 : 1. Ainsi le modèle éprouve une courbure cent vingt-huit fois plus considérable que le vaisseau. Donc, enfin, les flèches des modèles seront les $\frac{128}{100}$ de celles des vaisseaux que ces modèles représenteront.

Pour faire cette expérience d'une manière plus concluante, il vaudrait mieux, selon moi, donner aux murailles-modèles une longueur simplement égale au dixième de la longueur du vaisseau. On chargerait successivement cette muraille avec des poids, 1, 2, 3,..... 10 fois aussi grands que la puissance qui tend à produire l'arc. Alors, suivant ces diverses charges, la flèche de l'arc de chaque muraille-modèle serait 0,01 ; 0,02 ; 0,03..... 0,1 de l'arc du vaisseau, multiplié par $\frac{8}{5}$.

On obtiendrait, par ce moyen, des flèches assez grandes pour être mesurées et comparées avec une grande précision.

Voici pourquoi nous cherchons, dans ces projets d'expériences, à produire des flexions qui soient jusqu'à quinze fois aussi grandes que celles du vaisseau; c'est parce que, plus les flexions sont grandes, plus il est facile de découvrir les anomalies qu'elles présentent dans leur accroissement progressif.

Au reste, la pratique même des arts nous fournit un assez La pratique des arts grand nombre d'expériences irrécusables, pour n'avoir pas be- nous offre, en grand, de semblables ex- soin de recourir à de nouveaux essais, avant de nous former périences : portes une opinion sur le résultat de celles dont nous donnons l'idée. d'écluses. Les portes d'écluse, par exemple, sont assemblées suivant un système parfaitement comparable à celui que M. Seppings a renouvelé. Des madriers jointifs forment un premier plan de bordages ; un encadrement à pièces parallèles représente la membrure : enfin les traverses diagonales qui croisent ces pièces parallèles, représentent les traverses et les porques obliques.

Si nos ingénieurs des Ponts et chaussées trouvaient quelque imperfection, quelque défaut de solidité dans ce système, ils ne manqueraient pas de lui substituer un système analogue à celui de notre membrure simplement bordée et vaigrée ; mais c'est, au contraire, parce qu'ils regardent ce dernier système comme le moins avantageux, qu'ils lui refusent la préférence.

Influence des porques obliques.

Il est essentiel de remarquer que les porques obliques et leurs traverses, ne permettent pas plus au vaisseau de s'allonger que de se raccourcir ; puisque des pièces transversales sont dirigées suivant les deux diagonales des parallélogrammes dont est tapissée la surface de la cale.

Influence du vaigrage supprimé.

Remarquons aussi que le vaigrage supprimé ne servait que fort peu, pour empêcher l'arc du vaisseau. Car la force de redressement des vaigres tend elle-même à produire cet arc. Le vaigrage du petit fond ne s'oppose donc qu'au raccourcissement de la quille. Or le remplissage des mailles, ainsi que nous le dirons bientôt, produit ce résultat avec bien plus d'efficacité.

Influence des porques ordinaires.

Nous ne parlons pas des porques ordinaires, parce qu'étant perpendiculaires à la direction de l'arc, elles ne servent nullement à prévenir l'augmentation de cet arc.

Influence des vaigres conservées.

Les vaigres, depuis le faux-pont jusqu'au premier pont, telles que les conserve M. Seppings, étant situées vers la partie du vaisseau qui n'éprouve ni d'allongement ni de raccourcissement, elles n'ont, pour ainsi dire, qu'une influence *minima* contre la production de l'arc. Mais en les dirigeant obliquement, comme je le propose, le vaisseau ne pourra pas subir de flexion, sans que toutes ces vaigres ne soient refoulées dans le sens de leurs fibres. Elles seront par-là susceptibles d'une résistance incomparablement plus grande.

Enfin, le remplissage des mailles du petit fond devra s'opposer à ce raccourcissement progressif de la quille, avec bien plus d'efficacité que ne le font les vaigres de cette partie; puisque la manière dont ce remplissage est chassé, de dehors en dedans des mailles, lui donne une force latente qui tend à faire allonger la quille et redresser le vaisseau.

Si l'on a soin de border aussitôt après avoir ainsi chassé ce remplissage, l'air extérieur ne le desséchant pas, il n'éprouvera point de retrait; il ne laissera point prendre, par la charpente, un jeu pernicieux.

Il y a plus : lorsque le vaisseau sera mis à la mer, les eaux répandues dans l'intérieur de la cale, celles qui par l'effet de la capillarité traverseront le bordage et par suite la membrure, gonfleront cette membrure. Or, les pièces dont elle se compose étant contiguës, elles tendront à occuper plus d'espace et à détruire les forces de compression dont l'effet naturel serait de faire arquer le vaisseau.

Je crois donc pouvoir conclure qu'en adoptant le système de M. Seppings, avec la modification que je propose au vaigrage entre le premier pont et le faux-pont,

1°. L'arc primitif du vaisseau sera moindre;

2°. L'accroissement progressif de cet arc sera moindre aussi;

3°. Le jeu qui doit s'établir, entre les diverses parties de la charpente, sera pareillement beaucoup moins considérable.

Ainsi le nouveau système doit réunir, au plus haut degré, la *durée* et la *solidité*.

Si l'on réfléchit, maintenant, que par les moyens dont j'ai démontré mathématiquement la possibilité, lorsque j'ai traité

3₉

des effets de la stabilité, le lest se trouve rapproché du milieu du navire, ainsi qu'une partie des munitions : on verra, non-seulement que les vaisseaux acquièrent plus de force pour résister à l'arc, mais que la cause efficiente de cet arc devient moins considérable.

Les vaigres, par leur direction longitudinale et par leur grande longueur, offrent au premier coup d'œil une idée de solidité plus grande que celles de pièces enchâssées les unes dans les autres, et laissant entr'elles de grands triangles vides. Mais on sent bientôt le défaut d'une telle objection. Il suffit pour cela de remarquer que les vaigres de la cale, au lieu de résister contre des tensions, n'ont, en général, à s'opposer qu'à des contractions ; ce qui rend à peu près nul l'effet de leur longueur.

FIN DES MÉMOIRES.

TABLE
ANALYTIQUE DES MATIÈRES.

§ IV. RECHERCHE DES LIGNES ET DES RAYONS DE COURBURE DE LA SURFACE DES
FLOTTAISONS.

THÉORÈME PRÉLIMINAIRE. *Parmi tous les plans tangents d'une surface, qui font le*

40

SECOND MÉMOIRE.
DU TRACÉ DES ROUTES ISOLÉES.

§ Iᵉʳ.

§ III. Détermination de la limite des pentes.

§ VI. APPLICATION AUX OPÉRATIONS MILITAIRES.

NOTES PRINCIPALES DU SECOND MÉMOIRE.

TROISIÈME MÉMOIRE.

SUR LE TRACÉ DES ROUTES, DANS LES DÉBLAIS ET LES REMBLAIS.

§ Ier.

§ II. DU DÉBLAI ET DU REMBLAI DES LIGNES.

§ III. DU DÉBLAI ET DU REMBLAI DES AIRES.

§ IV. Du déblai et du remblai des volumes.

§ V. Variation des volumes du déblai et du remblai.

§ VI. Des systèmes de routes qui se rencontrent dans le déblai ou dans le remblai des volumes.

SUPPLÉMENT

AUX DEUX MÉMOIRES PRÉCÉDENTS.

Sur la courbe régulatrice des routes et de leurs pentes.

QUATRIÈME MÉMOIRE.

SUR LES ROUTES SUIVIES PAR LA LUMIÈRE ET PAR LES CORPS ÉLASTIQUES, EN GÉNÉRAL, DANS LES PHÉNOMÈNES DE LA RÉFLEXION ET DE LA RÉFRACTION.

§ Iᵉʳ.

PROPRIÉTÉS GÉOMÉTRIQUES DE LA LUMIÈRE, DANS LES PHÉNOMÈNES DE LA RÉFRACTION.

NOTES PRINCIPALES DU QUATRIÈME MÉMOIRE.

CINQUIÈME MÉMOIRE.

EXAMEN THÉORIQUE DE LA STRUCTURE DES VAISSEAUX ANGLAIS.

§ Iᵉʳ.

§ III. Du remplissage des mailles.

§ IV. Suppression du vaigrage.

§ V. Remplacement des porques ordinaires par des porques obliques, et discussion générale des innovations introduites dans la structure de la coque au-dessous du premier pont.

FIN DE LA TABLE DES MATIÈRES.

Fig. 1.

Fig. 4.

Fig. 2.

Fig. 5.

Fig. 3.

Fig. 6.

Car. Dupin del.   Adam Sculp.

Fig. 7.

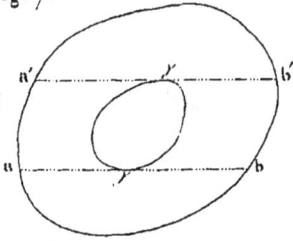

Fig. 10.

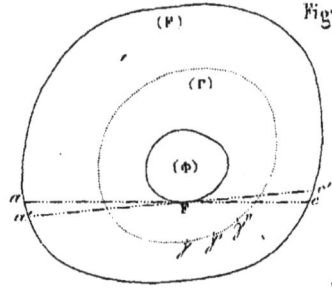

Fig. 8.

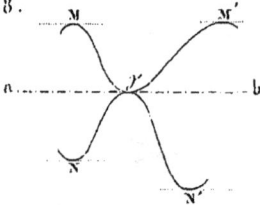

Fig. 11.

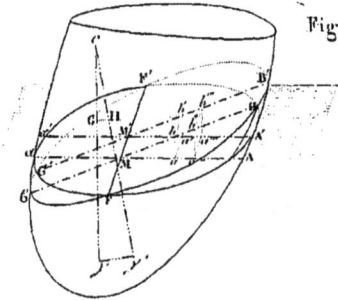

Fig. 9.

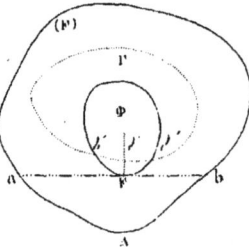

Fig. 12.

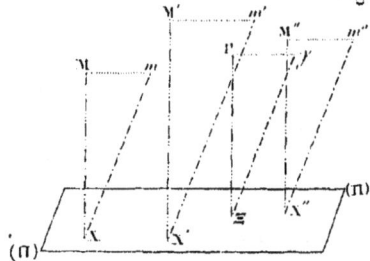

Fig. 13.

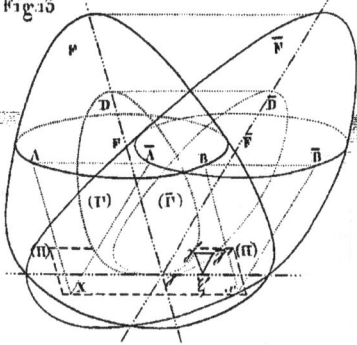

Fig. 16.

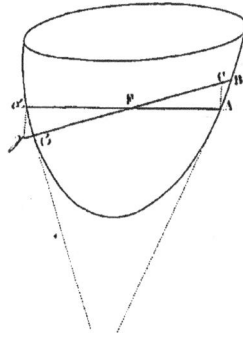

Fig. 14.

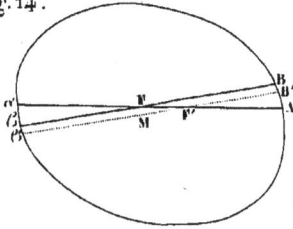

Fig. 17.

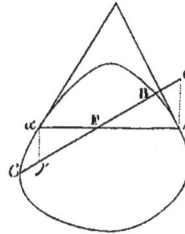

Fig. 15.

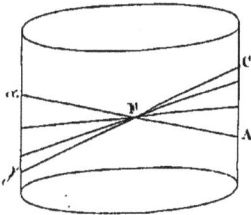

Fig. 18.

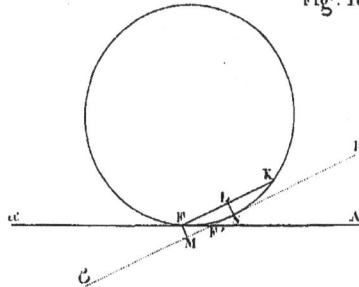

Fig. 19.

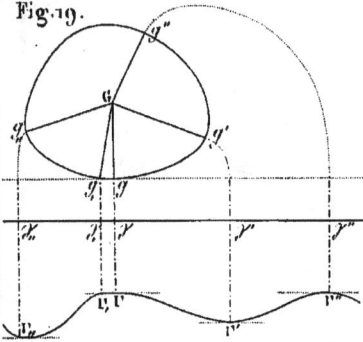

Fig. 22.

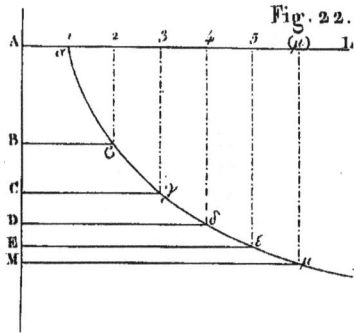

Fig. 20.

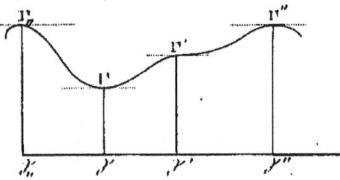

Fig. 23.

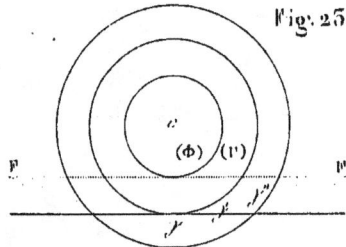

Fig. 21.

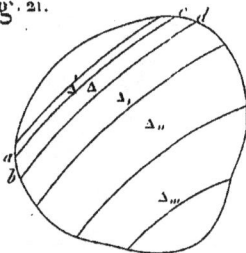

Fig. 24.

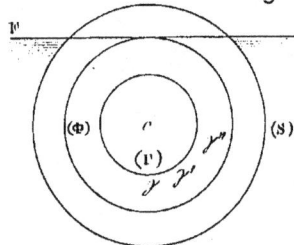

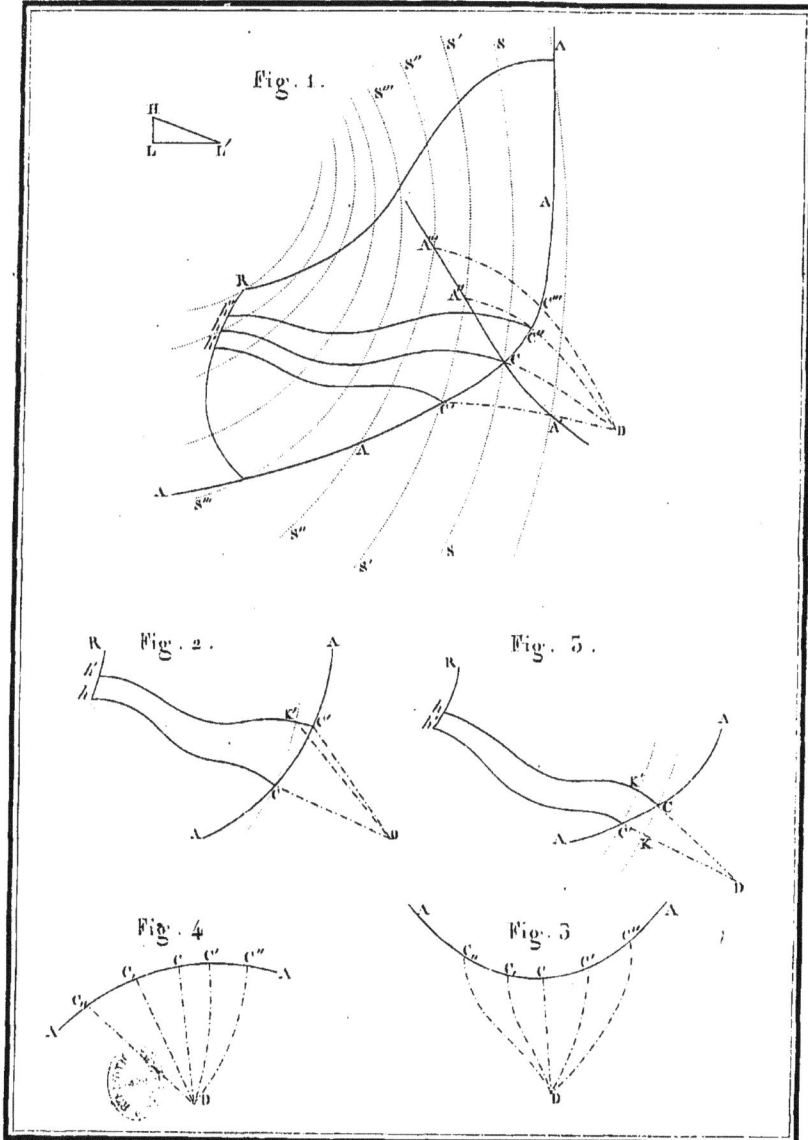

Fig. 1.

Fig. 2.

Fig. 3.

Fig. 4.

Fig. 5.

Car. Dupin del.   Adam Sculp.

Fig. 6.

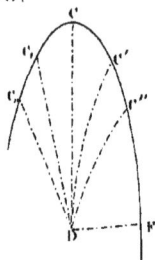

Fig. 7.

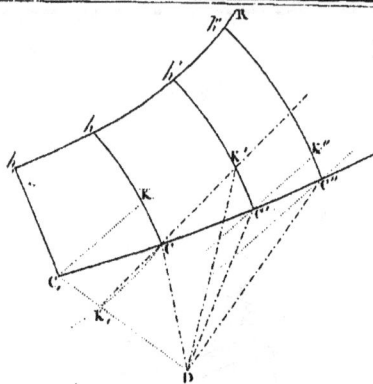

Fig. 8.

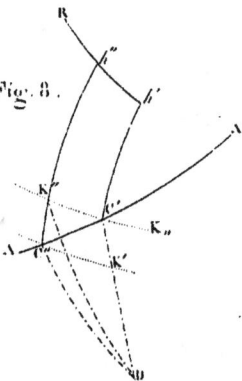

Fig. 9.

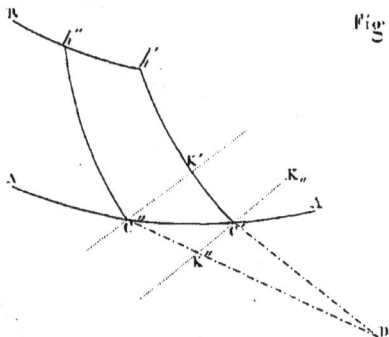

Fig. 10.

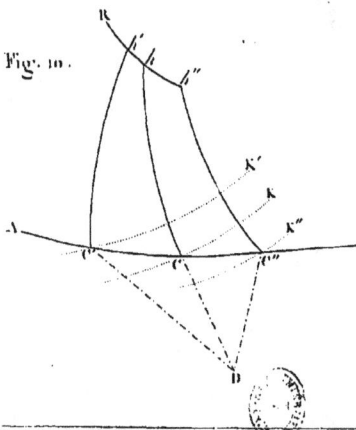

Fig. 11.

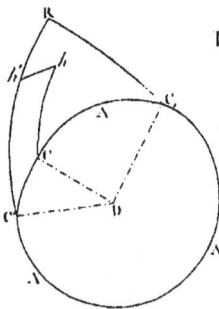

Fig. 12.

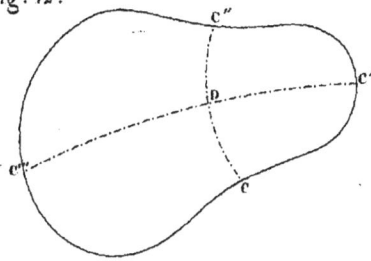

Fig. 13.

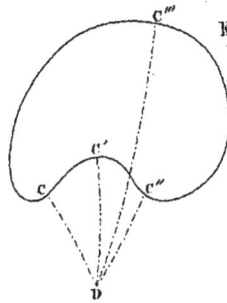

Fig. 14.

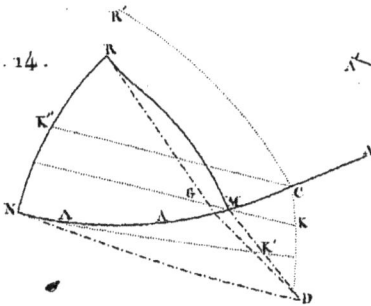

Fig. 15.

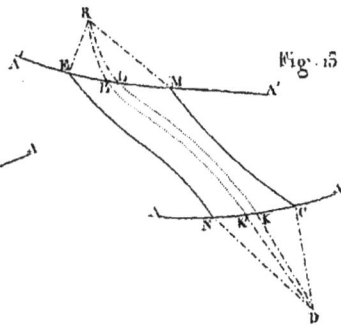

Fig. 16.

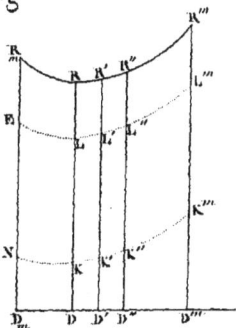

Fig. 18.

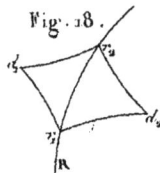

Fig. 18 bis.

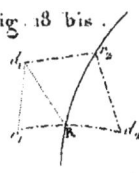

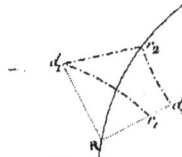

Fig. 19.

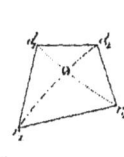

Fig. 20.

Car. Dupin del.   Adam Sculp.

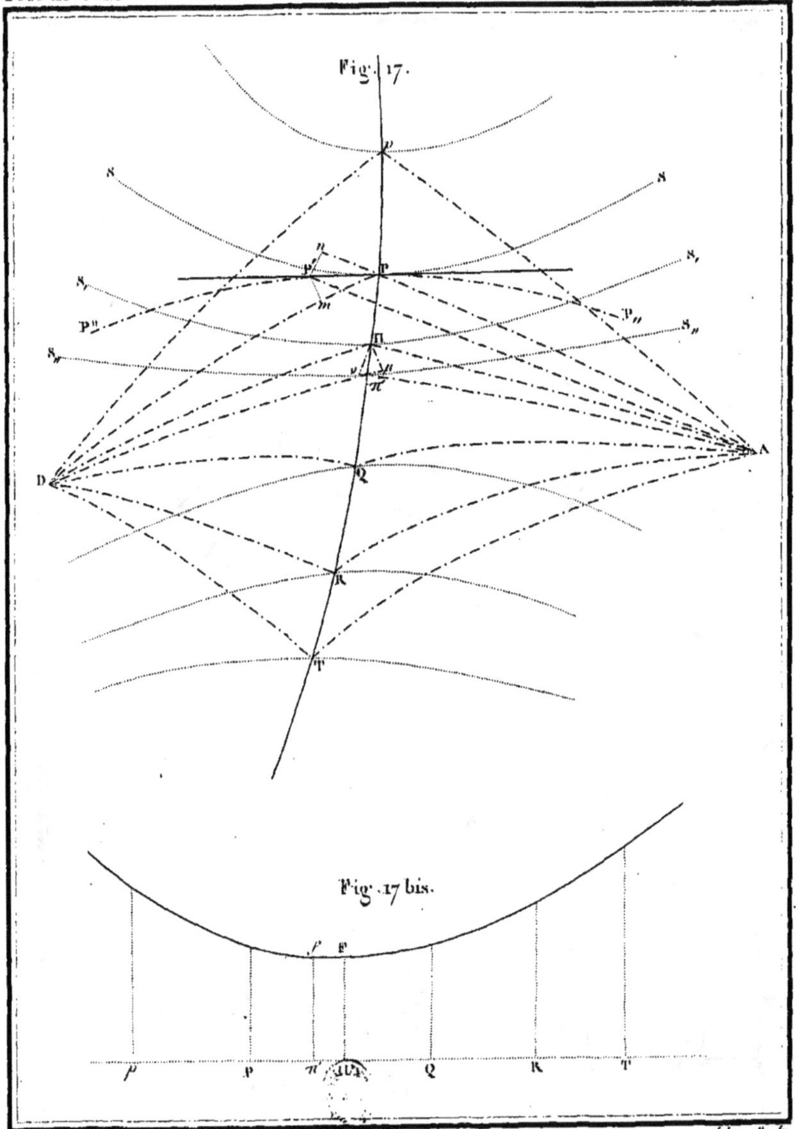

Fig. 17.

Fig. 17 bis.

Cav. Dupin del.   Adam Sculp.

Fig. 21.

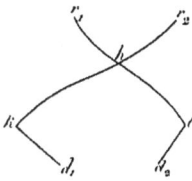

Fig. 22.

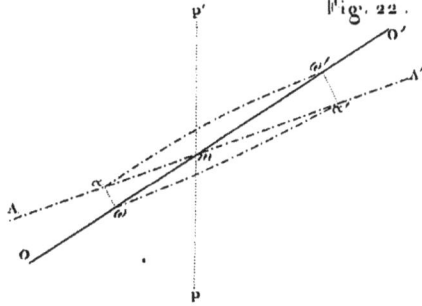

Fig. 23.

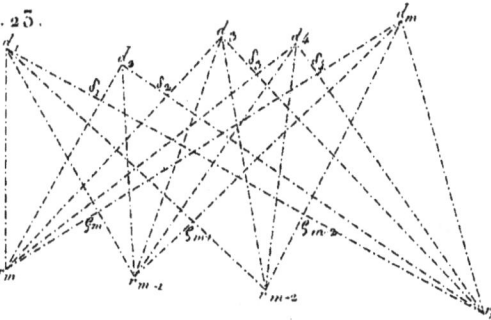

Fig. 24.

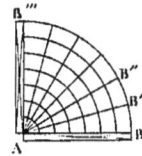

Fig. 25.

Fig. 26.

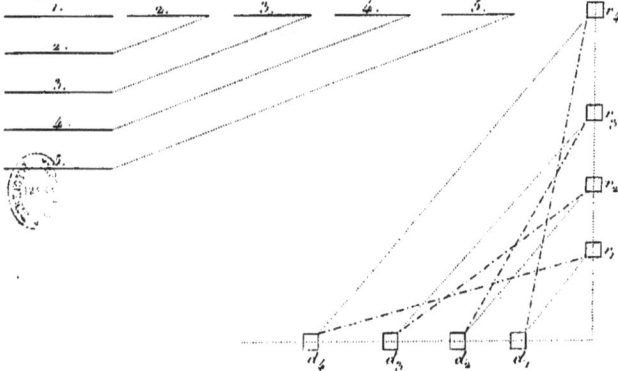

Car. Dupin del.   Adam Sculp.

Fig. 1.

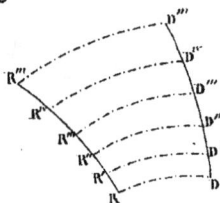

Fig. 4.

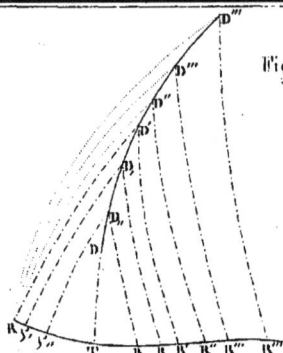

Fig. 2.

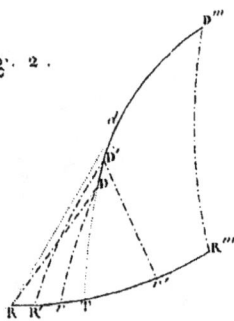

Fig. 3.

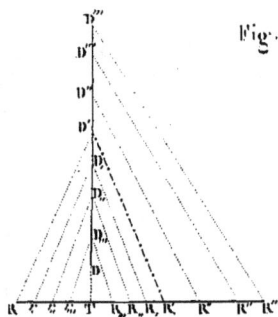

Fig. 3.

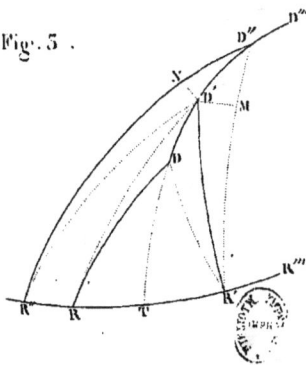

Fig. 6.

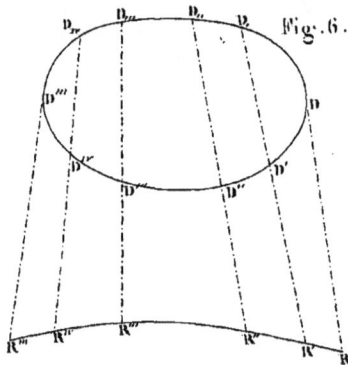

Fig. 7.

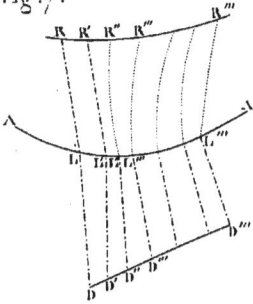

Fig. 10.

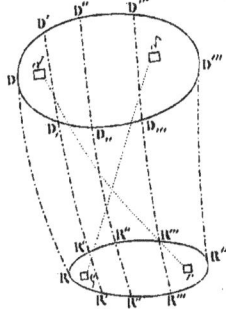

Fig. 8.

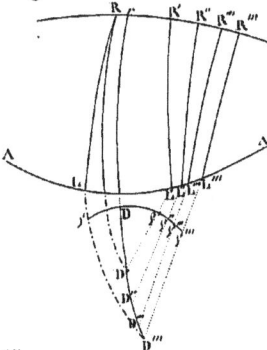

Fig. 11.

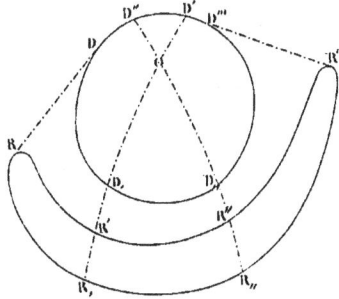

Fig. 9.

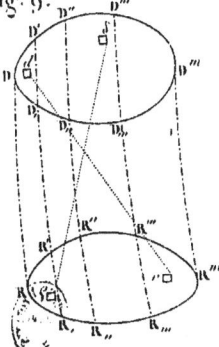

Fig. 12.

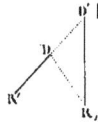

Fig. 13.

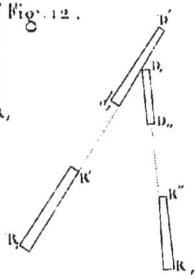

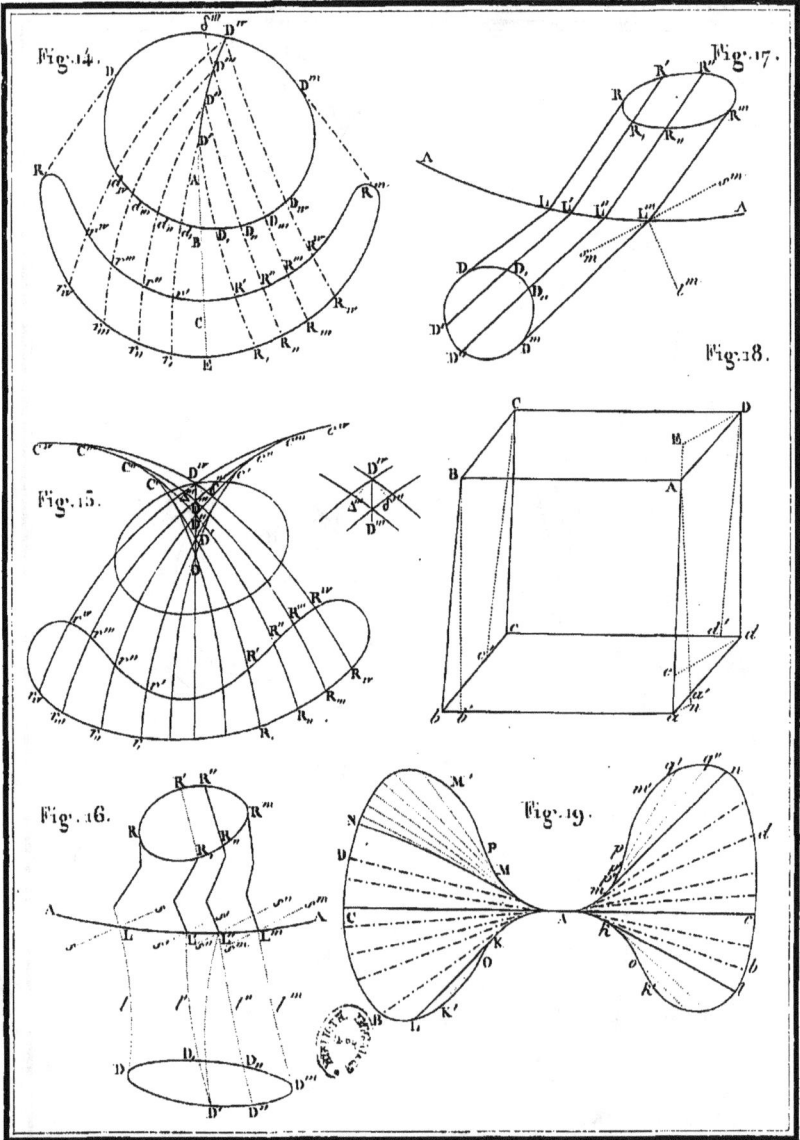

Fig. 7.

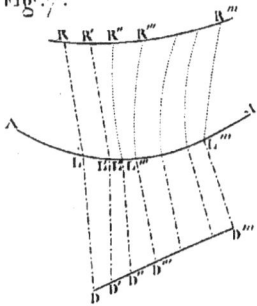

Fig. 10.

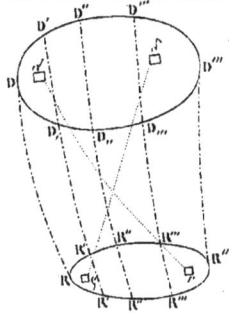

Fig. 8.

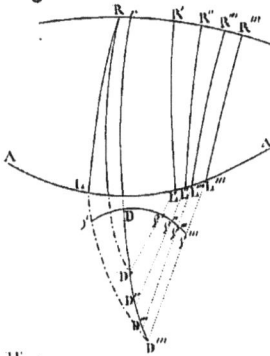

Fig. 11.

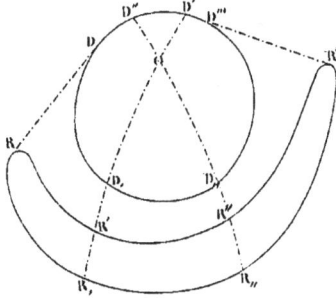

Fig. 9.

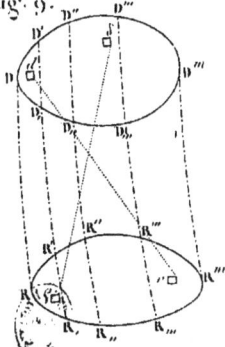

Fig. 12.

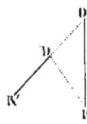

Fig. 13.

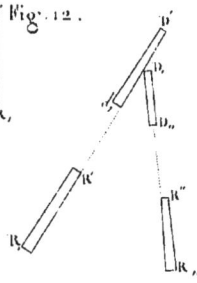

Car. Dupin del.   Adam Sculp.

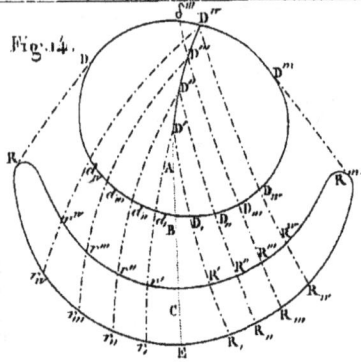

Fig. 14.

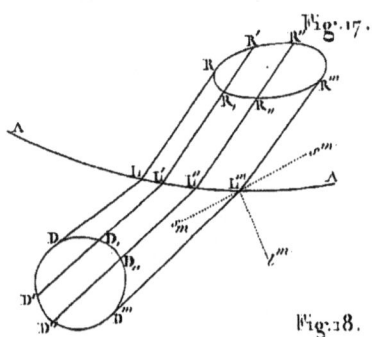

Fig. 17.

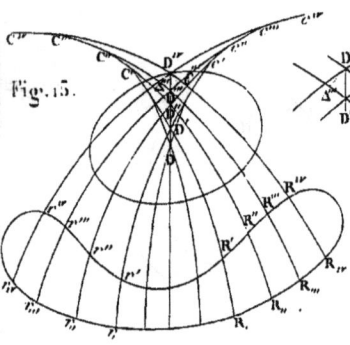

Fig. 15.

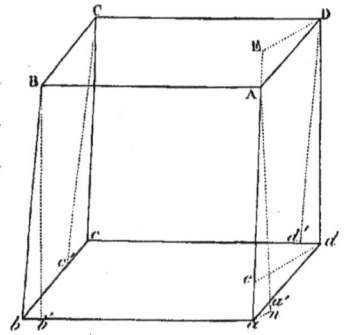

Fig. 18.

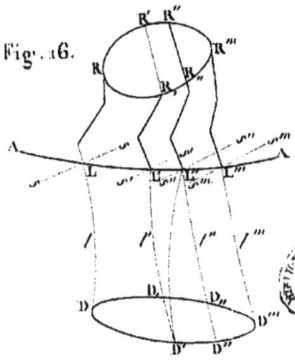

Fig. 16.

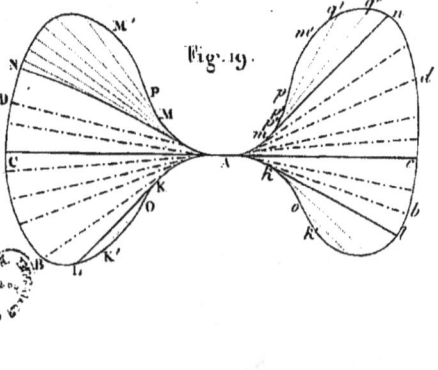

Fig. 19.

Car. Dupin del.   Adam Sculp.

Fig. 20.

Fig. 25.

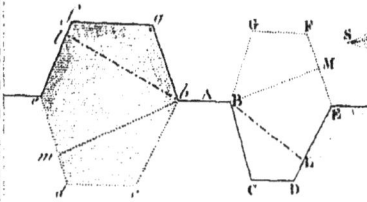

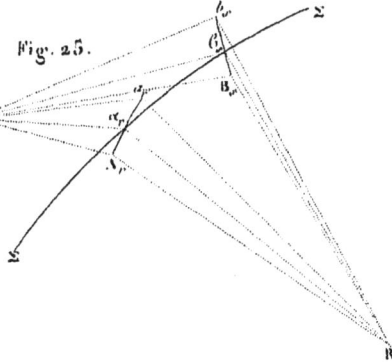

Fig. 21.

Fig. 26.

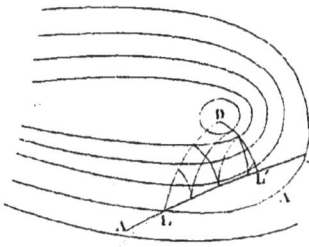

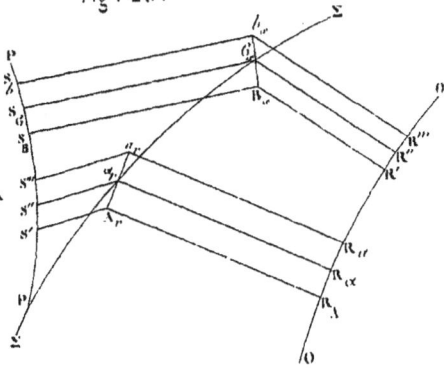

Fig. 22.

Fig. 23.

Fig. 27.

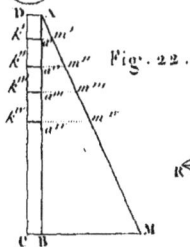

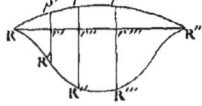

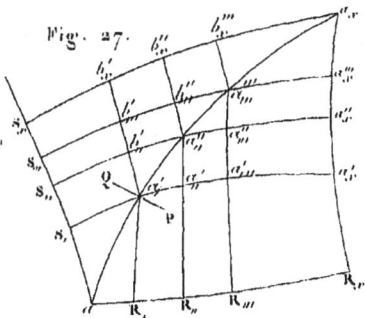

Fig. 24.

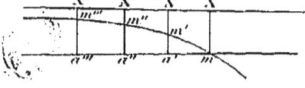

Fig. 28.

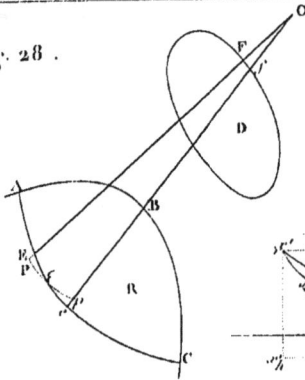

Fig. 31.

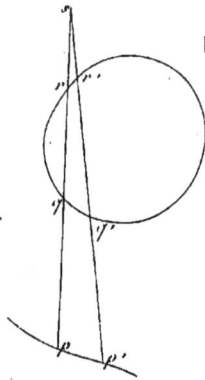

Fig. 32 bis.

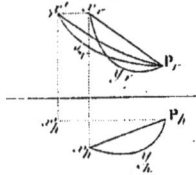

Fig. 29.

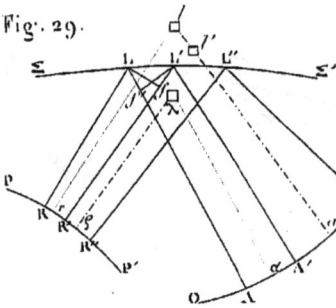

Fig. 32.

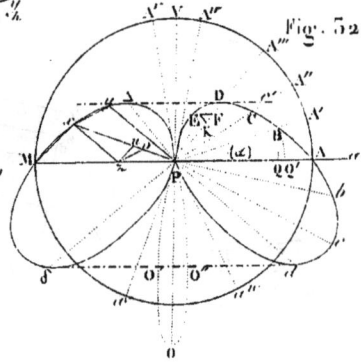

Fig. 30.

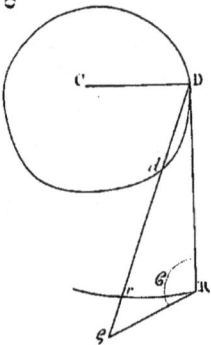

Fig. 33.

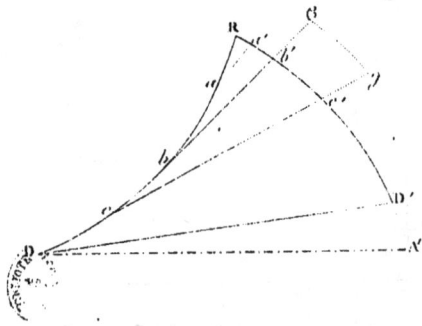

Car Dupin del.

Adam Sculp.

Fig. (1)   (v)

Plan   α   P   γ   tangent.

Plan des   α″   M″   M′   R   N′   N″   indicatrices.

(8)

O   Ω

(H)

δ″
δ
δ′
m′   D
M′
O   α″   A   α′   P   Ω′   c   γ   Z″   Π   R
β′   γ′
β
M   M
β′
M″   B   β
β″

(V)

Fig. (2)

Plan tangent   P M   γ″   c   G

O′   m   Ω
p,   t′   r
I′   s″   Ω
L′   I   K

Q
L
R
Z

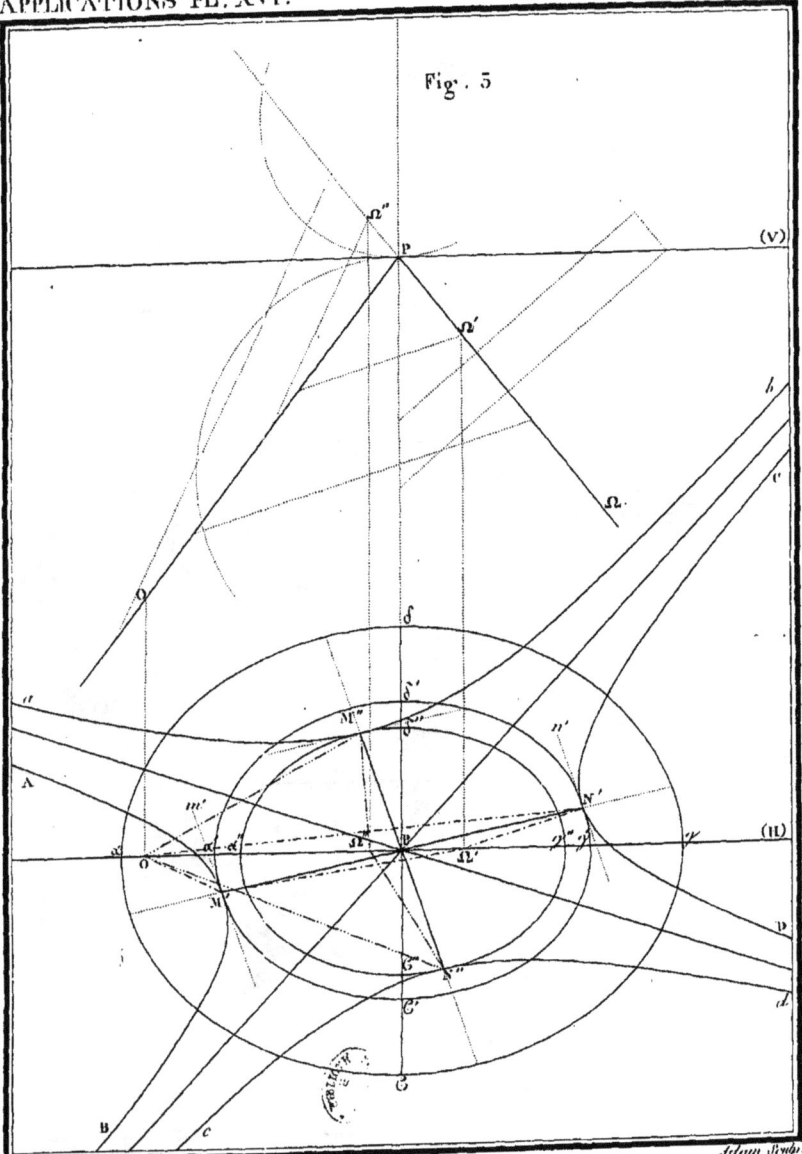

Fig. 5

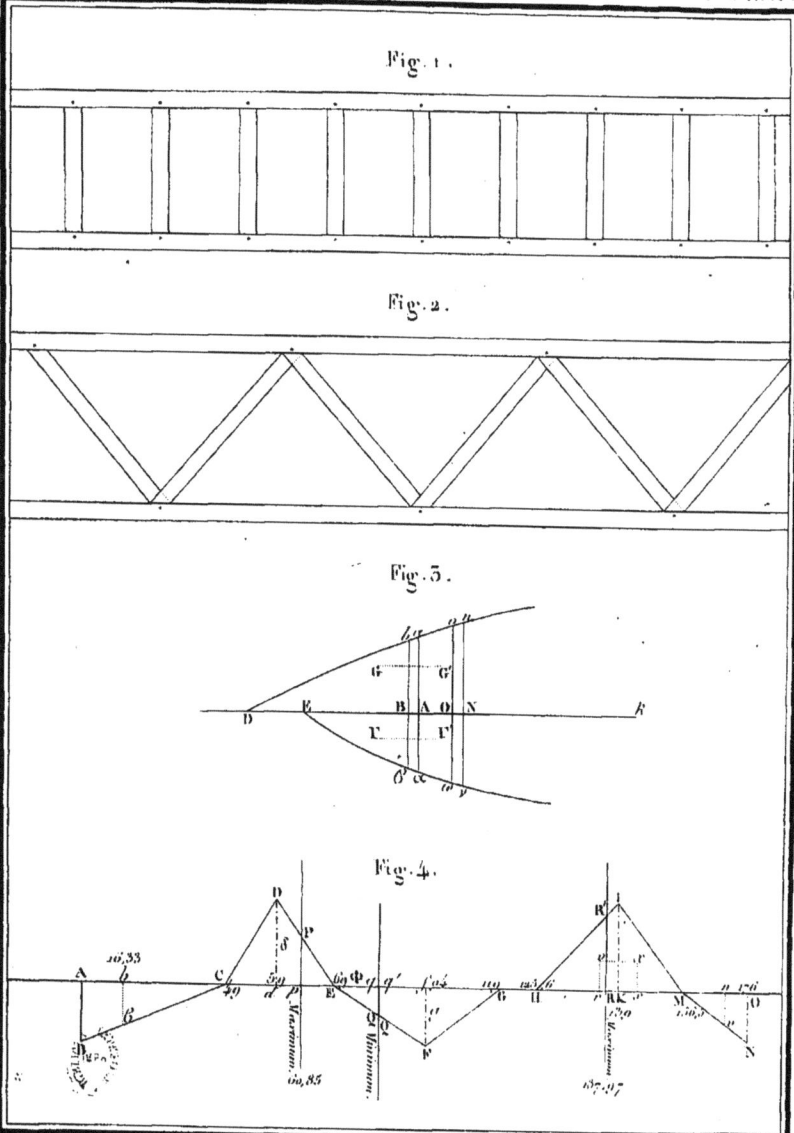

Fig. 1.

Fig. 2.

Fig. 3.

Fig. 4.

www.ingramcontent.com/pod-product-compliance
Lightning Source LLC
Chambersburg PA
CBHW061117220326
41599CB00024B/4075